接口与通讯实验指导

赵文敏 主编　邢建国　林　雷 副主编

图书在版编目(CIP)数据

接口与通讯实验指导 / 赵文敏主编. —杭州：
浙江工商大学出版社，2013.11

ISBN 978-7-5178-0023-1

Ⅰ.①接… Ⅱ.①赵… Ⅲ.①微型计算机－接口－高等学校－教学参考资料②计算机通信－高等学校－教学参考资料 Ⅳ.①TP364.7②TN919

中国版本图书馆 CIP 数据核字(2013)第 239895 号

接口与通讯实验指导

赵文敏 主编　邢建国　林　雷 副主编

责任编辑　蒋红群
封面设计　王妤驰
责任印制　汪　俊
出版发行　浙江工商大学出版社
(杭州市教工路 198 号　邮政编码 310012)
(E-mail:zjgsupress@163.com)
(网址:http://www.zjgsupress.com)
电话:0571－88904980,88831806(传真)
排　　版　杭州朝曦图文设计有限公司
印　　刷　杭州杭新印务有限公司
开　　本　787mm×960mm　1/16
印　　张　16
字　　数　313 千
版 印 次　2013 年 11 月第 1 版　2013 年 11 月第 1 次印刷
书　　号　ISBN 978-7-5178-0023-1
定　　价　35.00 元

总　序

以计算机技术为核心的信息产业极大地促进了当代社会和经济的发展，培养具有扎实的计算机理论知识、丰富的实践能力和创新意识的应用型人才，形成一支有相当规模和质量的专业技术人员队伍来满足各行各业的信息化人才需求，已成为当前计算机教学的当务之急。

计算机学科发展迅速，新理论新技术不断涌现，而计算机专业的传统教材特别是实验教材仍然使用一些相对落后的实验案例和实验内容，无法适应当代计算机人才培养的需要，教材的更新和建设迫在眉睫。目前，一些高校在计算机专业的实践教学和教材改革等方面做了大量工作，许多教师在实践教学和科研等方面积累了许多宝贵经验，将他们的教学经验和科研成果转化为教材，介绍给国内同仁，对于深化计算机专业的实践教学改革有着十分重要的意义。

为此，浙江工商大学出版社、浙江工商大学计算机技术与工程实验教学中心及软件工程实验教学中心邀请长期工作在教学科研第一线的专家教授，根据多年人才培养及实践教学的经验，针对国内外企业对计算机人才的知识和能力需求，组织编写了“计算机与软件工程实验指导丛书”。该丛书包括《操作系统实验指导》《嵌入式系统实验指导》《数据库系统原理学习指导》《Java 程序设计实验指导》《接口与通讯实验指导》《My SQL 实验指导》《软件项目管理实验指导》《软件工程实践实验指导》《软件工程开源实验指导》《计算机应用技术(办公软件)实验指导》等书，涵盖了计算机及软件工程等专业的核心课程。

丛书的作者长期工作在教学、科研的第一线，具有丰富的教学经验和较高的学术水平。教材内容凸显当代计算机科学技术的发展，强调掌握相关学科所需的基本技能、方法和技术，培养学生解决实际问题的能力。实验案例选材广泛，来自学生课题、教师科研项目、企业案例以及开源项目，强调实验教学与科研、应用开发、产业前沿紧密结合，体现实用性和前瞻性，有利于激发学生的学习兴趣。

我们希望本丛书的出版对国内计算机专业实践教学改革和信息技术人才的培养起到积极的推动作用。

"计算机与软件工程实验指导丛书"编委会

2012 年 7 月

前　言

随着科学技术的发展，微型计算机在人们日常生活、工作中的应用越来越深入和广泛。无论从日常使用的家用电器、手机到工业生产的控制系统，还是从微观的生物医学精密仪器到宏观的航空航天仪器仪表，微机原理和接口技术、通信技术的应用无处不在，甚至可以说没有微机的仪器就不是先进的仪器，没有微机的控制系统就不能称为现代控制系统，因此无论是大专院校的学生，还是工程技术人员，都应该对微机及其接口技术有一定的了解，掌握其实际应用。

微机原理和接口技术是计算机、电子、自动化等专业的专业基础课程。在我们的教学过程中，学生普遍感到微机原理与接口技术难懂、难学、概念抽象、感性认识差，对微机接口芯片的工作原理模糊不清，更谈不上微机接口电路的实际应用与创新设计。针对这一情况，我们进行了教学改革，将理论教学与实践教学合并为一门课程“接口与通讯实验”。以实验教学为主，在实验教学中讲授理论知识，围绕实际应用或实验展开理论知识的学习，突出应用的重点，对于接口芯片中一些不常用或深入应用的功能，学生可以根据自己的实际情况有选择性地学习。此外，根据多年的教学经验，我们在实验教材方面也进行了尝试，编写了《接口与通讯实验指导》，本书主要有以下特点：

(1)理论与实验合二为一。本书既有大篇幅的微机原理及 8259A、8237A、16550 等微机接口芯片的理论知识，又有详细的实验内容及操作指导，尤其适合自学，或作为实验教材使用。

(2)简单明了，通俗易懂。由于 32 位微机原理涉及的概念较多，且比较复杂，所以在第一章 32 位微机原理的编写过程中，根据从简单和实例入手的原则，由浅入深地进行阐述，力争把复杂的内容讲清楚，便于学生理解和掌握。第二章的微机原理实验与第一章的内容相呼应，通过具有代表性的实验操作，加深对第一章理论知识的理解以及对汇编语言的复习巩固。

(3)立足于实验或应用实例，循序渐进。本书和其他教材的最大不同点在于微机接口技术实验内容的设计及安排上，我们将理论课上的内容有机加入到实验教学中，通过具体实验的学习及反复调试，使学生掌握接口芯片的实际应用。

(4)适应面广，软硬件兼顾。面对层出不穷的新硬件产品，必须编写新的驱动程序；而 Linux 操作系统在世界范围内得到迅速、广泛的发展，以 Linux 为代表的开源软件举世瞩目；因此第四章驱动程序的开发选择 Linux 操作系统，旨在培养学生开源软件的开发、应用能力。

在本书编写过程中，得到了浙江省教育厅计算机技术与工程实验教学示范中心、浙江工商大学计算机与信息工程学院领导、计算机系及实验室老师们的帮助和指导，在此，感谢所有给予本书关心的朋友们，感谢所有参考文献的作者们，也感谢浙江工商大学出版社的大力支持。

由于编者水平所限，书中难免存在错误和不足之处，恳请广大同仁和读者的批评指正，对本书提出宝贵的意见和建议。

编者著

2013 年 3 月

目　录

绪 论

微机原理和接口技术是计算机、自动控制、电子技术等专业的重要专业基础课程,不但要求学生有较高的理论水平,而且要求有实际的动手能力。

编写《接口与通讯实验指导》一书的主要目的是跟上微机发展步伐,在现有条件下改革实验教学内容和方法,旨在提高学生的实践动手能力,包括汇编语言、C语言的编程及调试能力,对硬件接口电路的分析设计能力等,从而学以致用。根据编者多年的工程项目开发以及实践教学经验证明,只有通过实际编程和硬件接口电路的实践,才能掌握软硬件设计的方法,多做实验,不断提高,才能真正做到灵活应用,举一反三。

本书在实验类别上分为三大类:DOS或Windows环境下的32位微机原理实验、Windows环境下的微机接口技术实验、Linux环境下的设备驱动程序实验。

第一章介绍了32位微机原理,重点讲述了32位汇编语言程序设计的方法,32位微处理器保护模式的工作机制,CPU在保护模式下操作的各种数据结构、存储管理、中断/异常处理和任务管理等。

第二章安排了九个微机原理实验,其中前五个实验是对汇编语言的复习和巩固,以为以后的实验打好软件基础,如果学习时间比较紧张,可以选择一至二个实验作为练习;后四个实验与第一章的理论知识相对应,是对保护模式存储器管理、任务管理、中断/异常管理这几部分内容的实践。

第三章设计了十五个微机接口技术实验,详细讲述了PC机常用的外围接口芯片的基本结构、工作原理、应用扩展以及程序设计方法。前十一个实验针对通用I/O接口或某一外围接口芯片的设计、应用;后四个实验相对比较复杂,由多种外设或多个接口电路组成的系统,是对前面所学知识的综合运用,以锻炼学生的综合应用能力;如果对实验十四或实验十五作适当补充,可作为课程设计内容。这一章的实验和所采用的实验系统有一定的联系,但本书所选用的实验在目前主流实验平台上都可以实现,只要稍加修改实验系统端口地址或代码即可。

第四章安排了四个 Linux 设备驱动程序实验，详细介绍了字符设备驱动程序的模型，以及 PCI 设备和 USB 设备驱动程序的结构、编译、运行等。希望通过这一章的实验，让学生了解 Linux 系统支持计算机外部设备方法，掌握简单的 Linux 内核的编程，提高学生开源程序的设计能力。这一章针对计算机专业的读者来说，无疑是最合适的，其他专业的读者可以选择性地参考学习。

本书是编者多年教学经验的积累和总结，各章内容经过了仔细编排，内容由浅入深，循序渐进，具有开放性和启发性。本书可作为高等院校和职业技术学院计算机、自动化、电子、测控技术、仪器仪表及机电一体化等相关专业的微机接口技术实验教材和教学参考书，也可供从事计算机应用工作的工程技术人员使用。

第一章　32 位微机原理

Intel 80x86 家族中的 32 位微处理器始于 80386，兼容了先前的 8086/8088、80186 和 80286。32 位微处理器全面地支持了 32 位数据、32 位操作和 32 位物理地址。

80386CPU 的内部结构和 80286CPU 基本相同，主要增加了页管理部件，并且内部的分工更细。80386CPU 的这些部件在内部分别进行同步、独立并行操作，实现了高效的流水线作业，避免了顺序处理，最大限度地发挥处理器的性能，使总线的利用效率达到最佳状态。

80386 在向下兼容的同时，还有以下特点：

第一，80386 芯片在硬件结构上由 6 个逻辑单元组成，它们按流水线方式工作，运算速度大大提高，运行速度可达到 4MIPS，和 CPU 之间的数据传输速度为 32MB/s。

第二，多任务处理更容易，硬件支持多任务，一条指令可以完成任务转换，主频为 16M 时，转换时间在 17μs 以内。

第三，硬件支持段式管理和页式管理，易于实现虚拟存储系统。

第四，硬件支持 DEBUG 功能，并可设置数据断点和 ROM 断点。

第五，4 级特权级别：0 级特权级别最高，其次为 1、2、3 级。0、1 和 2 级用于操作系统程序，3 级用于用户程序。

第六，具有自动总线大小(automatic data bus sizing)功能，CPU 读/写数据的宽度不止有 32 位，可以在 32 位和 16 位之间自由进行转换。

第七，地址信号线扩充到 32 位，可以处理 2^{32} 字节(4G 字节)的物理存储器空间。如果利用虚拟存储器，其存储空间高达 2^{46} 字节(64T 字节)。

第八，采用高性能的具有 32 位数据总线的协处理器 80387，具备了很强的浮点运算能力和很高的运算速度。

第九，在每条指令执行期间，CPU 还要进行类型、内存越限等保护特性检查；

80386 具有很强的抑制病毒感染的能力，在用户之间、用户和操作系统之间形成严格的隔离保护。

第一节　32 位微机内部结构

80386CPU 的内部结构如图 1-1 所示，主要由三大部分组成：总线接口部件 BIU(Bus Interface Unit)、中央处理部件 CPU(Central Processing Unit)和存储器管理部件 MMU(Memory Management Unit)。

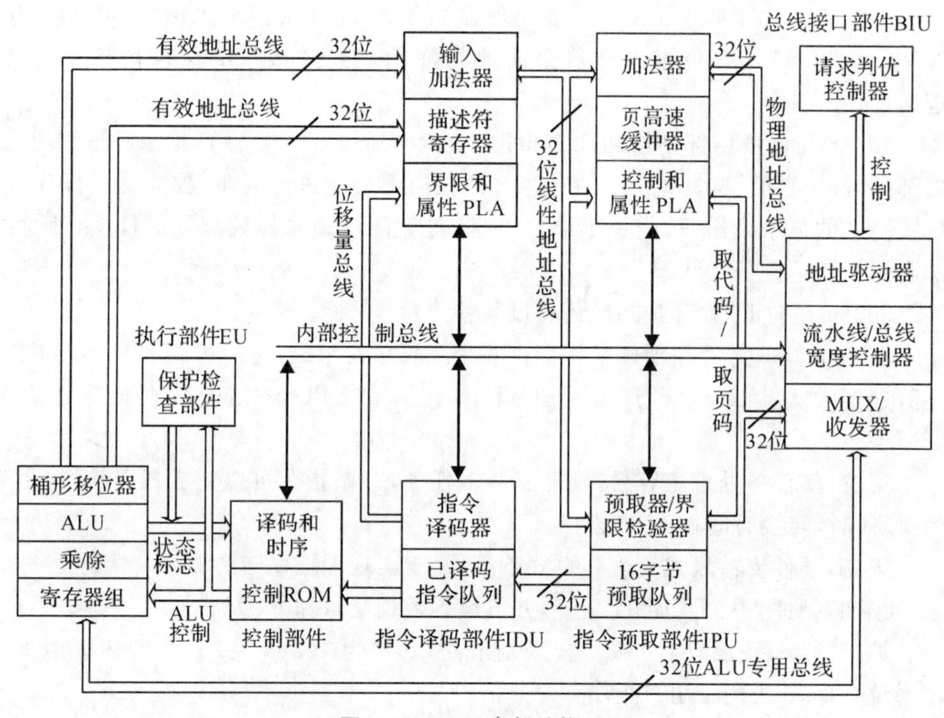

图 1-1　80386 内部结构图

一、总线接口部件 BIU

负责与存储器和 I/O 接口传送数据，并产生访问存储器和 I/O 端口所必需的地址和命令信号。由于总线数据传送与总线地址形成可同时进行，所以 80386 的总线周期只包含 2 个时钟周期。平常没有其他总线请求时，BIU 将自动取出下条指令并送到指令预取队列。

1. 中央处理部件 CPU

中央处理部件由指令预取单元、指令译码单元和执行单元三部分组成。

(1)指令预取单元 IPU(Instruction Pre-fetch Unit)。指令预取单元负责从存储器取出指令,放到一个16字节的指令队列中。它管理一个线性地址指针和一个段预取界限,负责段预取界限的检验。每当预取队列不满或发生控制转移时,就向 BIU 发送一个取指请求。指令预取的优先级别低于数据传送等总线操作。因此,绝大部分情况下是利用总线空闲时间预取指令。指令预取队列存放着从存储器取出的未经译码的指令。

(2)指令译码单元 IDU(Instruction Decode Unit)。指令译码单元从指令预取单元之中取出指令,进行译码。译码后的可执行指令放入已译码指令队列中,以备执行部件执行。每当已译码指令队列中有空间时,就从预取队列中取出指令并译码。

(3)执行单元 EU(Execution Unit)。执行单元包括8个32位的寄存器组、一个32位的算术逻辑单元 ALU、一个64位桶形移位寄存器和一个乘法除法器。桶形移位器用来有效地实现移位、循环移位和位操作,被广泛地用于乘法及其他操作中。它可以在一个时钟周期内实现64位同时移位,也可对任何一种数据类型移任意位数。桶形移位器与 ALU 并行操作,可加速乘法、除法、位操作、移位和循环移位操作。

2. 存储器管理部件 MMU

存储器管理部件由分段部件和分页部件组成,实现存储器段、页式管理。

分段部件 SU(Segment Unit)的作用是应执行部件的请求,把逻辑地址转换成线性地址。在完成地址转换的同时还要执行总线周期的分段合法性检验。该部件可以实现任务之间的隔离,也可以实现指令和数据区的再定位。

分页部件 PU(Paging Unit)的作用是把由分段部件或代码预取单元产生的线性地址转换成物理地址,并且要检验访问是否与页属性相符合,提供对物理地址空间的管理。为了加快线性地址到物理地址的转换速度,80386 内设有一个页描述符高速缓冲存储器(TLB),其中可以存储32项页描述符,使得在地址转换期间,大多数情况下不需要到内存中查页目录表和页表。试验表明 TLB 的命中率可达98%。对于在 TLB 内没有命中的地址转换,80386 设有硬件查表功能,从而缓解了因查表引起的速度下降问题。

二、寄存器结构

32位80x86的寄存器可分为通用寄存器、指令指针和标志寄存器、段寄存器、系统地址寄存器、控制寄存器、调试寄存器、测试寄存器七类。其中通用寄存器、指令指针及标志寄存器、段寄存器被应用程序使用，如图 1-2 所示，其余寄存器被系统程序使用。

	31　16	15　8	7　0	
EAX		AH　A	X　AL	累加器
EBX		BH　B	X　BL	基址寄存器
ECX		CH　C	X　CL	计数寄存器
EDX		DH　D	X　DL	数据寄存器
EBP		BP		基址指针
ESI		SI		源变址寄存器
EDI		DI		目标变址寄存器
ESP		SP		堆栈指针
EIP		IP		指令指针
EFLAGS		FLAGS		标志寄存器
		CS		代码段寄存器
		DS		数据段寄存器
		ES		附加段寄存器
		SS		堆栈段寄存器
		FS		扩展数据段寄存器
		GS		扩展数据段寄存器

图 1-2　32 位处理器部分寄存器

1. 通用寄存器

8 个 32 位通用寄存器，是原先 16 位通用寄存器的扩展。这些通用寄存器的低 16 位可以作为 16 位寄存器独立使用，并将其定义为 AX、BX、CX、DX、BP、SI、DI、SP。与 16 位处理器一样，AX、CX、DX、BX 的高 8 位和低 8 位可以独立存取。这些 32 位寄存器不仅可以传送数据、暂存数据、保存算术或逻辑运算结果，而且还可以在基址、变址时存放地址（在 16 位中，只有 BX、BP、SI、DI 可以作基址、变址寄存器）。

堆栈指针寄存器 ESP 寻址一个称为堆栈的存储区。通过这个指针存取堆栈存储器数据，当作为 16 位寄存器被引用时，即为 SP。

2. 指令指针和标志寄存器

32 位指令指针寄存器和标志寄存器是 16 位 IP 和 FLAGS 的 32 位扩展，分别标记为 EIP 和 EFLAGS。EIP 的低 16 位是 16 位指令指针寄存器 IP，由于在实模式下段的最大寻址范围为64K，所以EIP的高16位必须为0，相当于只有IP起作用。EFLAGS相对于16位的FLAGS扩展了8个控制标志，其他标志位的位置和意义都与16位中的相同，它们分别是：

(1)IO特权标志IOPL(I/O Privilege Level)：位12、13，按特权级从高到低取值：0、1、2和3。只有当前特权级CPL在数值上小于或等于IOPL，I/O指令才可以执行。

(2)嵌套任务标志NT(Nested Task)：位14，在保护模式下中断和CALL指令可以引起任务切换，任务切换时令NT=1，否则NT清0。在中断返回指令IRET执行时，如果NT=1，则中断返回引起任务切换，否则只产生任务内的控制转移。

(3)重启动标志RF(Restart Flag)：位16，重启动标志用于DEBUG调试。若RF=1，则遇到断点或调试故障时不产生异常中断；若RF=0，调试故障将产生异常中断。每执行完一条指令，RF自动置0。

(4)虚拟86方式标志VM(Virtual 8086 Mode)：位17，在保护模式下VM=1时，32位处理器工作在虚拟86模式下；若VM=0，处理器工作于一般的保护方式。

以上4个控制标志位在实模式下不起作用，从80386开始的32位处理器都有。还有4个标志位：对齐检查标志AC(位18)、虚拟中断允许标志VIF、虚拟中断挂起标志VIP、标识标志位ID，后三个只对Pentium有效。32位标志寄存器的内容如图1-3所示。

31	21	20	19	18	17	16	15	14	13 12	11	10	9	8	7	6	5	4	3	2	1	0
0000000000	ID	VIP	VIF	AC	VM	RF	0	NT	IOPL	OF	DF	IF	TF	SF	ZF	0	AF	0	PF	I	CF

图1-3　32位标志寄存器

3. 段寄存器

32位微处理器有6个16位段寄存器，分别定名为CS、DS、SS、ES、FS和GS。前4个段寄存器的名称与8088/8086相同，在实模式下使用方式和8088/8086相同，仍旧是“段值:偏移”的形式。80386又增加了FS与GS，主要为了减轻对DS段和ES段的压力。

80386内存单元的地址仍由段基址和段内偏移地址组成。段内偏移地址为32位，由各种寻址方式确定。段基址也是32位，但除了实地址模式外，不能像8086/8088那样直接由16位段寄存器左移4位而得，而是根据段寄存器的内容，通过一定的转换而得出。因此，为了描述每个段的性质，80386内部的每一个段寄存器都对应着一个与之相联系的段描述符寄存器，用来描述一个段的段基地址、段界限和段的属性。其具体定义及使用方法将在保护模式存储器寻址一节中进行详细说明。

4. 系统地址寄存器

系统地址寄存器只在保护模式下使用，共有 GDTR、IDTR、LDTR、TR 四个系统地址寄存器，用来存储操作系统需要的保护信息和地址转换表信息，定义目前正在执行任务的环境、地址空间和中断向量空间，如图 1-4 所示。

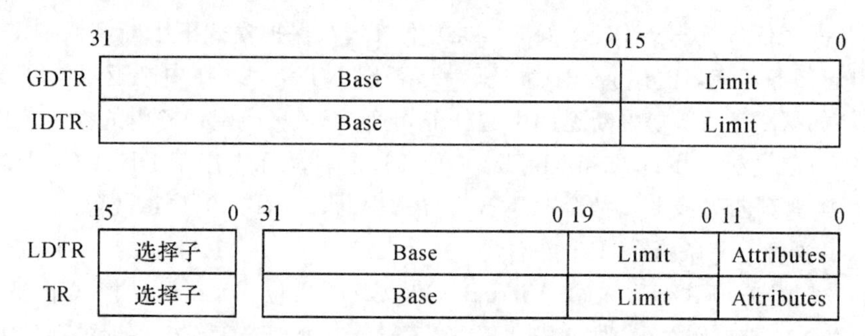

图 1-4　32 位处理器的系统地址寄存器

(1)GDTR(Global Descriptor Table Register)：全局描述符表寄存器，48 位，用于保存全局描述符表的 32 位基地址和全局描述符表的 16 位界限，因此表的最大长度为 64 KB。当工作于保护模式时，全局描述表地址和它的界限装入 GDTR。

(2)IDTR(Interrupt Descriptor Table Register)：中断描述符表寄存器，48 位，用于保存中断描述符表的 32 位基地址和 16 位界限，在使用保护模式前，必须初始化中断描述符表和 IDTR。

(3)LDTR(Local Descriptor Table Register)：局部描述符表寄存器，16 位，用于保存局部描述符表的选择子。局部描述符表的位置是从全局描述符表中选择的。为寻址局部描述符表，需建立一个全局描述符。访问局部描述符表，将选择子装入 LDTR，如同选择子装入段寄存器一样。一旦 16 位的选择子装入 LDTR，CPU 会自动将选择子所指定的局部描述符表的基地址、界限和访问权限装入程序员不可见的 LDTR 的高速缓冲寄存器区。

(4)TR(Task Register)：任务状态寄存器，16 位，用于保存任务状态段(TSS)的 16 位选择子。而选择子用于访问一个确定任务的描述符。任务通常就是进程或应用程序。进程或应用程序的描述符存储在全局描述符表中，因此可通过优先级控制对它的访问。任务切换允许微处理器在足够短的时间内实现任务之间的切换，也允许多任务系统以简单而规则的方式，从一个任务切换到另一个任务。任务寄存器允许在约 17μs 内完成上下文或任务的切换。

与LDTR类似，一旦16位的选择子装入TR，CPU会自动将该选择子所指定的任务描述符表的基地址、界限和访问权限装入程序员不可见的TR的高速缓冲寄存器区。

5. 控制寄存器

在32位微处理器中，有4个32位控制寄存器，如图1-5所示，分别命名为CR0、CR1、CR2和CR3，它们的作用是保存全局性的机器状态。其中CR0用于指示处理器的工作方式，CR1被保留，CR2和CR3在分页管理机制启用的情况下使用。CR2用于发生页面异常时报告出错信息，CR3用于保存页目录表的起始物理地址，由于目录是页对齐的，所以仅高20位有效，低12位保留未用。

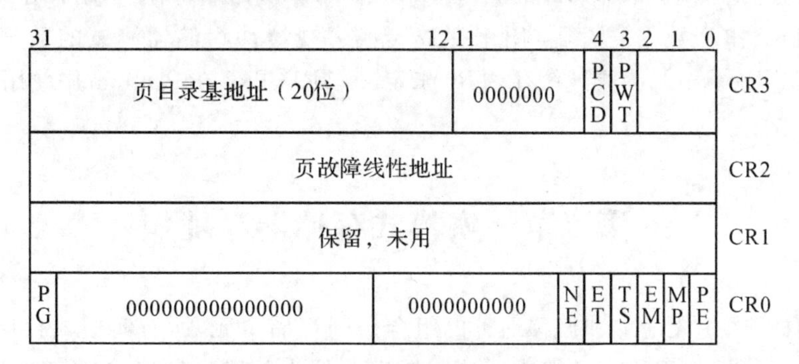

图1-5　32位处理器的控制寄存器

CR0中的位0用于标记PE，保护允许位。实模式时PE=0，进入保护模式时PE=1。CR0中的位31用于标记PG，页式管理允许位。PG=1表示启用内部页式管理，否则PG=0。PE和PG一起用于控制分段和分页管理机制，具体含义如表1-1所示。

表1-1　PG/PE与处理器的工作方式

PG	PE	工作模式
0	0	实模式
0	1	保护模式，禁用分页机制
1	0	非法组合
1	1	保护模式，启用分页机制

CR0的位1标记MP，监视协处理器位，当协处理器工作时MP=1，否则MP=0。CR0的位2标记EM，仿真协处理器位，当MP=0，且EM=1时，表示要用软件来仿真协处理器功能。CR0的位3标记TS，任务切换位，当两任务切换时，使TS=1，此时不允许协处理器工作，当两任务之间切换完成后，TS=0。CR0的位4标记ET，协处理器类型位，当系统配接80387时ET=1，配接80287时ET=0。

6. 调试寄存器

32 位微处理器共支持 8 个 32 位的可编程调试寄存器，命名为 DR0-DR7，它们为调试提供了硬件支持。其中，DR0-DR3 是 4 个保存线性断点地址的寄存器；DR4、DR5 为备用寄存器；DR6 为调试状态寄存器，通过该寄存器的内容可以检测异常，并允许或禁止进入异常处理程序；DR7 为调试控制寄存器，用来规定断点字段的长度、断点访问类型、“允许”断点和“允许”所选择的调试条件。

7. 测试寄存器

32 位微处理器还含有 8 个测试寄存器 TR0-TR7。TR6、TR7 用来控制分页部件中的转换旁视缓冲存储器 TLB 的工作。TR6 作为测试命令寄存器，用来存放测试控制命令，TR7 作为数据寄存器，用来存放转换旁视缓冲存储器测试的数据。TR3、TR4、TR5 用于测试片上高速缓存，TR0 未定义，TR1、TR2 在 Pentium 中使用。

第二节　实模式存储器寻址

实模式下，用段地址和偏移地址的组合访问存储单元，所有实模式存储单元的地址都由段地址加偏移地址组成。装在段寄存器内的段地址确定任何 64KB 存储器段的起始地址，偏移地址用于在 64KB 存储器段内选择任一单元。由于实模式段的最大长度为 64KB，一旦知道段的起始地址，再加上 FFFFH 就可得到段的结束地址。段与段之间可以是连续的，也可以是分开的或重叠的，图 1-6 为存储器连续分段及寻址机制示意图。

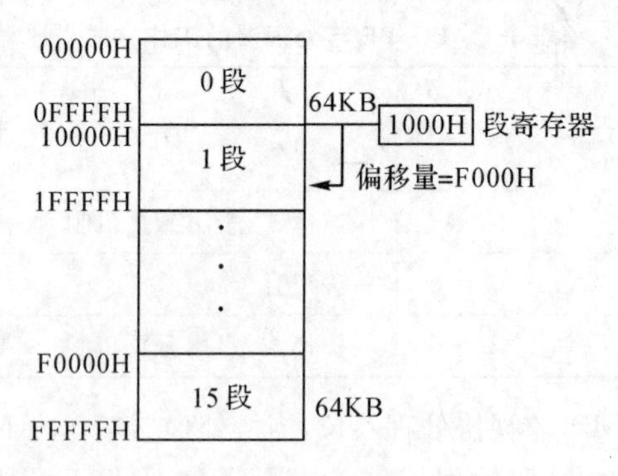

图 1-6　实模式存储器寻址机制

微处理器有一套规则，用于每次访问存储器段。这套规则既适用于实模式也适用于保护模式，规则定义了各种寻址方式中段地址寄存器和偏移地址寄存器的组合方式。例如,代码段寄存器总是和指令指针组合用于寻址程序的下一条指令,常用CS:IP或CS:EIP表示。对堆栈段中存储单元的访问往往通过堆栈指针SP/ESP或者基址指针BP/EBP寻址,常用SS:SP(SS:ESP)或者SS:BP(SS:EBP)表示。32位处理器的寄存器组合寻址默认情况如表1-2所示。

表1-2 默认32位段+偏移寻址组合

段	偏移	特殊用途
CS	EIP	指令地址
SS	ESP、EBP	堆栈地址
DS	EAX、EBX、ECX、EDX、ESI、EDI、一个8位或32位数	数据地址
ES	串指令EDI	串目标地址
FS	无默认值	一般地址
GS	无默认值	一般地址

第三节　保护模式存储器寻址

32位微处理器有两种常用工作模式:实模式和保护模式。保护模式存储器寻址允许访问位于起始1MB及1MB以上的存储器内的数据和程序,最大可寻址的地址空间达到4GB。在保护模式下,当寻址扩展内存里的数据和程序时,仍然使用偏移地址访问位于存储器段内的信息,但保护模式下不再像实模式那样提供段地址。在原来放段地址的段寄存器里含有一个选择子(selector),用于选择描述符表内的一个描述符。描述符(descriptor)描述存储器段的位置、长度和访问权限。由于段寄存器和偏移地址仍然用于访问存储器,所以保护模式指令和实模式指令是完全相同的,事实上,很多为在实模式下运行编写的程序,不用更改就可在保护模式下运行,两种模式之间的区别是微处理器访问存储段时对段寄存器的解释不同,以及偏移地址的位数不同。

一、分段存储管理机制

在保护模式下,32位CPU可寻址的物理地址空间达到了4GB,但在32位机的实际系统中不可能安装如此大的物理内存。为了能够运行大型程序,并真正的实现多任务,必须采用虚拟存储器。虚拟存储器是一种软硬结合的技术,用于提供比计算机系统中实际可用的物理主存储器大得多的存储器空间，这样程序员在编写程序时就不用考虑计算机中物理存储器的实际容量。

在保护模式下，虚拟存储器由大小可变的存储块构成，将这样的块称为段。每个段都由一个8字节长的数据来描述，描述的内容包括段的位置、大小和使用情况等，这个8字节的数据称为描述符。在保护模式下，虚拟存储器的地址就是由指示描述符的选择子和段内偏移两部分构成，所有的虚拟存储器地址构成了虚拟地址空间，虚拟地址空间可以达到64TB。

由于程序只有在物理存储器中才能够运行，所以虚拟地址空间必须映射到物理地址空间，二维的虚拟地址必须转换成一维的物理地址。在保护模式下，每个任务都拥有一个虚拟地址空间，为了避免多个并行任务的多个虚拟地址空间映射到同一个物理地址空间，32位处理器采用了线性地址空间来隔离虚拟地址空间和物理地址空间。各空间中地址的转换示意如图1-7所示。

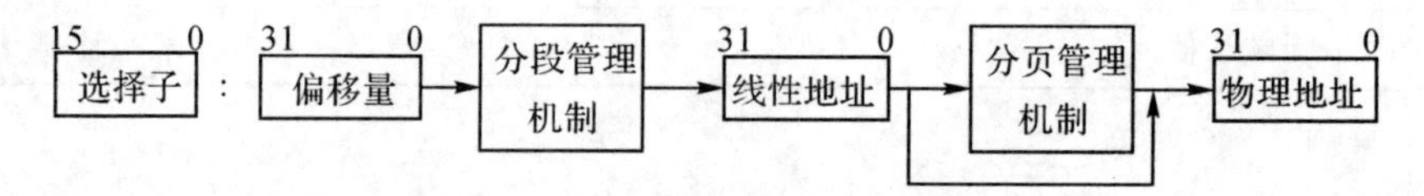

图1-7 保护模式下的地址转换示意图

在保护模式下，分段管理机制实现了虚拟地址空间到线性地址空间的映射，也就是将二维地址转换成一维地址。这一步总是存在的，且由CPU中的分段部件自动完成。分段管理的实现示意如图1-8所示。

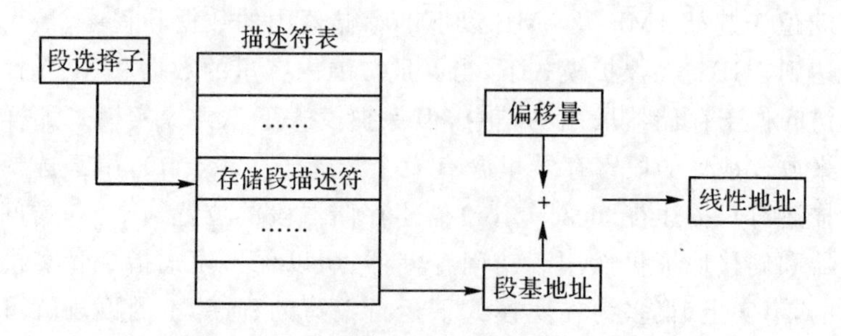

图1-8 保护模式下的分段管理示意图

二、描述符和选择子

装在段寄存器里的选择子用于从全局描述符表或局部描述符表的8192个描述符中选择其中一个。全局描述符包含适用于所有程序的段定义，而局部描述符通常用于某一个应用程序，所以可以把全局描述符称为系统描述符，把局部描述符称为应用描述符。

1. 描述符

段描述符主要由三个参数构成：段基地址（Base Address）、段界限（Limit）和段属性（Attributes）。

段基地址：规定了线性地址空间中段的开始，用 32 位表示。由于段基地址和寻址的长度相同，所以任意一个段都可以从 32 位线性地址空间中的任何一个字节开始。

段界限：规定了段的大小。在保护模式下，段界限用 20 位表示，其单位可以是 1 字节也可以是 4KB。当为字节时，段界限最大长度为 $2^{20}=1MB$；当为 4KB 时，段界限的最大长度为 4GB。

段属性：规定了段的主要特性，在对段进行各种访问时，对访问的合法性检查主要依据段属性的定义。

在保护模式下，每个段都有一个相应的描述符来描述。根据描述的对象来划分，描述符可以划分成三种：存储段描述符、系统段描述符和门描述符。以下将分别介绍这三种描述符的定义。

（1）存储段描述符。存储段描述符的格式如图 1-9 所示。

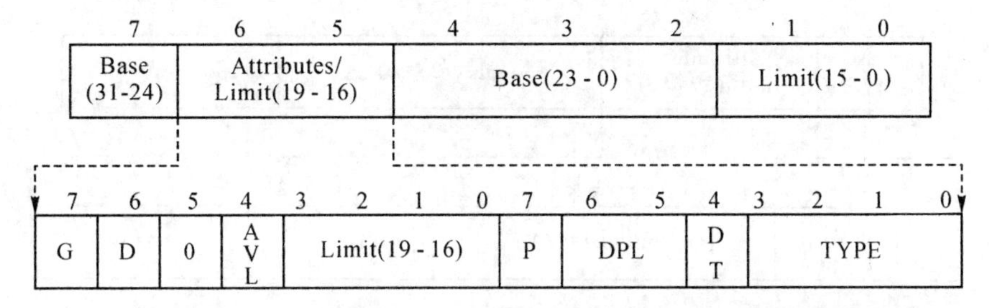

图 1-9 存储段描述符格式

G：段界限粒度位，指示段界限的单位。0 表示 1 字节，1 表示 4KB；

D：简单来说决定段是 32 位还是 16 位。1 表示 32 位段，0 表示 16 位段；

AVL：软件可利用位（未规定）；

P：存在（Present）位。P=1 表示描述符对地址转换是有效的，或者说该描述符所描述的段存在，即在内存中；P=0 表示描述符对地址转换无效，即该段不存在，使用该描述符进行内存访问时会引起异常；

DPL：特权级（Descriptor Privilege Level），二位，决定了描述符对应的特权级，用于特权级检查，以决定是否能对该段访问；

DT：表示段的类型（描述对象）。DT=1 表示是存储段描述符；DT=0 表示是系统段描述符或门描述符；

TYPE：决定了存储段的属性，具体属性值见表 1-3 所示。

表 1-3　存储段属性值

类型	说明	类型	说明
0	只读	8	只执行
1	只读,已访问	9	只执行,已访问
2	读/写	A	读/执行
3	读/写,已访问	B	读/执行,已访问
4	只读,向低扩展	C	只执行,一致码段
5	只读,向低扩展,已访问	D	只执行,一致码段,已访问
6	读/写,向低扩展	E	读/执行,一致码段
7	读/写,向低扩展,已访问	F	读/执行,一致码段,已访问

(2)系统段描述符和门描述符。系统段是实现存储管理机制所使用的特殊段,用于描述系统段的描述符称为系统段描述符。32 位处理器中含有两种系统段:任务状态段和局部描述符表段。系统段描述符的格式如图 1-10 所示。

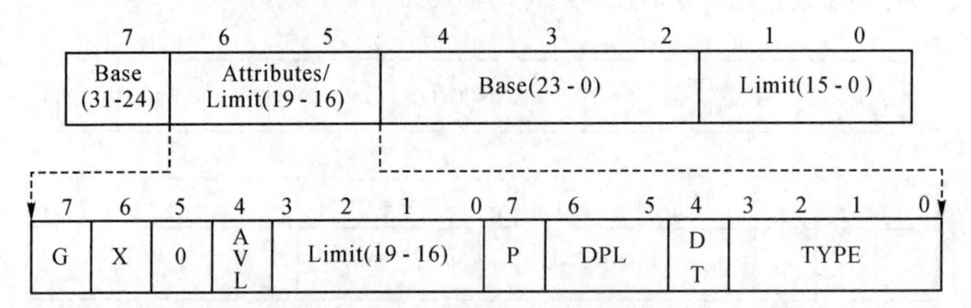

图 1-10　系统段描述符格式

X:表示在系统段中不使用此位;

DT:表示段的类型,为 0 表示是系统段;

门描述符并不是描述某种内存段,而是描述控制转移的入口点。这种描述符好比一个通向另一个码段的门,通过这种门,可以实现任务内特权级的变换和任务间的切换。门描述符可以分成:任务门、调用门、中断门和陷阱门。门描述符的格式如图 1-11 所示。其中 Dword Count 是双字计数字段,该字段只在调用门描述符中有效。主程序通常通过堆栈把入口参数传递给子程序,如果利用调用门调用子程序时,将引起特权级的转换和堆栈的改变,那么就需要将外层堆栈中的参数复制到内层堆栈,双字计数字段决定了复制的双字参数的数量。

存储段描述符、系统段描述符和门描述符的格式各不相同,但 DT、DPL、P、TYPE 的位置都相同。系统根据 DT 来区分存储段描述符和系统段描述符、门描述

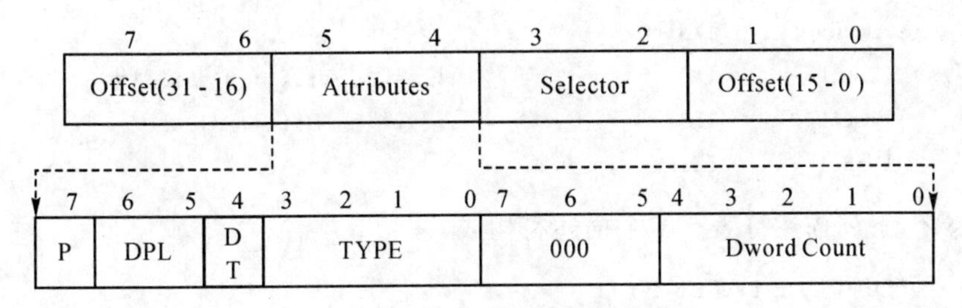

图 1-11 门描述符格式

符，而当 DT 为 0 时通过 TYPE 值来区分系统段描述和门描述符。系统段描述符和门描述符的属性值如表 1-4 所示。

表 1-4 系统段和门描述符类型字段的编码和含义

类型	说明	类型	说明
0	未定义	8	未定义
1	可用的 286 TSS	9	可用的 386 TSS
2	LDT	A	未定义
3	正在执行的 286 TSS	B	正在执行的 386 TSS
4	286 调用门	C	386 调用门
5	任务门(286 或 386)	D	未定义
6	286 中断门	E	386 中断门
7	286 陷阱门	F	386 陷阱门

2. 描述符表

一个任务会涉及多个段，每个任务需要一个描述符来描述，为了便于组织管理，80386 把描述符组织成线性表。由描述符组成的线性表称为描述符表。在 32 位机中有三种类型的描述符表：全局描述符表 GDT(Global Descriptor Table)、局部描述符表 LDT(Local Descriptor Table)和中断描述符表 IDT(Interrupt Descriptor Table)。在整个系统中，全局描述符表 GDT 和中断描述符表 IDT 均只有一张，局部描述符表可以有若干张，每个任务可以有一张。

例如，如果定义存储段/系统段描述符的数据结构为：

```
DESC      STRUC          ;定义描述符的结构
LimitL    DW  0          ;段界限(BIT0—15)
BaseL     DW  0          ;段基地址(BIT0—15)
BaseM     DB  0          ;段基地址(BIT16—23)
```

```
Attributes    DB  0           ;段属性
LimitH        DB  0           ;段界限(BIT16－19)及段属性
BaseH         DB  0           ;段基地址(BIT24－31)
DESC          ENDS
```

那么,下列描述符表有6个描述符构成:

```
DESCTAB LABEL BYTE
DESC1  DESC  <1234H,5678H,34H,92H,,>
DESC2  DESC  <1234H,5678H,34H,93H,,>
DESC3  DESC  <5678H,1234H,56H,98H,,>
DESC4  DESC  <5678H,1234H,56H,99H,,>
DESC5  DESC  <0FFFFH,,10H,16H,,>
DESC6  DESC  <0FFFFH,,10H,90H,,>
```

每个描述符表本身形成一个特殊的数据段,这样特殊的数据段最多可包含有8K(8192)个描述符。

(1)全局描述符表GDT。全局描述符表GDT含有每一个任务都可能或可以访问的段的描述符,通常包含描述操作系统所使用的代码段、数据段和堆栈段的描述符,也包含多种特殊数据段描述符,如各个任务的TSS段描述符、LDT所在段描述符以及各种调用门和任务门描述符。GDT表中的第一个描述符是一个空描述符(所有值全部为0),GDT表在内存中的位置由GDTR寄存器来定位。

(2)局部描述符表LDT。每个任务的局部描述符表LDT含有该任务自己的代码段、数据段和堆栈段的描述符,也包含该任务所使用的一些门描述符,如任务门和调用门描述符等。随着任务的切换,系统当前的局部描述符表LDT也随之切换。

通过LDT可以使各个任务私有的各个段与其他任务相隔离,从而达到受保护的目的。通过GDT可以使各任务都需要使用的段能够被共享。

图1-12给出了任务A和任务B所涉及的有关段既隔离受保护,又合用共享的情况。通过任务A的局部描述符表LDTA和任务B的局部描述符表LDTB,把任务A所私有的代码段CodeA及数据段DataA与任务B所私有的代码段CodeB和数据段DataB及DataB2隔离,但任务A和任务B通过全局描述符表GDT共享代码段CodeK及CodeOS和数据段DataK及DataOS。

一个任务可使用的整个虚拟地址空间分为相等的两半,一半空间的描述符在全局描述符表中,另一半空间的描述符在局部描述符表中。由于全局描述符表和局部描述符表都可以包含多达8192个描述符,而每个描述符所描述的段的最大值可达4G字节,因此最大的虚拟地址空间可为:4GB×8192×2=64MMB=64TB。

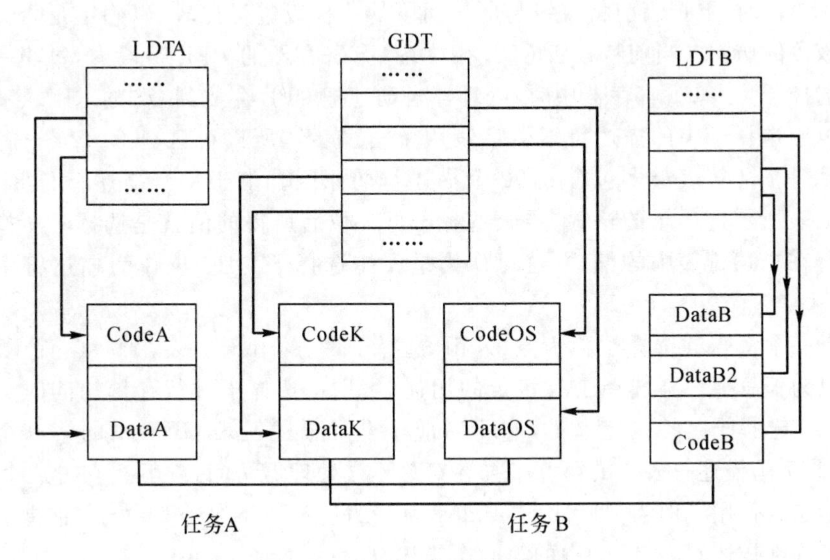

图1-12　任务A、B的LDT表

(3)中断描述符表IDT。在32位微处理器响应中断/异常处理时,需要通过查询IDT表定位处理程序所在的段及偏移。IDT表中包含了中断门/陷阱门和任务门描述符,且最多包含256个。在整个32位处理器系统中,只允许有一张IDT表。

3.选择子

在实模式下,逻辑地址空间中存储单元的地址由段值和段内偏移两部分组成。在保护方式下,虚拟地址空间(相当于逻辑地址空间)中存储单元的地址由段选择子和段内偏移两部分组成。

段选择子(段寄存器)用来在描述符表中查找相应的段描述符,由描述符确定段基地址、段界限、段属性,段基地址与偏移之和就是线性地址。所以,虚拟地址空间中由选择子和偏移两部分构成二维虚拟地址。选择子格式如图1-13所示。

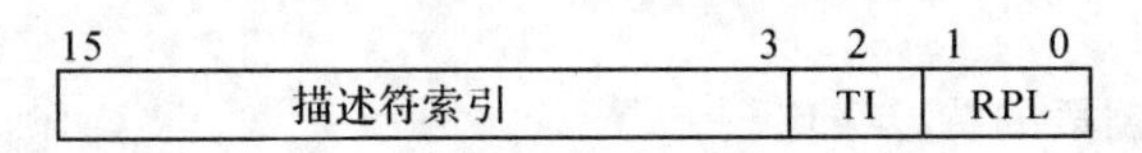

图1-13　段选择子格式

段选择子长16位,其中高13位包含了一个指向描述符的索引值(Index),所谓描述符索引是指描述符在描述符表中的序号。段选择子的第2位TI(Table Indicator)是引用描述符表指示位,TI=0指示从全局描述符表GDT中读取描述符;TI=1指示从局部描述符表LDT中读取描述符。选择子的最低两位是请求特权级RPL(Requested Privilege Level),用于特权检查。RPL字段的用法如下:每当程序试图访问一个段时，要把当前特权级与所访问段的特权级进行比较，以确定是否允许程序对该段的访问。当前特权级 CPL 存放在 CS 寄存器的 RPL 字段内，每当一个代码段选择子装入 CS 寄存器中时，处理器自动地把 CPL 存放到 CS 的 RPL 字段。

由于选择子中的描述符索引字段用 13 位表示，所以可区分 8192 个描述符。这也就是描述符表最多包含 8192 个描述符的原因。由于每个描述符长 8 字节，根据上表所示选择子的格式，屏蔽选择子低 3 位后所得的值就是选择子所指定的描述符在描述符表中的偏移，这可认为是安排选择子高 13 位作为描述符索引的原因。

有一个特殊的选择子称为空(Null)选择子，它的 Index＝0，TI＝0，而 RPL 字段可以为任意值。空选择子有特定的用途，当用空选择子进行存储访问时会引起异常。空选择子是特别定义的，它不对应于全局描述符表 GDT 中的第 0 个描述符，因此全局描述符表中的第 0 个描述符总不被处理器访问，一般把它置成全 0，只起到标志的作用。但当 TI＝1 时，Index 为 0 的选择子不是空选择子，它指定了当前任务局部描述符表 LDT 中的第 0 个描述符。

4. 特权级

为了使操作系统的程序不受用户程序的破坏、各个任务的程序不相互干扰，32 位处理器提供了特权级检查机制用于程序间的保护。从级别来划分，特权级共分 4 级，取值为 0～3，0 级为最高特权级，3 级为最低特权级。对于一个操作系统来说，通常，操作系统的核心处于 0 级，而 1 级、2 级的程序通常为系统服务程序或操作系统的扩展程序，应用程序特权级最低为 3 级。从类型来划分，特权级可以表示成当前特权级 CPL、描述符特权级 DPL、请求特权级 RPL。CPL 表示当前正在执行的代码段具有的访问特权级，其值在 CS 中的最低 2 位。DPL 表示了段的被访问权限，RPL 表示了选择子的特权级，指向同一个描述符的选择子可以拥有不同的特权级。

在程序执行过程中，处理器要进行一系列的特权级检查工作，在检查过程中采用了如下规则：

(1)读/写数据段的特权级比较。

①操作堆栈：要求 CPL＝DPL，其中 DPL 为堆栈段对应描述符的 DPL。

②其他数据段：CPL≤DPL。

如果访问中 CPL 和 DPL 不满足以上要求，将产生 13 号异常。

(2)数据类段寄存器的装入规则。

要访问某个段中的数据，首先需要将段的选择子装入一个段寄存器。在装段寄存器的过程中，必须遵循如下的特权级规定。

①选择子不能为空。

②指向的描述符必须是可读/可执行的代码段或数据段描述符。

③段必须在内存。

④装入堆栈段选择子:CPL=DPL,RPL=DPL,否则产生异常 12。

⑤装入其他数据段选择子:CPL≤DPL,RPL≤DPL,否则产生异常 13。

(3)代码段寄存器的装入。

装入代码段寄存器意味着控制将转移到另一个代码段,可能引起 CPL 的改变,此部分特权级比较规则在控制转移部分具体描述。

(4)IOPL 的使用规则

在 32 位处理器中,对 I/O 指令、STI、CLI 和带 LOCK 前缀的指令的使用有一定的限制。只有当 CPL≤IOPL,或者 TSS 的 I/O 位图允许访问特定的 I/O 地址时,上述指令才能使用,否则产生 13 号异常。

5. 程序不可见寄存器

存储系统中有全局描述符表和局部描述符表。为了访问和指定这些表的地址,32 位微处理器中包含一些程序不可见寄存器。程序不可见寄存器不直接被软件访问,故此得名(虽然其中有些寄存器可以被系统软件访问)。图 1-14 给出了 32 位微处理器中出现的程序不可见寄存器。

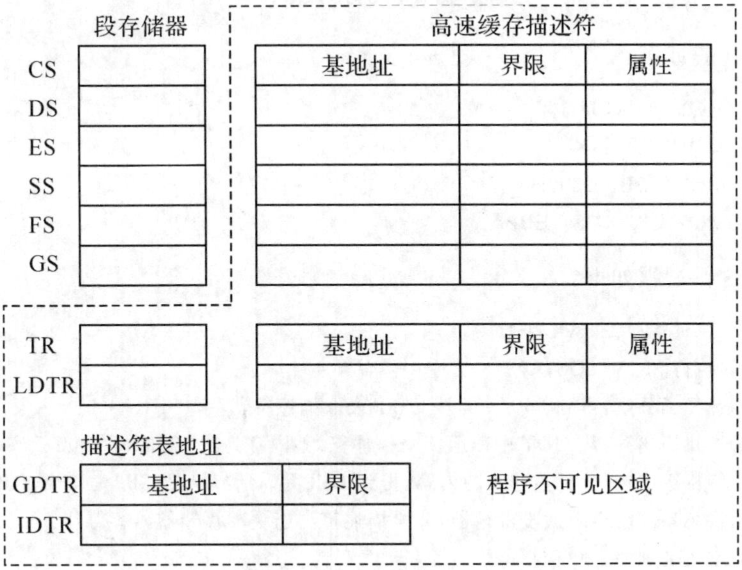

段存储器		高速缓存描述符		
		基地址	界限	属性
CS				
DS				
ES				
SS				
FS				
GS				

		基地址	界限	属性
TR				
LDTR				

描述符表地址

	基地址	界限
GDTR		
IDTR		

程序不可见区域

图 1-14　不可见寄存器

在保护模式下,为了避免在每次存储器访问时,都要访问选择子、描述符表取得段信息,32 位微处理器的每个段寄存器都含有一个程序不可见区域。这些寄存器的程序不可见区域通常又叫做高速缓冲存储器(cache,这些高速缓冲存储器与微处理器中的一级或二级高速缓冲存储器不能混淆),每当把一个选择子装入某个段寄存器时,处理器自动从描述表中取出相应的描述符,并把描述符中的信息保存到对应的高速缓冲存储器中,这样在以后对该段访问时,都从高速缓冲存储器中取得段的信息,直到段号再次发生变化。这就避免了微处理器重复访问一个内存段时每次查询描述符表的过程,提高了处理器的访问速度。

6. 实例分析

下面举一个实例说明保护模式下分段管理的过程。此例假设系统只采用分段机制,CPL=0,GDT 表的内容如图 1-15 所示。

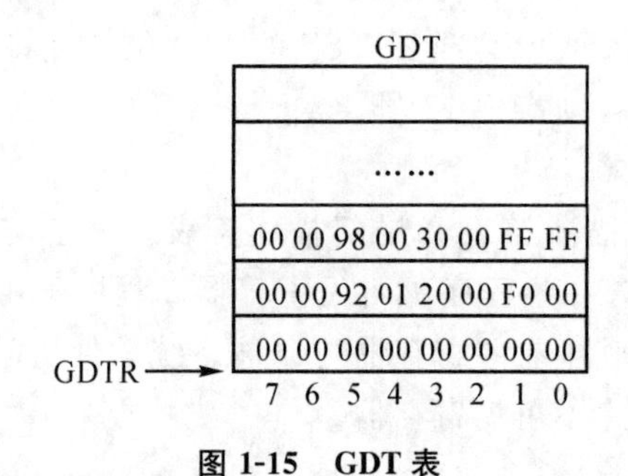

图 1-15 GDT 表

执行代码如下:

```
MOV   AX,08H
MOV   GS,AX
MOV   EBP,2000H
MOV   AX,GS:[EBP]
```

分析执行过程如下:

(1)执行 MOV AX,08H。

(2)执行 MOV GS,AX。

①选择子分解:得到 RPL=0,从 GDT 表取描述符,索引=1

②查找描述符:从 GDT 中取第 1 个描述符,其内容为:0000 9201 2000 F000

③特权级比较:分析描述符的内容,得到 DPL=0,所以满足 CPL≤DPL,RPL≤DPL

④将 AX 的内容装入段寄存器,从段描述符高速缓冲存储器内容得到:

32 位基地址=12000H

32 位段界限=F000H

段属性:G=0,D=0,P=1,DT=1,DPL=1,TYPE=2

(3)执行 MOV EBP, 2000H。

(4)执行 MOV AX, GS:[EBP]。

①特权级比较：CPL=0，DPL=0，满足 CPL≤DPL

②界限检查：2000H<0F000H

③形成线性地址：线性地址=段基地址+偏移量=12000H+2000H=14000H

④从 GS:[EBP]指向的存储单元中取得数据并装入 AX

寻址过程如图 1-16 所示。

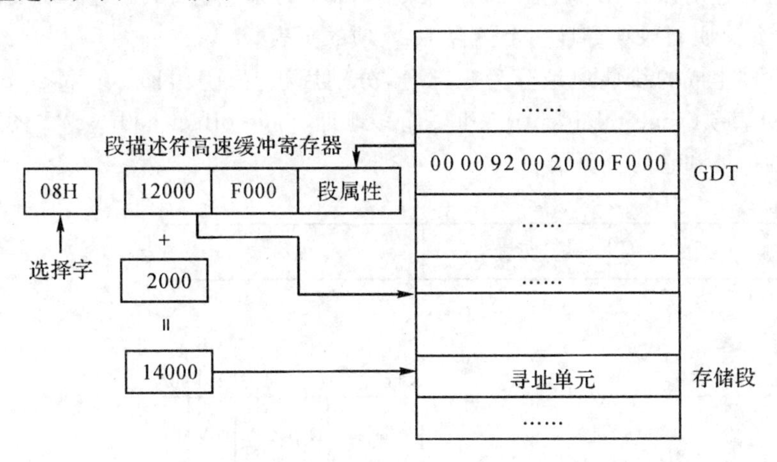

图 1-16　寻址过程示意图

三、内存分页

32 位及更高型号的微处理器内存分页机制允许为任何线性地址分配物理存储器地址。线性地址定义为由程序产生的地址，而物理地址是程序访问的实际存储器地址。通过内存分页机制，线性地址透明地转换为物理地址，这样就能使需要在特定地址上运行的应用程序通过分页机制重定位，还可以将存储器放在“根本不存在的”存储区域，例如由 EMM386. EXE 提供的高端内存块。

EMM386. EXE 程序以 4KB 块为单位，把扩展内存重新分配到视频 BIOS 和系统 BIOS ROM 之间的系统存储区，作为高端内存块。没有分页机制，就不可能使用这个存储区。

1. 分页寄存器

微处理器中控制寄存器的内容控制着分页部件。控制寄存器 CR0 到 CR3 的内容如图 1-5 所示。

CR0 的最高位 PG 置 1 时，就选择分页，线性地址通过分页机制转换为物理地址。如果 PG 位被清 0，则程序产生的线性地址就是用于访问存储器的物理地址。

CR3 的内容包括页目录基地址和 PCD、PWT 位。PCD 位和 PWT 位控制微处理器 PCD 和 PWT 引脚的操作。如果 PCD 置 1，则 PCD 引脚在非分页总线周期变为逻辑 1，这就允许外部硬件控制二级高速缓冲存储器(二级高速缓冲存储器是一个外部高速存储器，它是微处理器和主存 DRAM 之间的缓冲器)。PWT 位也在非分页总线周期出现在 PWT 引脚上，用于控制系统中的写直达(write-through)高速缓冲存储器。页目录基地址用于为页转换部件寻址页目录。注意，这个地址将页目录定位在任何以 4KB 为边界的存储系统中，页目录包含 1024 个目录项，每项长 4 字节。每个页目录项寻址一个包含 1024 项的页表。

由软件生成的线性地址分为三部分，分别用于寻址页目录项(page directory entry)、页表项(page table entry)和页偏移地址(page offset address)。图 1-17 表示了线性地址和它的分页结构。

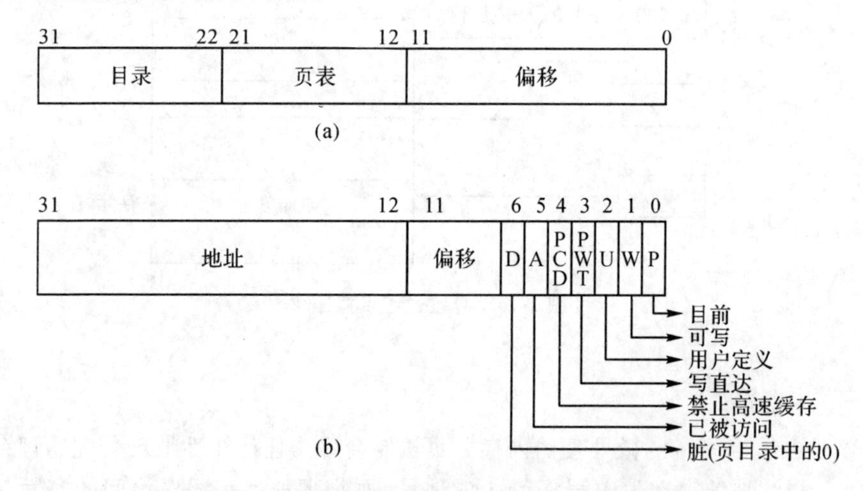

图 1-17　(a)线性地址的格式　(b)页目录或页表项

线性地址最左边 10 位用于寻址页目录中的一项，如：线性地址 00000000H 到 003FFFFFH，对应页目录的第一项(即目录项 0)被访问，每一个页目录项代表存储器一个 4MB 区域。页目录的内容选择由随后的 10 位线性地址(位 12～21)所指示的页表，这意味着地址 00000000H 到 00000FFFH 将选择页目录项 0 和页表项 0。线性地址的偏移部分(位 0～11)选择 4KB 存储器页内的一个字节。在图 1-18 中，如果页表项 0 包含地址 00100000H，则与线性地址 00000000H～00000FFFH 对应的物理地址为 00100000H～00100FFFH。也就是说，当程序寻址 00000000H～00000FFFH 之间的地址时，微处理器实际上是寻址 00100000H～00100FFFH 之间的物理地址。

2. 页目录和页表

图 1-18 展示了页目录、几个页表和一些内存页。在系统中只有一个页目录，页目录包含 1024 个双字地址，最多可以寻址 1024 个页表。页目录和每个页表的长度

均为 4KB。如果将总计 4GB 的内存分页，那么系统必须为页目录分配 4KB 存储器空间，为 1024 个页表分配 4KB×1024，即 4MB 空间，这将占用相当大的存储器资源。

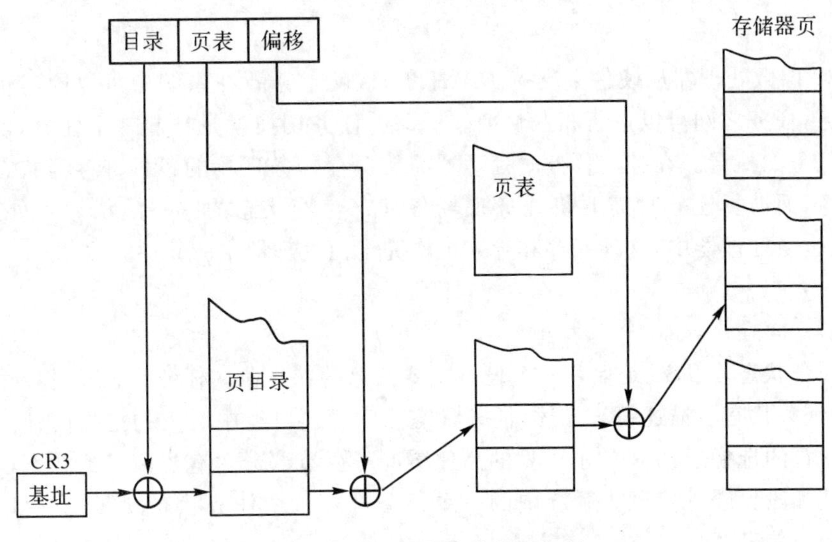

图 1-18　微处理器中的分页机制

线性地址到物理地址的转换过程如下：控制寄存器 CR3 的高 20 位作为页目录表所在物理页的页码；再由线性地址的最高 10 位(即位 22 至位 31)确定页目录表的某一项索引；对应表项所包含的页码指定页表；然后再把线性地址的中间 10 位(即位 12 至位 21)作为所指定的页目录表中的页表项的索引；页表中对应表项所包含的页码指定物理地址空间中的一页；最后把所指定的物理页的页码作为高 20 位，把线性地址的低 12 位不加改变地作为 32 位物理地址的低 12 位，即得到 32 位物理地址，完成线性地址到物理地址的转换。

为了避免在每次存储器访问时都要访问存储器内的页目录和页表，提高访问内存的速度，80386 处理器构造了一个称为 TLB(Translation Look-aside Buffer，转换后备缓冲区)的高速缓冲存储器，把最近使用的线性—物理页转换地址存储在处理器内部的页转换高速缓存中。在访问存储器页表之前总是先查阅高速缓存，只有当转换地址不在高速缓存 TLB 中时，才访问存储器中的页目录和页表。在 80486 微处理器中，TLB 保存了 32 个最近使用的页转换地址，即最后 32 个页表转换被存入了 TLB 中，因此如果访问某个存储区，其地址已经在 TLB 中，就不需要再访问页目录和页表，这样加速了程序的执行。Pentium、Pentium 4 微处理器的每个指令和数据高速缓冲存储器各有一个 TLB。

第四节　任务管理

32 位微处理器从硬件上支持了多任务，这就意味着在系统中可以同时运行多个任务，任务之间可以进行相互切换。所谓的任务切换就是挂起一个任务，恢复另一个任务的执行。在挂起任务时处理器需要保存任务现场的各种寄存器状态的完整映像，而恢复任务时需要将任务现场各种寄存器状态的完整映像导入处理器。在 32 位微处理器中，这种保存和导入工作完全由处理器中的硬件完成。

一、任务状态段 TSS

任务状态段 TSS 是保存一个任务重要信息的特殊段。任务状态段是一个系统段，由任务状态段描述符来描述，任务状态段寄存器 TR 中装入的是指向任务状态段描述符的选择子，TR 的不可见的高速缓冲寄存器部分含有当前任务状态段的段基地址和段界限等信息。系统中的每个任务都有一个任务状态段 TSS，用以保存该任务的信息。

TSS 在任务切换过程中起着重要作用，通过它实现任务的挂起和恢复。所谓任务切换是指，挂起当前正在执行的任务，恢复或启动另一任务的执行。在任务切换过程中，首先，处理器中各寄存器的当前值被自动保存到 TR 所指定的 TSS 中；然后，下一任务的 TSS 的选择子被装入 TR；最后，从 TR 所指定的 TSS 中取出各寄存器的值送到处理器的各寄存器中。由此可见，通过在 TSS 中保存任务现场各寄存器状态的完整映象，实现任务的切换。任务状态段 TSS 主要由 104 字节组成，其基本格式如图 1-19 所示。任务状态段可以分成如下几个区域：

1. 链接字段

链接字段安排在 TSS 内偏移 0 开始的双字中，其高 16 位未用，置为 0；低 16 位保存父任务的 TSS 选择子，即切换到该任务前处理器运行的任务的 TSS 选择子。如果当前的任务由段间调用指令 CALL 或中断/异常而激活，那么链接字段保存被挂起任务的 TSS 的选择子，并且标志寄存器 EFLAG 中的 NT 位被置 1，使链接字段有效。在返回时，由于 NT 标志位为 1，返回指令 RET 或中断返回指令 IRET 将使得控制按链接字段所指恢复到前一个任务。

2. 内层堆栈指针区

为了有效地实现保护，特权级检查规则中规定了不同级别的代码段必须使用相应级别的堆栈段。例如，当从外层特权级 3 变换到内层特权级 0 时，任务使用的

31		0	
0000000000000000	链接字段		0H
ESP0			4H
0000000000000000	SS0		8H
ESP1			0CH
0000000000000000	SS1		10H
ESP2			14H
0000000000000000	SS2		18H
CR3			1CH
EIP			20H
EFLAGS			24H
EAX			28H
ECX			2CH
EDX			30H
EBX			34H
ESP			38H
EBP			3CH
ESI			40H
EDI			44H
0000000000000000	ES		48H
0000000000000000	CS		4CH
0000000000000000	SS		50H
0000000000000000	DS		54H
0000000000000000	FS		58H
0000000000000000	GS		5CH
0000000000000000	LDT		60H
I/O许可位图	000000000000000	T	64H

图 1-19 任务状态段格式

堆栈也同时从3级堆栈变换到0级堆栈;当从内层特权级0变换到外层特权级3时,任务使用的堆栈也同时从0级堆栈变换到3级堆栈,所以一个任务可能拥有四个级别的代码段,则其包含的堆栈段也应该有四个,对应的也包含了四个级别的堆栈指针。对任务来说只需要保存内层0级、1级、2级三个级别的堆栈指针即可。没有指向3级堆栈的指针,因为3级为最外层,任何一个向内层的转移都不可能转移到3级。

0级堆栈指针ESP0安排在TSS内偏移04H开始的双字中。0级堆栈段寄存器SS0安排在TSS内偏移08H开始的双字中,其高16位未用,置为0。1级、2级堆栈指针和堆栈段寄存器类同。

3. CR3

CR3安排在TSS内偏移1CH开始的双字中。如果系统采用了分页机制,则该部分保存了分页机制中使用的页目录的物理地址。

4. 通用寄存器、段寄存器、指令指针寄存器及标志寄存器区

安排在TSS内偏移20H开始至5FH的区域中。在TSS对应的任务A运行的时候，寄存器保存区域是没有定义的。当正在运行的任务A被切换时，上述各类寄存器就保存在该区域，而当A任务被恢复运行的时候，该区域中寄存器的值会被重新装入CPU中对应的寄存器中。对于32位的寄存器来说，其保存区域为32位，而段寄存器也分别对应了一个32位的双字，但只用了低16位保存段选择子，高16位未用，置为0。

5. LDT选择子

安排在TSS内偏移60H开始的双字中。低16位存放着任务自己的局部描述符表对应的选择子，高16位未用，置为0。

6. T位

调试陷阱位，在TSS内偏移64H的字节的位0。如果T位置1，则在进入该任务后，会产生调试异常，否则不会产生异常。

7. I/O许可位图

安排在TSS内偏移64H开始的双字的高16位。为实现输入/输出保护而设置。

二、门描述符

门描述符主要描述了控制转移的入口点，可以实现任务内特权级的变换和任务间的切换，门描述符的格式如图1-11所示。

门描述符可以分成调用门、任务门、中断门和陷阱门四类。

1. 调用门

调用门描述了某个子程序的入口，调用门描述符中描述的选择子必须指向一个代码段描述符，而偏移则指示了子程序在对应代码段内的偏移。利用段间调用指令CALL，通过调用门可实现任务内从外层特权级变换到内层特权级。

2. 任务门

任务门指示了转移的任务。在任务门描述符中描述的选择子必须指向一个GDT中的TSS段描述符。任务的入口在TSS中，而描述符中的偏移无意义。利用段间转移指令JMP和段间调用指令CALL，通过任务门可实现任务切换。

3. 中断门/陷阱门

中断门/陷阱门主要用来描述中断/异常处理程序的入口点。类似于调用门描述符，中断门/陷阱门描述符中的选择子和偏移指示了中断/异常处理的入口。中断门/陷阱门描述符只有在中断描述符表IDT中才有效。

三、任务内的段间转移

在保护模式下，控制转移基本上可以分为任务内的转移和任务间的转移两大类。同一任务内的转移包括了段内转移、段间转移，而段间转移又有相同特权级和不同特权级之分。由于段内的转移和实模式下的转移相似，也不涉及特权级变换问题，所以不再重述。此节主要对同一任务中的段间转移进行说明。

1.任务内相同特权级的转移过程

任务内相同特权级的控制转移是指在段间转移过程中CPL不发生改变。其实现可以通过如下途径来完成：①用JMP、CALL指令直接将控制转移到一个代码段中(直接转移)；②用RET、IRET指令；③用INT指令；④用JMP、CALL指令通过调用门实现转移(间接转移)。

(1)用JMP实现段间的直接转移。

①判别目标地址指示的描述符是否为空描述符。

②从GDT或LDT表中读出目标代码段描述符。

③检测描述的类型，确定是代码段描述符。

④比较RPL、CPL、DPL：非一致代码段，CPL＝DPL、RPL≤DPL；一致代码段，CPL≥DPL。

⑤装载目标代码段描述符的内容到CS高速缓冲寄存器。

⑥判别偏移。

⑦装载CS和EIP。

⑧转移完成。

说明：一致的可执行段是一种特别的存储段，这种存储段为在多个特权级执行的程序，提供对子例程的共享支持，而不要求改变特权级。如将一段公用程序放在一致的可执行代码段中，则任何特权级的程序都可以使用段间调用指令调用该公用程序，且以调用者所具有的特权级执行该段公用程序。

(2)用CALL指令实现的间接转移。

①判别目标地址指示的描述符是否为空描述符。

②从GDT或LDT表中读出目标代码段描述符。

③检测描述的类型，确定是代码段描述符。

④将返回地址指针压入堆栈。

⑤比较RPL、CPL、DPL：非一致代码段，CPL＝DPL、RPL≤DPL；一致代码段，CPL≥DPL。

⑥装载目标代码段描述符的内容到CS高速缓冲寄存器。

⑦判别偏移。

⑧装载CS和EIP。

⑨转移完成。

(3)用段间返回指令RET实现的转移。

①从堆栈中弹出目标地址指针。

②判别目标地址指示的描述符是否为空描述符。

③判别目标地址指针中选择子的 RPL 是否等于 CPL。

④从 GDT 或 LDT 表中读出目标代码段描述符。

⑤检测描述的类型，确定是代码段描述符。

⑥比较 RPL、CPL、DPL：非一致代码段，CPL＝DPL、RPL≤DPL；一致代码段，CPL≥DPL。

⑦装载目标代码段描述符的内容到 CS 高速缓冲寄存器。

⑧判别偏移。

⑨装载 CS 和 EIP。

⑩转移完成。

通常，RET 指令的使用和 CALL 指令的使用对应，所以如果 CALL 指令能够正常的执行，则保存在堆栈中的转移地址指针一定符合 RPL＝CPL 的条件。

(4)使用 JMP 指令，通过调用门实现的转移。

在执行 JMP、CALL 指令时，当指令中包含的地址指针选择子指向的是一个调用门描述符，则可以实现段间的间接转移。由于 CALL 指令通过调用门还可以实现任务内不同特权级的转移，所以，此处只介绍使用 JMP 指令，通过调用门实现任务内相同特权级的转移过程。

①调用门检查。

a)分析指令，取出选择子，丢弃偏移。

b)判断是否 CPL≤DPL、RPL≥DPL。

c)门描述符是否存在。

d)从门描述符中取出 48 位全指针。

②内层代码段检查。

a)判别目标地址指示的描述符是否为空描述符。

b)从 GDT 或 LDT 表中读出目标代码段描述符。

c)检测描述的类型，确定是代码段描述符；调整 RPL＝0。

d)比较 RPL、CPL、DPL：非一致代码段，CPL＝DPL、RPL≤DPL；一致代码段，CPL≥DPL。

e)装载目标代码段描述符的内容到 CS 高速缓冲寄存器。

f)判别偏移。

g)装载 CS 和 EIP。

h)转移完成。

(5)利用 INT 和 IRET 进行的控制转移。

此部分在中断/异常处理部分的讲解中再进行详细描述。

2. 任务内不同特权级的转移过程

任务内不同特权级间的转移，是指在段间转移过程中，CPL发生改变，其中包括了特权级从内层到外层的变换和特权级从外层到内层的变换。通常用CALL、INT指令实现外层到内层的转移，用RET、IRET指令，实现内层到外层的变换。INT和IRET指令都是在中断/异常中使用的，所以在中断/异常处理部分再详细讲解其用法，此处仅介绍利用CALL和RET指令实现任务内不同特权级的转移过程。

(1)用CALL指令实现外层到内层的转移。

①调用门检查。

a)分析指令，取出选择子，丢弃偏移。

b)判断是否CPL≤DPL、RPL≥DPL。

c)门描述符是否存在。

d)从门描述符中取出48位全指针。

②内层代码段检查。

a)判别目标地址指示的描述符是否为空描述符。

b)从GDT或LDT表中读出目标代码段描述符。

c)检测描述的类型，确定是代码段描述符，调整RPL=0。

d)比较RPL、CPL、DPL：若非一致代码段要求CPL>DPL、RPL≤DPL。

e)改变CPL，使其等于DPL。

③内层堆栈段检查。

a)从TSS中取得内层堆栈的指针。

b)检测选择子是否为空。

c)检测CPL、RPL、DPL是否符合CPL=DPL、RPL=DPL。

d)堆栈指针是否符合段限约束。

e)切换到内层堆栈，即将新的堆栈指针装入SS:ESP。

④其他操作。

a)将外层代码段使用的堆栈段指针压入SS:ESP(SS扩展成32位，先压入SS，再压入ESP)。

b)将调用门中“DWord Count”指定的参数个数从旧的堆栈拷贝到新的堆栈中。

c)将外层代码段的CS、EIP压入堆栈(CS扩展成32位，先压入CS，再压入EIP)。

d)装载CS和EIP。

e)转移完成。

(2)用 RET 指令实现从内层到外层的转移。

RET 指令的使用,可以实现内层向外层的返回。RET 指令可以通过带立即数和不带立即数的形式被使用。下面就 RET 指令带立即数的形式介绍由内向外返回的过程。如果 RET 指令没有带立即数,则在转移过程中不包含第③步和第④步。

①从堆栈中弹出返回地址。

②判别是否 RPL>CPL。

③跳过内层堆栈中的参数,参数个数由立即数决定。

④调整 ESP(跳过参数)。

⑤从内层堆栈中弹出指向外层的堆栈指针,并进行特权级检查,然后装入 SS:ESP。

⑥检查 DS、ES、FS、GS,保证寻址的段在外层是可以访问的,如果不可以访问,则装入空选择子。

⑦判别装入 CS 和 EIP 的值,完成装载。

⑧转移完成。

四、任务间的转移

任务间的转移意味着任务的切换,可以使用 JMP 和 CALL 指令通过任务门或直接通过任务状态段来实现,也可以在进入或退出中断/异常处理时实现。此部分仅介绍通过 TSS 和任务门进行切换的过程。

1. 通过 TSS 进行任务切换

当 JMP 或 CALL 指令中包含的选择子指向一个可用任务状态段描述符的时候,就可以发生从当前任务到 TSS 指向任务的转移。转移的目标地址由任务的 TSS 中的 CS 和 EIP 决定,而 JMP 和 CALL 指令中的偏移则被丢弃。通过 TSS 进行任务切换,要求选择子的 RPL 小于等于 TSS 描述符的 DPL,且 CPL 小于等于 TSS 描述符的 DPL。当条件满足时,就可以开始任务切换,具体任务切换的过程在后面介绍。

2. 通过任务门进行任务切换

当 JMP 或 CALL 指令中包含的选择子指向一个任务门时,就可以发生从当前任务到任务门指向的 TSS 所对应任务的转移。转移的目标地址由任务门指向的 TSS 中的 CS 和 EIP 决定,而 JMP 和 CALL 指令中的偏移则被丢弃,任务门中的偏移也无意义。通过任务门进行任务切换,要求任务门选择子的 RPL 小于等于任务门描述符的 DPL,且 CPL 小于等于任务门描述符的 DPL;任务门指向的 TSS 必须是 GDT 中可用的 TSS。当条件满足时,就可以开始任务切换,具体任务切换的过程在后面介绍。

3. 任务切换过程

不管是直接通过 TSS 还是由任务门选择 TSS 实现任务切换，CPU 都需要对 TSS 中的信息进行一系列判别。下面以从 A 任务切换到 B 任务为例说明任务切换的过程。

(1)检测 B 任务的 TSS 长度要求大于等于 103。

(2)把当前的通用寄存器、段寄存器、EIP 及标志寄存器的内容保存到 A 任务的 TSS 中。

(3)将任务 B 的 TSS 选择子装入 TR，将 B 任务的 TSS 段描述符中任务忙位置位。

(4)将保存在 B 任务的 TSS 中的通用寄存器、段寄存器、EIP 及标志寄存器的值装入 CPU 的各个寄存器(仅装载选择子，防止产生异常)，同时也装入 B 任务的 CR3 和 LDT 选择子。

(5)链接处理。如果是 CALL 和中断/异常引起的任务切换，需要将 B 的 TSS 中的 LINK 置为 A，将 EFLAGS 中的 NT 位置 1，表示是任务嵌套，且不修改任务 A 的 TSS 描述符中任务忙位。如果是 JMP 指令，则不进行链接处理，只将任务 A 的 TSS 段描述符中任务忙位清零。

(6)解链处理。如果是 IRET 引起的任务切换，实施解链处理，要求 B 任务是忙任务，切换后将任务 A 的 TSS 描述符中的任务忙位清零，B 仍为忙任务。

(7)将 CR0 中的 TS 位置 1，表示发生了任务切换。

(8)将 B 任务 TSS 中 CS 的 RPL 作为当前的 CPL(任务切换可以从 A 任务任何一个特权级的代码段切换到 B 任务的任意特权级代码段)。

(9)装入各个高速缓冲寄存器的值。

第五节　中断/异常管理

中断/异常是指系统、处理器或当前执行程序(或任务)的某处出现一个事件，该事件需要处理器进行处理。通常，这种事件会导致执行控制被强迫从当前运行程序转移到被称为中断/异常处理程序的特殊软件或任务中。处理器响应中断或异常所采取的行动被称为中断/异常服务或中断/异常处理。

一般来说，中断是由于外部设备的异步事件引发的，通常中断被用来处理外部事件，例如要求为外部设备提供服务。而异常通常是在指令执行期间，由于检测到不正常或者非法的条件而引发的，例如中断调用指令 INT 和溢出中断指令 INTO 均属于异常。异常与当前正在执行的指令有着直接的联系，当异常发生时，当前指令无法正确地执行，必须通过异常处理程序加以处理。

根据异常被报告的方式以及导致异常的指令是否能够被重新执行，把异常分为故障异常(Fault)、陷阱异常(Trap)和中止异常(Abort)三类。

故障异常是一种通常可以被纠正的异常，并且一旦被纠正，程序就可以继续运行。当出现一个故障，处理器会把机器状态恢复到产生故障的指令之前的状态。此时异常处理程序的返回地址会指向产生故障处的指令，而不是其后面一条指令，因此产生故障处的指令将被再次重新执行。

陷阱异常是一个引起陷阱的指令被执行后立刻会报告的异常。陷阱也能够让程序或任务连贯地执行。陷阱处理程序的返回地址指向引起陷阱指令的随后一条指令。

中止异常是一种不会报告导致异常的指令的精确位置的异常，并且不允许导致异常的程序重新继续执行。中止用于报告严重错误，例如硬件错误以及系统表中存在不一致性或非法值。

一、中断/异常向量

为了有助于处理中断/异常，CPU 给每个中断/异常条件都被赋予了一个标志号，称为向量(vector)。处理器把赋予中断/异常的向量用作中断描述符表 IDT 中的一个索引号，来定位一个中断/异常的处理程序入口点位置。

在 32 位处理器系统中，最多支持 256 种中断/异常，允许的向量号范围是 0～255。其中 0～31 保留用作 80x86 处理器定义的中断/异常，部分未定义的功能向量号将留作今后扩展使用。范围在 32～255 的向量号用于用户定义的中断，这些中断号通常用于外部 I/O 设备。表 1-5 中给出了 80x86 在保护模式下中断/异常向量的类型和说明。

表 1-5　保护模式下的中断/异常说明

向量号	说明	类型	错误码	产生源
0	除出错	故障	无	DIV 或 IDIV 指令
1	调试	故障/陷阱	无	任何代码或数据引用，或是 INT1 指令
2	NMI 中断	中断	无	非屏蔽外部中断
3	断点	陷阱	无	INT3 指令
4	溢出	陷阱	无	INTO 指令
5	边界范围超出	故障	无	BOUND 指令
6	无效操作码(未定义)	故障	无	UD2 指令或保留的操作码。

续表

向量号	说明	类型	错误码	产生源
7	协处理器不可用	故障	无	浮点或WAIT/FWAIT指令
8	双重错误	异常终止	有(0)	任何可产生异常、NMI或INTR的指令
9	协处理器段越界(保留)	故障	无	浮点指令(386以后CPU不产生该异常)
10	无效的任务状态段TSS	故障	有	任务交换或访问TSS
11	段不存在	故障	有	加载段寄存器或访问系统段
12	堆栈段错误	故障	有	堆栈操作和SS寄存器加载
13	一般保护错误	故障	有	任何内存引用和其他保护检查
14	页面错误	故障	有	任何内存引用
15	Intel保留,请勿使用		无	
16	协处理器异常	故障	无	x87FPU浮点或WAIT/FWAIT指令
17	对齐检查	故障	有(0)	在80486和PⅡ微处理器中有效
18	机器检查	异常终止	无	错误码(若有)和产生源与CPU类型有关
19	SIMD浮点异常	故障	无	SSE和SSE2浮点指令(PⅢ处理器引进)
20～31	Intel保留,请勿使用			
32～255	用户定义中断	中断		外部中断或者INT n指令

有一些中断/异常在发生时会产生错误码,错误码可以指示错误的类型、引起错误的描述符所在区域以及引起错误的选择子,通过错误码,可以快速、准确地定位错误源。错误码格式如图1-20所示,其中TI位指示了选择子对应的描述符在GDT表中还是LDT表中。如果在中断/异常处理时,从IDT表重读表项时产生异常,IDT位置位。如果在某一中断/异常正在处理时又产生了某种异常,则EXT位置位。

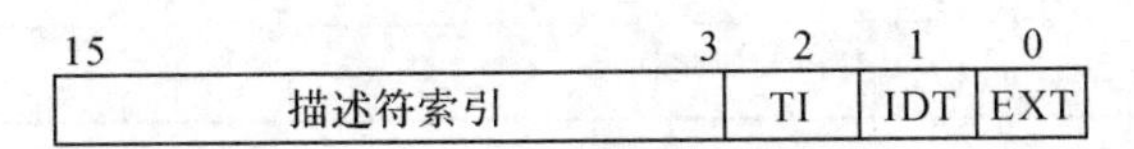

图1-20　异常错误码格式

1. 中断/异常源

(1)中断源。

处理器接收的中断有两个来源:外部硬件产生的中断和软件产生的中断。外部中断通过处理器芯片上两个引脚(INTR和NMI)接收。当引脚INTR接收到外部发生的中断信号时，处理器就会从系统总线上读取外部中断控制器提供的中断向量号。当引脚 NMI 接收到信号时，就产生一个非屏蔽中断，它使用固定的中断向量号 2。任何通过处理器 INTR 引脚接收的外部中断都被称为可屏蔽外部中断，标志寄存器 EFLAGS 中的 IF 标志可用来屏蔽这些外部中断。

(2)异常源。

处理器接收的异常也有两个来源：处理器检测到的程序错误异常和软件产生的异常。在应用程序或操作系统执行期间，如果处理器检测到程序错误，就会产生一个或多个异常。

指令 INT 0、INT 3 可以通过软件产生异常。这些指令可对指令流中指定点进行特殊异常条件的检查。例如，INT 3 指令会产生一个断点异常。

INT n 指令可用于在软件中模拟指定的异常，但有一个限制。如果 INT 指令中的操作数 n 是 80x86 异常的向量号之一，那么处理器将为该向量号产生一个中断，该中断就会去执行与该向量有关的异常处理程序。

2. 中断/异常的优先级

如果在一条指令边界有多个中断/异常等待处理时，处理器会按规定的优先级顺序对它们进行处理。表 1-6 给出了中断/异常的优先级。处理器会首先处理最高优先级的中断/异常，低优先级的异常会被丢弃，而低优先级的中断则会保持等待。当中断/异常处理程序返回到产生中断/异常的程序或任务时，被丢弃的异常会重新发生。

表 1-6　中断/异常的优先级

优先级	中断/异常类型
1(最高)	调试故障
2	其他故障
3	陷阱指令 INT n 和 INTO
4	调试陷阱
5	NMI 中断
6(最低)	INTR 中断

3. 中断描述符表

中断描述符表 IDT(Interrupt Descriptor Table)中可以存放 3 种类型的门描述符：中断门描述符、陷阱门描述符、任务门描述符。

图 1-11 给出了这三种门描述符的格式，其中含有一个长指针(即段选择子和偏移值)，处理器使用这个长指针把程序执行权转移到代码段的中断/异常处理程序中。

与GDT和LDT表类似，IDT表也是由8字节长的描述符组成的一个数组。与GDT表不同的是，IDT表中第一项可以包含描述符。为了构成IDT表中的一个索引值，处理器把异常或中断的向量号乘以8。因为最多只有256个中断或异常向量，所以IDT表最多包含256个描述符，也可以少于256个描述符，因为只有可能发生的中断/异常才需要描述符，不过IDT表中所有空描述符项应该设置其存在标志位为0。

IDT表可以驻留在线性地址空间的任何地方，处理器使用IDTR寄存器来定位IDT表的位置。这个寄存器中含有IDT表32位的基地址和16位界限值，如图1-4所示。

LIDT和SIDT指令分别用于加载和保存IDTR寄存器的内容。LIDT指令用于把内存中的界限值和基地址加载到IDTR寄存器，该指令仅能由当前特权级CPL为0的代码执行，通常被用于创建IDT表时的操作系统初始化代码中。SIDT指令用于把IDTR中的基地址和界限值复制到内存，该指令可在任何特权级上执行。

二、中断/异常处理

在实模式下，中断响应是根据中断向量号查找中断向量表，获得中断处理程序的入口地址，并且转移到相应的中断处理程序去执行，这是一个控制转移过程。

而在保护模式下，中断/异常处理的转移是根据中断/异常向量号查找IDT表中对应的中断/异常处理门描述符，由这些门描述符可以定位中断/异常处理程序所在段的段选择子和段内偏移，即转移目标地址的48位全指针。在中断/异常的处理中，可以通过中断门/陷阱门，实现任务内的控制转移，让任务内的一个过程实现处理；也可以通过任务门实现任务间的控制转移，即由另一个任务实现处理。图1-21为当前任务上下文中的中断/异常处理过程，门中的段选择子指向GDT或当前LDT中的可执行代码段描述符，门描述符中的偏移值指向中断/异常处理程序的开始处。

1. 通过中断门/陷阱门实现的中断/异常处理

如果中断/异常向量号在IDT表中所指向的控制门描述符是中断门或陷阱门，那么控制将转移到当前任务的一个处理过程，且在转移中可能引起任务内不同特权级的切换。和段间调用指令CALL通过调用门实现控制转移一样，系统从中断门或陷阱门描述符中获得指向中断/异常处理程序入口点的48位全指针。48位全指针中16位的选择子是中断/异常处理程序所在代码段的选择子，它指向GDT或者LDT中的某个代码段描述符；32位的偏移地址指示中断/异常处理程序入口点在代码段中的偏移量。通过中断/异常处理可将控制转移到同一特权级或者内层

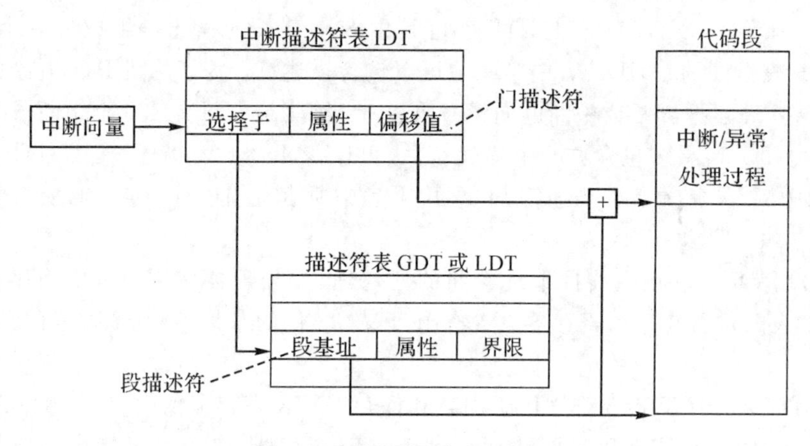

图 1-21　中断/异常过程调用

特权级。也就是说,可以通过中断/异常处理实现特权级变换。

若是通过中断门转移,则清除 IF、TF 和 NT 标志位;若是通过陷阱门转移,则只清除 TF 和 NT 标志位。TF 清 0 表示在中断/异常处理程序的执行过程中不允许单步执行。NT 清 0 表示中断/异常处理程序执行完毕按中断返回指令 IRET 返回时,需要返回同一个任务而不是嵌套任务。通过中断门和通过陷阱门转移的区别就在于对 IF 标志位的处理。对于中断门,在转移过程中清除 IF,使得在中断/异常处理程序执行期间不再响应来自 INTR 的中断处理请求。对于陷阱门,在控制转移过程中 IF 不发生任何变化,如果原来 IF=1 的话,那么通过陷阱门转移到中断/异常处理程序后仍然允许来自 INTR 的中断处理请求。因此,中断门适合处理中断,而陷阱门适合处理异常。

通过中断门/陷阱门实现的中断/异常处理可能引起任务内不同特权级的切换,从而会引起堆栈的切换,在进入处理的整个过程中,堆栈及其中内容的变化如图 1-22,图 1-23 所示。图 1-22 表示了利用中断门/陷阱门进行中断/异常处理时不需要进行特权级的变换,从而堆栈也不需要切换,只需要将标志寄存器和返回地址压入堆栈即可,如果产生的异常有出错码,还将在堆栈中保留出错码的值。图 1-23 表示了利用中断门/陷阱门进行中断/异常处理时引起任务内特权级的变换,则需要将堆栈切换成内层堆栈,并将外层堆栈、标志寄存器、返回地址和出错码(如果有)的值压入堆栈。

2. 通过任务门实现的中断/异常处理

如果中断/异常向量号所指向的控制门描述符是任务门描述符,那么控制将转移到一个以独立任务方式出现的中断/异常处理程序。系统可从任务门描述符中获得一个 48 位的全指针,其中 16 位的选择子指向中断/异常处理程序任务的 TSS

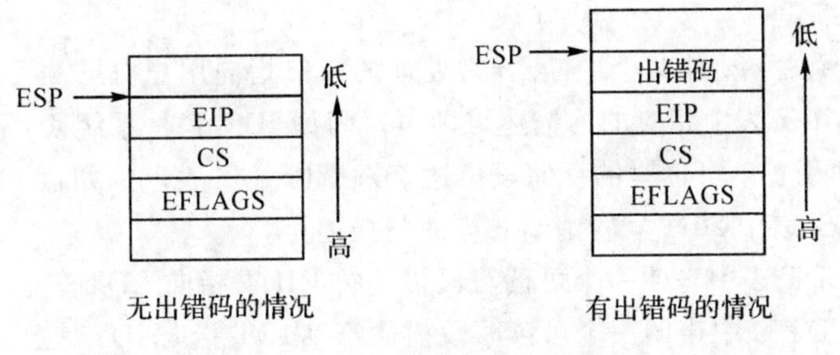

图 1-22 无特权级变换时的堆栈

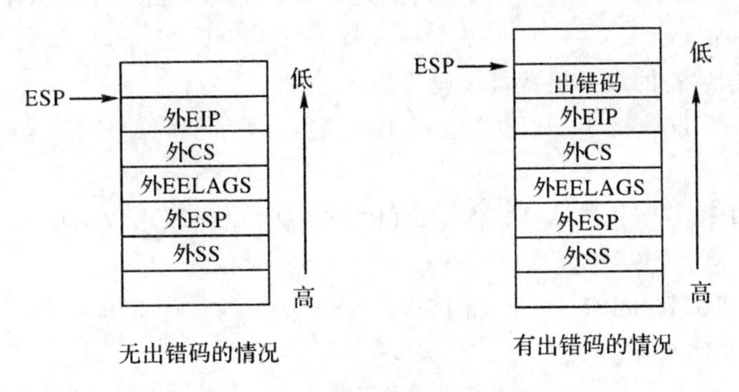

图 1-23 有特权级变换时的堆栈

段的描述符。通过任务门实现中断/异常控制转移,在进入中断/异常处理程序时,标志寄存器 EFLAGS 中的 NT 位被置 1,表示是嵌套任务。

通过任务门的中断/异常控制转移与使用段间调用指令 CALL 通过任务门到一个 TSS 的转移过程很相似,主要的区别就是要在完成任务切换后把中断/异常处理的出错码压入新任务的堆栈中。

3. 中断/异常处理的返回

使用 IRET 指令,可以从中断/异常处理程序返回到异常点。该指令的执行根据中断/异常的进入方式有所不同。

当进入方式是通过任务门时,EFLAGS 中的 NT 位被置 1,则 IRET 的执行将引起一次任务切换,目标任务的 TSS 选择子就保存在中断/异常处理程序所在任务的 TSS 段中,即 LINK 字段指示的选择子。

当进入方式是通过中断门/陷阱门时,在堆栈中保存了返回地址的指针。处理器执行 IRET 时根据 CS 的 RPL 判定是否会引起任务内特权级的变换,如果不会引起变化,则直接弹出 EIP、CS 和 EFLAGS,如果会引起内层到外层的变化,则还会弹出外层堆栈的堆栈指针。

4. 关于编程

在保护模式下要使某个中断/异常处理的入口指向用户自己编写的处理过程，只需要修改 IDT 表中相应的门描述符即可。因为 IDT 表是系统段，不可以直接读写，所以必须用一个可读写的存储段描述符来描述 IDT 表。例如，可以通过如下方法来修改 IDT 表中 20H 号软中断对应的门描述符。

(1)在 GDT 表中声明一个可读写段描述符 RIDT 指向 LDT 表。

(2)在 LDT 表中声明一个可读写段描述符 WIDT 指向 IDT 表。

(3)在 LDT 表中声明一个调用门描述符 IGATE 作为 20H 号软中断的新描述符，允许访问。

(4)该描述符的最外层特权级设置为 0。

(5)装入 LDT 表，用 WIDT 取得 IDT 表在内存中的始地址，存放在 IDTR_V 中。

(6)将 RIDT_Sel 装入 ES，将 IDTR_V 中的地址填入 WIDT_Sel 对应的描述符。

(7)将 WIDT_Sel 装入 DS，将 IGATE_Sel 指示的描述符填入:IDTR_V 指示地址＋20H×8 处即可。

第六节　虚拟 8086 模式

虚拟 8086 模式是保护模式下的一种工作方式，是为了在保护模式下执行 8086 程序而设置的，也称为 V8086 模式或 V86 模式。虚拟 8086 模式以保护模式为基础，它的工作方式实际上是实模式和保护模式的混合，即在保护模式下模仿 16 位实模式 8086 程序运行。该模式下处理器的执行环境与实模式相同，采用实模式一样的寻址方式，即 20 位存储单元地址由段值乘以 16 加偏移构成，寻址空间为 1MB；不同之处在于虚拟 8086 模式使用了一些保护方式的服务。

虚拟 8086 模式是以任务形式在保护模式上执行。虚拟 8086 任务由 32 位的 TSS、8086 程序、虚拟 8086 监控程序和 8086 操作系统服务程序组成。虚拟 8086 监控程序是 32 位保护模式代码模块，运行在最高特权级，它由初始化过程、中断和异常处理程序以及基于 8086 平台的 I/O 仿真过程组成。8086 操作系统服务程序由内核及 8086 程序可调用的操作系统过程所组成。

80386 可以同时支持多个真正的 80486 任务和虚拟 8086 任务，但显然多个虚拟 8086 任务不能同时使用同一位置的 1MB 地址空间，否则会引起冲突，所以操作系统利用分页机制将不同虚拟 8086 任务的地址空间映射到不同的物理地址上，这样每个虚拟 8086 任务看起来都认为自己在使用 0～1MB 的地址空间，使每个虚拟 8086 任务相对独立。而微处理器仍可以访问存储系统中 4GB 范围内的任意物理存储单元。

当把 EFLAGS 寄存器中的 VM 位由 0 置为 1 时，处理器即进入虚拟 8086 模式。但系统软件不能直接改变 EFLAGS 寄存器中的 VM 状态，只能改变 EFLAGS 寄存器的映像。VM 标志的设置可以采用以下两种途径。

第一，以任务切换的方式进入虚拟 8086 模式。在任务切换之前，将新任务 TSS 中的 EFLAGS 寄存器映像的 VM 位置 1，一旦发生任务切换，当新任务 TSS 各寄存器映像装入处理器各寄存器后，则 EFLAGS 中的 VM 位被置 1。

第二，在中断和异常处理过程调用以后，将堆栈中的 EFLAGS 寄存器映像的 VM 位置 1，则执行 IRET 指令从堆栈弹出寄存器映像时，处理器的 EFLAGS 寄存器中的 VM 位被置 1。退出虚拟 8086 模式，处理器只能通过中断或异常处理。

V86 模式与保护模式的切换可发生在 V86 任务之内，也可发生在任务之间。V86 任务之内的切换是 V86 模式下的 8086 程序与保护模式下的监控程序之间的切换；任务之间的切换是 V86 任务与其他任务的切换。由于 80486 没有提供直接改变 VM 标志的指令，并且只有当前特权级 CPL＝0 时，对 VM 的改变才有效，所以 V86 模式与保护模式的切换不能简单地通过改变 VM 位而进行。下面介绍 V86 模式与保护模式之间的切换，也就是如何进入和离开 V86 模式。

一、离开 V86 模式

在 V86 模式下，如果处理器响应中断/异常，那么就会退出当前 V86 任务的 V86 模式。在 V86 模式下，处理器对中断/异常的响应处理不同于真正的 8086，但仍然采用保护模式下对中断/异常响应处理的方法。所以，在 V86 模式下，不是根据位于线性地址空间最低端的中断向量表内的对应中断向量转入处理程序，而是根据中断描述符表 IDT 内的对应门描述符的指示转入处理程序。

(1)在 V86 任务内离开 V86 模式。

如果对应的门描述符是 386 中断门或 386 陷阱门，那么就会发生在当前 V86 任务内从 V86 模式到保护模式的转换。80386 要求执行这种中断/异常处理程序时的 CPL 必须等于 0。

由于 V86 模式下的 CPL＝3，而转换到保护模式后的 CPL＝0，所以这种转换包含了特权级的变换。在转入处理程序之前，处理器先将 V86 模式下的段寄存器 GS、FS、DS 及 ES 压入 0 级堆栈，并在进入保护模式下的处理程序之前装入空选择子。为保持使堆栈对齐，把段寄存器压入堆栈时一律按 32 位值压入，低 16 位是段寄存器的值,高16位为空。

在这种V86任务内从V86模式转换到保护模式的过程中,为了保证中断/异常处理程序工作于特权级0,对目标代码段描述符特权级进行检查,如果由目标代码段描述符特权级决定的CPL不等于0,将引起通用保护异常。此外,标志寄存器EFLAGS中的VM位被清0,从而使得中断/异常处理在保护模式下进行,也即离开V86模式。

(2)任务切换离开V86模式。

如果对应的门描述符是任务门,那么就发生从当前V86任务到其他任务的切换,也就离开了当前V86任务的V86模式。和普通任务切换一样,V86模式的各通用寄存器、段寄存器、指令指针和标志寄存器EFLAGS等保存到原V86任务的386TSS中。被保存的段寄存器的内容是V86模式下的段值。被保存的EFLAGS内的VM=1。

这种情况下,相应的中断异常处理在另一个任务内进行。目标任务可以是普通任务,也可以是另一个V86任务。如果目标任务TSS内的EFLAGS寄存器的VM=1,那么就转入另一个V86任务的V86模式。

二、进入V86模式

与离开V86模式的两条途径相对应,有两条进入V86模式的途径。

1.通过IRET指令进入V86模式

通过在中断/异常处理结束时使用IRET指令返回被中断的程序继续执行。指令IRET的执行步骤如下:

(1)若NT=1,则进行任务切换,然后转步骤(6)。

(2)否则从堆栈中弹出EIP、CS和EFLAGS。

(3)若VM=1且CPL=0,则恢复外层堆栈及其他段寄存器,然后转步骤(6)。

(4)若无特权级变换,则转步骤(6)。

(5)否则恢复外层堆栈。

(6)结束。

尽管上述步骤不够详细并且没有包括异常情况,但还是体现了指令IRET执行时所处理的三种情形。第一种情形是当前EFLAGS中的NT=1,也即嵌套任务返回,那么就进行任务切换,指向目标任务TSS的选择子在当前任务TSS的连接字段。第二和第三种情形是NT=0的条件下产生的,NT=0表示当前中断/异常处理程序与被中断程序属于同一任务,于是就从堆栈弹出EIP、CS和EFLAGS。第二种情形是弹出的EFLAGS中VM=0,表示被中断的程序是普通保护模式程序,那么就考虑特权级变换,如果向外层返回,那么就恢复外层堆栈指针。不允许向内层返回，否则将会引起通用保护异常。第三种情形是弹出的 EFLAGS 中 VM=1，且当前正在运行程序的 CPL=0，表示被中断的程序是 V86 模式下的 8086 程序，当前是从同一 V86 任务下的中断/异常处理程序返回，由于 V86 模式的特权级是 3，所以要进行堆栈切换，也即从堆栈中弹出 3 级堆栈的指针（ESP 和 SS），此外，还从堆栈中弹出段寄存器 ES、DS、FS 和 GS。

2. 通过任务切换进入 V86 模式

通过任务切换的途径，可以从其他任务进入 V86 任务内的 V86 模式。如果目标任务由 386TSS 描述，并且其中 EFLAGS 寄存器内的 VM 位为 1，那么在切换到目标任务时，也就进入了 V86 模式。在切换到 V86 模式时，CPL 被规定为 3。目标任务 TSS 中的各个段寄存器内容被解释为 8086 可以接受的段值，而不是选择子。

第七节　32 位保护模式程序设计

调试系统在装入实验程序时，需要对程序进行重新定位，并将用户定义的描述符填入系统描述符表。而早期的编译、链接器如 Tasm 3.1、Tlink 5.1，Masm 5.0、Link 3.6 支持的是 DOS 格式，MASM 6.0 以上版本支持的是 Windows 格式，都无法提供调试工具所需的重定位信息。为了从程序中获取必要的重定位信息，要求用户在编写实验程序时必须按照特定的格式来编写。

一、指令集选择

由于在缺省情况下，MASM 和 TASM 只能识别 8086/8088 的指令，为了让编译器可以识别 80386、80486 等 CPU 的新增指令或功能增强的指令，必须在程序中使用提示处理器类型的伪指令。在一个源程序中，可以根据需要安排多条说明处理器类型的伪指令。对 TASM 来说，该类伪指令可以安排在源程序中的任何位置，但对 MASM，该类伪指令只能安排在段外。通常表示处理器类型的伪指令有如下几条：

```
.8086     选择 8086/8088 指令集，可省略
.386      选择 80386 指令集
.386P     选择 80386 指令集，包括特权指令
.486      选择 80486 指令集
.486P     选择 80486 指令集，包括特权指令
```

二、基本约定

1. 描述符的声明顺序

实验程序中需要在程序中使用的所有描述符定义在程序的最前端。首先使用一个全“0FFH”的描述符作为定义的开始，其后要声明在全局描述符表 GDT 中出现的描述符。调试系统要求实验程序中至少应有一个起始代码段描述符在 GDT 表中。声明完 GDT 表中的描述符，需要再使用一个全“0FFH”的描述符作为区分与局部描述符表 LDT 的界限。用户可以定义多个 LDT 表，LDT 表的定义必须连续且在定义结束后，再使用一个全“0FFH”描述符作为结尾。即实验程序声明描述符时需要定义三个全“0FFH”的描述符作为分界线，标志 GDT 和 LDT 的开始及结尾。

每个段描述符中包含了所描述的段的线性地址，该线性地址是在调试软件装入实验程序时进行重定位得来的。重定位的信息是在编写实验程序时给定的：在声明描述符时，描述符线性地址的低 16 位中要写入对应段的标号，作为重定位信息。

2. 选择子定义

实验程序中描述符对应的选择子均由用户自己定义。调试系统在 GDT 表的最前端预留了 128 个描述符的空间给实验程序使用，实验程序中段的选择子可以由用户在 128 个描述符的选择子范围内选定。

3. 程序运行的起始

每个 32 位保护模式下的实验程序都需要安排一个 0 级的代码段作为程序运行的开始。编程时需要在用户可以使用的第一个描述符处描述该代码段，即规定程序起始运行段对应的选择子为 08H。

4. 结束程序运行

调试系统为用户专门提供了 0FFH 号软件中断，作为程序运行结束返回调试系统的出口。用户可以在实验程序的最后使用“INT 0FFH”指令，正常结束程序运行。

三、常用数据结构及标号定义

1. 存储段/系统段描述符数据结构定义

```
Desc  STRUC
LimitL      DW   0    ;段界限低 16 位(BIT0－15)
BaseL       DW   0    ;段基地址低 16 位(BIT0－15)
BaseM       DB   0    ;段基地址(BIT16－23)
Attributes  DB   0    ;段属性
```

```
LimitH      DB    0        ;段界限高4位(BIT16－19)和段属性高4位
BaseH       DB    0        ;段基地址高8位(BIT24－31)
Desc  ENDS
```

2. 常用标号定义

```
ATCE        =98H           ;存在的只执行代码段属性值
ATDR        =90H           ;存在的只读数据段属性值
ATDW        =92H           ;存在的可读写数据段属性值
```

四、实例

下面编写一个数据传送的实例，示范保护模式下的编程方法。首先编写实验程序，实现将数据段1中的内容复制到数据段2中。实现这部分的功能会使用三个段：代码段(用来执行传送过程)、源数据段、目标数据段。在保护模式下，每个段都必须由描述符来定义，所以对上述段，需要用描述符声明，并将它们放在GDT或LDT中。在对段进行操作时，需要使用与段对应的选择子。

1. 程序段的内容

```
CSEG    SEGMENT     USE16
        ASSUME      CS:CSEG,  DS:DSEG      ;DSEG为数据段的符号
START   PROC
        MOV     AX,DATAS_SEL           ;加载源数据段描述符
        MOV     DS,AX
        MOV     AX,DATAD_SEL           ;加载目标数据段描述符
        MOV     ES,AX
        CLD
        XOR     SI,SI
        XOR     DI,DI
        MOV     CX,256
M1:     MOVSB                          ;传送
        LOOP    M1
        INT     0FFH
START   ENDP
CLEN    = $-1
CSEG    ENDS                           ;代码段定义结束
```

2. 源数据段内容

```
DSEG1   SEGMENT  USE16                 ;源数据段
HELLO   DB    'HELLO  WORLD!'
```

```
        DB      00H,11H,22H,33H,44H,55H,66H
        DB      77H,88H,99H,0AAH,0BBH
        DB      0CCH,0DDH,0EEH,0FFH
        DB      240DUP(0)
DLEN    = $ -1
DSEG1   ENDS
```

3. 目标数据段内容

```
DSEG2   SEGMENT  USE16              ;目标数据段
BUFLEN  =256                        ;缓冲区字节长度
BUFFER  DB  BUFLEN  DUP(0)          ;缓冲区
DSEG2   ENDS
```

调试系统允许用户在任何级别运行程序，且实验程序中的代码段和数据段可以由用户自己定义级别，为了简便起见，示例中将上面使用的三个段全部声明为0级的存储段，并且将这些段描述符的声明放在一个独立的数据段中。

4. 代码段描述符

设置代码段为一个只执行的16位代码段，且其长度为CLEN，段基地址需要由调试系统进行重定位，所以要采用约定中的说明：在段基地址的低16位填入描述段的符号CSEG。于是得到代码段的描述符：

```
ATCE    =98H                   ;存在的只执行代码段属性值
SCODE   DESC  <CLEN,CSEG,,ATCE,,>
```

5. 数据段描述符

设置两个数据段均为可读写的16位数据段，且其长度分别为DLEN和BUFLEN-1，段基地址需要由调试系统进行重定位，所以也要采用约定中的说明：在段基地址的低16位填入描述段的符号DSEG1和DSEG2。于是得到两个数据段的描述符：

```
ATDR    =90H                                ;存在的只读数据段属性值
ATDW    =92H                                ;存在的可读写数据段属性值
DATAS   DESC  <DLEN,DSEG1,,ATDR,,>          ;源数据段描述符
DATAD   DESC  <BUFLEN-1,DSEG2,,ATDW,,>      ;目标数据段描述符
```

6. 选择子

调试系统在GDT表的最前端预留了128个描述符的空间给实验程序使用，实验程序中段的选择子可以由用户在128个描述符对应选择范围内选定。下面这段代码是一个完整的描述符定义，示范如何给描述符指定选择子。

```
DSEG      SEGMENT  USE16
GDT       LABEL                                                ;全局描述符表
ID1       DESC     <0FFFFH,0FFFFH,0FFH,0FFH,0FFH,0FFH> ;标记描述符 1
SCODE     DESC     <CLEN,CSEG,,ATCE,,>                        ;代码段描述符
DATAS     DESC     <DLEN,DSEG1,,ATDR,,>                       ;源数据段描述符
DATAD     DESC     <BUFFEN-1,DSEG2,,ATDW,,>                   ;目标数据段描述符
GDTLEN        =    $-GDT                                      ;全局描述符表长度
SCODE_SEL     =    SCODE-GDT                                  ;代码段选择子
DATAS_SEL     =    DATAS-GDT                                  ;源数据段选择子
DATAD_SEL     =    DATAD-GDT                                  ;目标数据段选择子
ID2       DESC     <0FFFFH,0FFFFH,0FFH,0FFH,0FFH,0FFH>  ;标记描述符 2
ID3       DESC     <0FFFFH,0FFFFH,0FFH,0FFH,0FFH,0FFH>  ;标记描述符 3
DSEG      ENDS                                                ;数据段定义结束
```

7. 描述符声明顺序说明

描述符定义段中使用了 3 个标记描述符来区分放入 GDT 中描述符的定义和放入 LDT 中描述符的定义。由于该实例将所有的段定义都放在了 GDT 表中，所以只要在定义的最前端使用标记描述符 ID1 作为 GDT 中描述符声明的开始，在声明结尾连续使用两个标记描述符(ID2、ID3)来表示声明结束就可以了。

第八节　集成调试软件

汇编语言程序的开发过程如图 1-24 所示，主要有编辑、编译、链接、调试几个步骤。

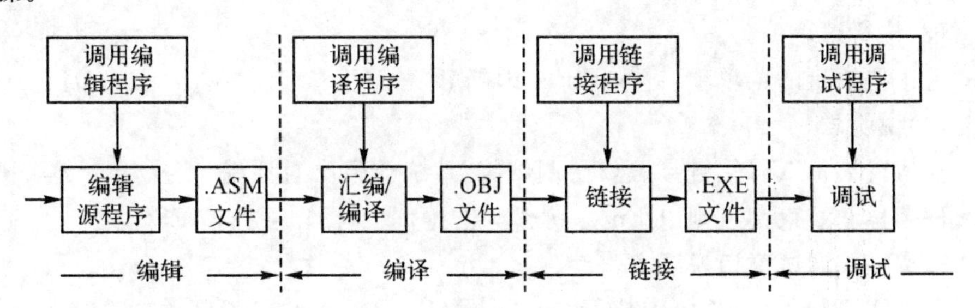

图 1-24　汇编语言程序开发过程

一、TDDEBUG 集成操作软件

TDDEBUG 软件是为 32 位微机保护模式实验提供了一个集成操作环境。它是专门用于编辑及调试 32 位微机保护模式汇编程序的集成操作软件，包括编辑、编译、链接、调试、运行等功能。

1. 主菜单说明

TDDEBUG 集成操作软件主界面包含了 6 个菜单，分别为 Edit、Compile、Pmrun、Rmrun、Help 和 Quit。其中 Compile 和 Rmrun 还有子菜单。菜单中各个命令的功能如下：

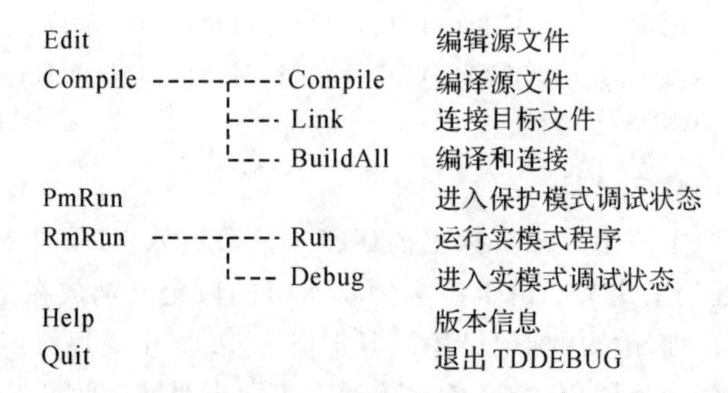

(1)主菜单的选择。

通过 ALE＋KEY(E,C,P,R,H,Q)的方式选择主菜单，即：ALT＋E 选择 Edit 菜单，ALE＋C 选择 Compile 菜单，ALT＋P 选择 PmRun 菜单，ALT＋R 选择 RmRun菜单，ALE＋H 选择 Help 菜单，ALT＋Q 选择 Quit 菜单。

(2)菜单切换。

通过小键盘上的左右键或直接使用快捷键在主菜单之间进行切换。使用小键盘上的上下键可以选择子菜单中的菜单项。

(3)执行菜单项。

选中要执行的菜单项，键入 Enter 键即可。

(4)说明。

在执行编辑、编译、链接、运行、调试前，系统会弹出对话框，要求用户键入操作的文件名称。结束键入则以 Enter 键作为结尾，取消操作可以按 ESC。

2. 实模式调试窗口说明

在 TDDEBUG 主菜单中执行 ALT＋R(RmRun)，并在子菜单中选择 Debug，就进入了实模式 Turbo Debug 的调试窗口，如图 1-25 所示，实模式下微机原理实验和大部分接口实验在这个环境下完成。

(1)窗口划分。

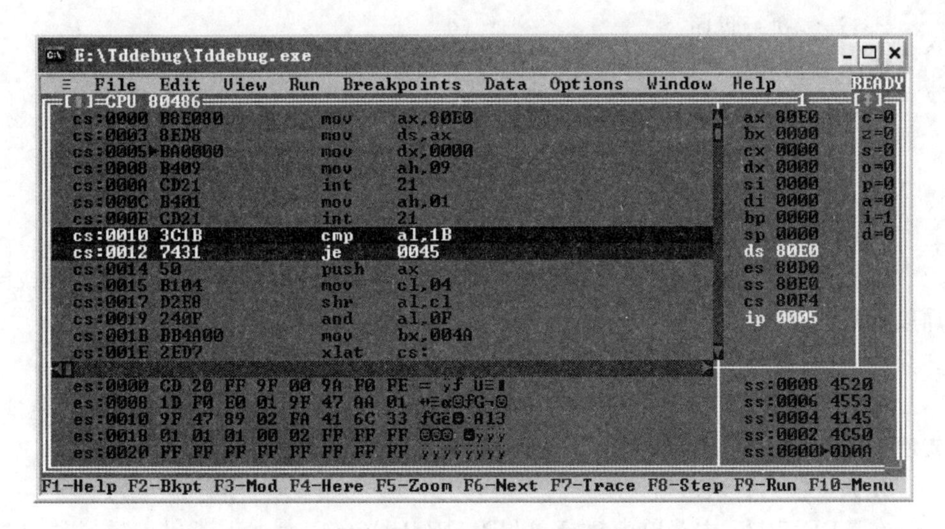

图 1-25　实模式 Turbo Debug 调试窗口

主菜单中包含了 File、Edit、View、Run、Breakpoints、Data、Options、Window 和 Help 共 9 个菜单项，分代码显示区、数据段显示区、CPU 内部寄存器区、标志寄存器区、堆栈指针区五个子窗口区。在代码显示区最左边二列是物理地址；第三列是机器码，它包含操作码和操作数两部分，其中前两位是操作码，后几位是操作数，操作数可能为 0 位、1 位、2 位或 3 位；第四列开始是指令。

(2)快捷键。

在调试过程中可以使用快捷键来实现一些功能，下面列出常用功能的快捷键及实现功能。在主界面任何下拉菜单中，按 F1 键均能显示该功能的帮助信息窗口。

F2：设置/清除断点。移光标到所需的行，按 F2 键即可设置/清除断点。若将光标移到没有断点的行，按 F2 键，则为设置断点，并将设置断点的行用红色光带显示；若将光标移到已有断点的行，按 F2 键，则为清除断点。

F3：查看源代码模式(不常用)。

F4：执行到光标处。移动光标到所需的行，按 F4 键，程序即从当前指针地址执行到光标处。

F5：放大/缩小窗口。

F6：窗口切换。

F7：跟踪执行。

F8：单步执行(单句执行)。当遇到调用过程 CALL 指令等，也是一次执行完毕。

F9:连续执行程序。

F10:激活主菜单。

TAB:切换激活窗口,高亮条为当前激活的窗口。

CTRL+Break:终止程序执行。

ALT+X:退出。

(3)实模式下查看数据段的数值。

点击菜单 View,在下拉菜单中选中 CPU,就可在数据显示区显示数据段或附加段的数值。

(4)重新运行程序。

程序运行结束后,若要重新运行,点击 Run 下拉菜单中的 Program reset 命令,先使程序复位,然后再运行。

3. 保护模式调试窗口说明

在 TDDEBUG 主菜单中执行 ALT+P(PmRun),就进入了保护模式调试窗口。保护模式下微机原理实验在这个环境中完成。

(1)窗口划分。

保护模式调试窗口共分为 4 个区域 Data、Code、Command 和 Register,分别指示数据区、代码区、命令区和寄存器显示区,如图 1-26 所示。默认状态下,光标停留在 Command 窗口,用户可以在此键入操作命令。通过 TAB 键可以在四个窗口间进行切换。当切换到 Data 窗口中时,可以通过上下键浏览存储段中的内容。当切换到 Code 窗口中时,可以反汇编存储段中的程序。

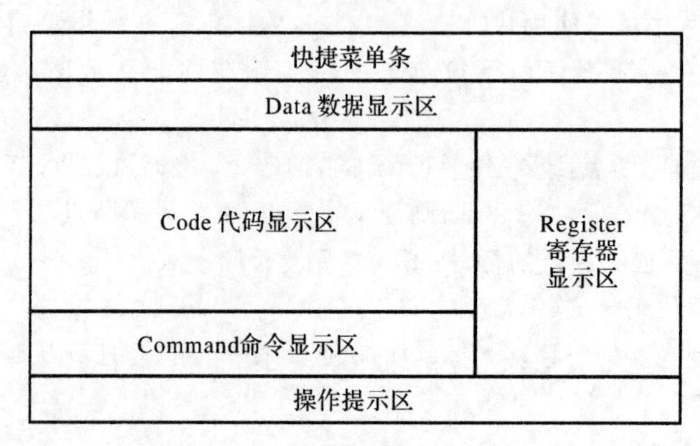

图 1-26　保护模式调试窗口划分

(2)快捷键。

F1:弹出帮助对话框。

F7:跟踪执行。

F8:单步执行(单句执行)。

F9:连续执行。

(3)TDDEBUG命令。

TDDEBUG调试环境提供的命令如表1-7所示。系统除支持保护模式下汇编语言程序的调试外,还支持32位寄存器显示等。

表1-7 TDDEBUG调试命令表

命令内容	格式	命令说明
Load	l filename	装载可执行程序
Reload	reload	重新装载当前调试程序
Trace	t [[seg:]offset]	跟踪执行一条指令
Step	p [=seg:offset]	单步执行一条指令
Go	g =[seg:]offset	执行程序
Go break	gb [=[seg:]offset]	断点执行程序
Set breakpoints	b	设置断点
List breakpoints	bl	断点列表
Clear breakpoints	bc number(0,1,2,3)	清除断点
Unassemble	u [[seg:]offset]	反汇编
Dump	d [[seg:]offset]	显示存储单元内容
Enter	e [seg:]offset	修改存储单元
Register	r [regname]	显示/修改寄存器内容
Peek	peek type(b,w,d)phys_add	从物理地址取数据(字节、字、双字)
Poke	poke type(b,w,d)phys_add value	向物理地址写数据(字节、字、双字)
CPU	cpu	显示系统寄存器
Gdt	gdt	显示全局描述符表
Idt	idt	显示中断描述符表
Ldt	ldt	显示局部描述符表
Tss	tss	显示任务状态段
Quit	q	退出调试状态

二、TdPit 调试软件

1. 编辑源程序

TdPit 软件是 TD-PIT+实验仪配套使用的调试软件，双击桌面上 TdPit 快捷方式，在“文件”下拉菜单中选择“新建(N)”，即可新建、编辑源程序文件，如图1-27所示。

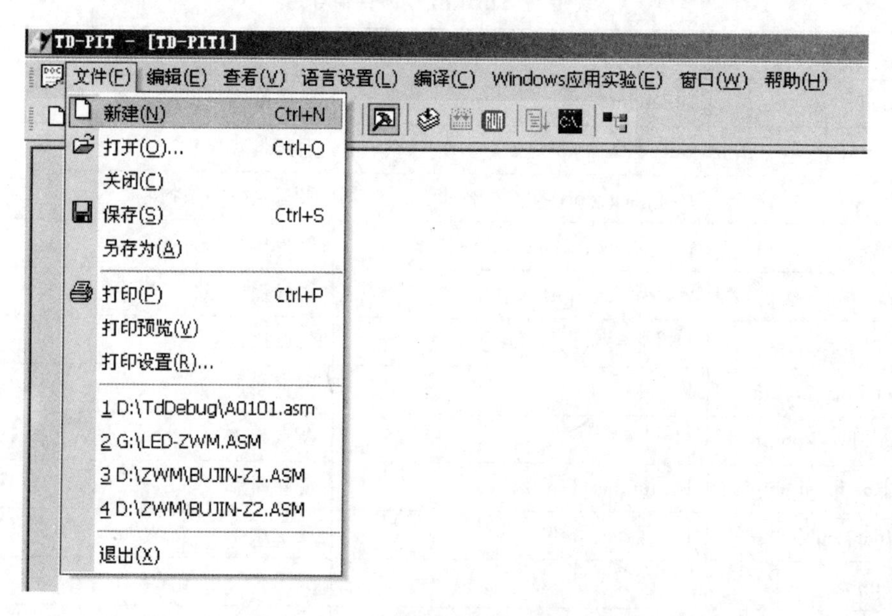

图 1-27　文件下拉菜单中选择新建(N)

在源程序编辑结束后，执行“文件”菜单中“保存”命令，并在保存对话框选择保存路径后，输入主文件名和扩展名。

2. 编译源文件

执行“编译”菜单中“编译”命令或单击工具栏上的编译按钮，即开始编译源文件。经编译后在信息栏处弹出如图 1-28 所示的信息栏窗口，在该窗口中显示了编译的文件名、源文件出错的行、出错的类型及内容，以及错误和警告的数量等信息。

如有错误和警告，双击错误信息或警告项，红色标志自动定位在错误或警告行，如图 1-28 所示，逐项修改错误，再存盘、编译，直到没有错误为止。

3. 连接目标文件

执行“编译”菜单中“链接(L)”命令或单击工具栏上的链接按钮，若链接成功，则会弹出如图 1-29 所示窗口。

PUSH AX
MOVE CL,4
SHR AL,CL ;显示高四位
AND AL,0FH
MOV BX,OFFSET TABEL1
XLAT CS:TABEL ;查表换码
TD-PIT1
A0101.asm
信息栏
编译....
Warning: A0101.asm(5) Reserved word used as symbol: STACK
Error: A0101.asm(23) Illegal instruction
Error: A0101.asm(27) Undefined symbol: TABEL
A0101.obj - 2 error(s), 1 warning(s)
信息栏

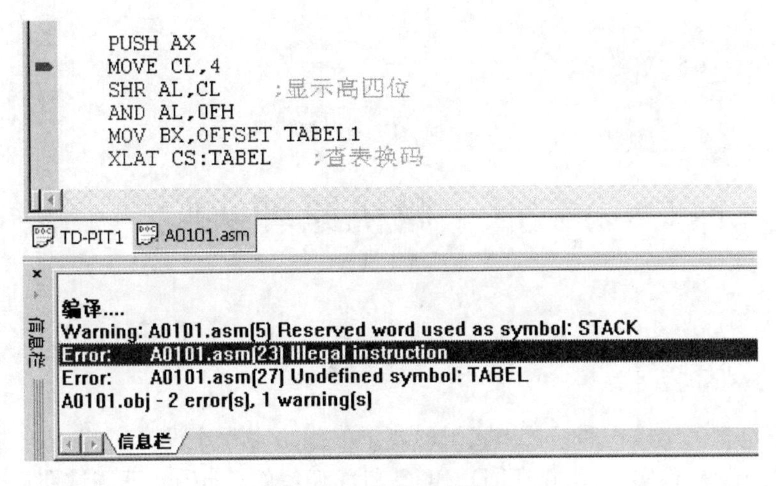

图 1-28 编译信息窗口

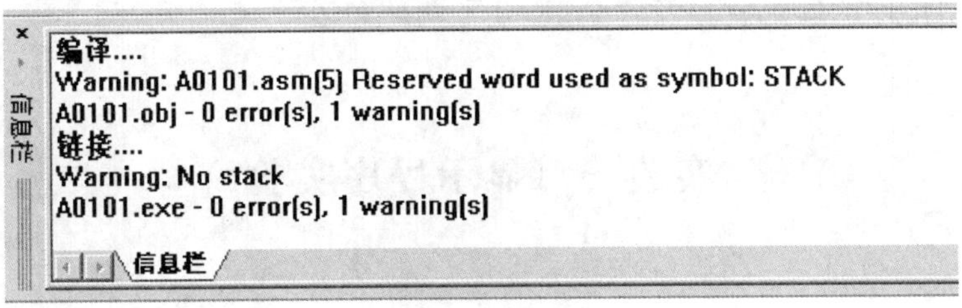

信息栏
编译....
Warning: A0101.asm(5) Reserved word used as symbol: STACK
A0101.obj - 0 error(s), 1 warning(s)
链接....
Warning: No stack
A0101.exe - 0 error(s), 1 warning(s)
信息栏

图 1-29 链接成功

4. 调试、运行程序

执行“编译”菜单中“调试(D)”命令或单击工具栏上的调试按钮，就进入TurboDebug 调试窗口。程序调试方法参见本节 TDDEBUG 集成操作软件的实模式调试有关内容。

也可执行“编译”菜单中“运行(R)”命令或单击工具栏上的连续运行按钮，连续执行程序，查看程序执行结果。

第二章　微机原理实验

本章包含了实模式和保护模式下的若干汇编语言程序设计实验。其中前 5 个为实模式下的软件实验，均在 TDDEBUG 集成环境的 RmRun 下调试和运行，也可用实验仪自带的 TdPit 调试软件进行编译、调试、运行。后 4 个为保护模式下的实验，均在 TDDEBUG 集成环境的 PmRun 下调试和运行。

实验一　显示程序实验

一、实验目的

1. 熟悉 Turbo Debug 的使用。

2. 掌握在 TDDEBUG 集成环境中编辑、编译、链接、调试汇编语言程序方法。

3. 掌握部分 DOS 功能调用(INT 21H)使用方法。

二、实验内容

1. 编写一个程序，把从键盘输入的字符显示在显示屏上，按 ESC 或 CTRL＋Break 退出实验。

显示内容及格式如下：

```
Please enter a character! Press ESC to exit!
A  41H     ;A 表示从键盘实际输入的字符,41H 表示字符 A 的 ASCII 码
F  46H
……
```

2. 将指定数据区的数据以十六进制数形式显示在屏幕上，并完成一些提示信息的显示。例如：

Press any key to exit!
Show *a* *as hex*: *61H*

三、实验原理

DOS系统功能调用是DOS为用户提供的常用子程序,可在汇编语言程序中直接调用,以实现设备管理、文件读/写、文件管理和目录管理等功能。这些子程序给用户编程带来很大方便,用户不必了解有关设备、电路、接口等方面的问题,只需直接调用即可。

DOS系统功能调用中的每个子程序对应一个功能号,按下面步骤进行系统功能调用:

(1)将系统功能号送到AH寄存器;

(2)将入口参数送到指定寄存器;

(3)用INT 21H指令执行功能调用;

(4)根据出口参数分析功能调用执行情况。

有些系统功能调用比较简单,不需要设置入口参数或者没有出口参数。常用DOS功能调用如表2-1所示。

表2-1　常用DOS功能调用

AH	功能	输入参数	输出参数
00H	程序终止(同INT 20H)	CS=程序段地址	
01H	键盘输入并回显		AL=输入字符
02H	显示输出	DL=显示字符	
……			
07H	键盘输入(无回显)		AL=输入字符
08H	键盘输入(无回显)	检测CTRL+Break	AL=输入字符
09H	显示字符串	DS:DX=串地址 以'$'结束字符串	
0AH	键盘输入的字符串送到缓冲区	DS:DX=缓冲区首址 (DS:DX)=缓冲区最大字符数 以回车结束字符串	(DS:DX+1)=实际输入字符数
0BH	检查键盘输入状态		AL=00无按键 AL=0FFH有按键

例 1：2 号功能调用。

2 号功能调用实现将字符送到屏幕上显示出来。它要求将要显示字符的 ASCII 码值送入 DL 寄存器，程序如下：

```
        MOV    DL,':'
        MOV    AH,2
        INT    21H
```

调用结果：屏幕上在光标位置处显示“:”

例 2：9 号功能调用。

```
        ……
        MES     DB   'HOW DO YOU DO? ',0AH,0DH,'$'     ;在 DATA 区
        ……
MAIN：  MOV     AX,DATA
        MOV     DS,AX
        MOV     DX,OFFSET MES      ;DS:DX 指向字符串 MES
        MOV     AH,9
        INT     21H
```

调用结果：在屏幕上显示“HOW DO YOU DO?”字符串，且光标换行。

四、实验步骤

可选择 DOS 环境下 TDDEBUG 调试软件或 Windows 环境下 TdPit 调试软件进行实验。

1. 用 Tddebug 调试软件

(1)源程序的编辑。运行 TDDEBUG 软件，通过键盘操作 ALT＋E 选择 Edit 菜单，根据实验要求编写实验程序，实验内容 1 的程序可参考图 2-1 所示的流程框图，实验内容 2 的程序可参考图 2-2 所示的流程框图。输完源程序后保存。

(2)源程序的编译、链接。使用 Compile(ALT＋C)菜单中的 Compile 命令和 Link 命令，对实验程序进行编译、链接。若有错误，则重新进入 Edit 环境，根据提示的出错行号和出错信息，逐行修改，直到没有错误为止。

(3)调试程序。使用 Rmrun 菜单中的 Debug 命令，进入 Turbo Debug 调试窗口，按 F8 单步执行，当执行完 MOV DS,AX 后，再执行“View\Cpu”命令，使屏幕下方的数据显示区为数据段 DS 的内容。继续按 F8 单步执行或按 F4 执行到光标处(移光标到所需处，再按 F4)，观察执行过程中以及最后一条指令执行后各寄存器及数据区的内容。

(4)连续执行程序。使用 RmRun 菜单中的 Run 命令，连续执行程序，观察屏幕输出的内容。

(5)更改数据区中的数据，观察程序的正确性。

2. 用 TdPit 调试软件

(1)源程序的编辑。运行 TdPit 软件，执行"文件\新建"命令，根据实验内容编写实验程序，实验内容 1 的程序可参考图 2-1 所示的流程框图，实验内容 2 的程序可参考图 2-2 所示的流程框图。输完源程序后保存。

(2)源程序的编译。单击工具栏上的编译按钮，编译源程序，在屏幕下方的信息栏窗口显示编译信息，若有语法错误，逐一双击错误提示行，系统将自动定位到出错的源程序行，并用红色箭头指向错误行，逐一修改错误后，再存盘、编译，直到没有错误为止。

(3)链接程序。单击工具栏上的链接按钮，在屏幕下方的信息栏窗口显示链接信息。

(4)调试程序。

①单击工具栏上的调试按钮，进入 Turbo Debug 调试窗口；

②执行"View\Cpu"命令，再在代码显示区右击，执行快捷菜单中"Mixed Both"命令，使其变为"Mixed No"；

③按 F8 单步执行，当执行完 MOV DS，AX 后，再单击"View\Cpu"命令，使屏幕下方的数据显示区为数据段 DS 的内容；

④继续按 F8 单步执行，观察调试过程中，指令执行后各寄存器及数据区的内容变化；

⑤也可执行到光标处：将光标移到所需的行处并单击，使之成为蓝底白字的光带，按 F4，观察执行后各寄存器及数据区的内容；

⑥也可连续执行：按 F9 或单击工具栏上的连续运行按钮，观察程序连续执行后屏幕上输出的内容。

(5)更改数据区中的数据，考察程序的正确性。

五、实验报告

记录程序输出结果，并分析。

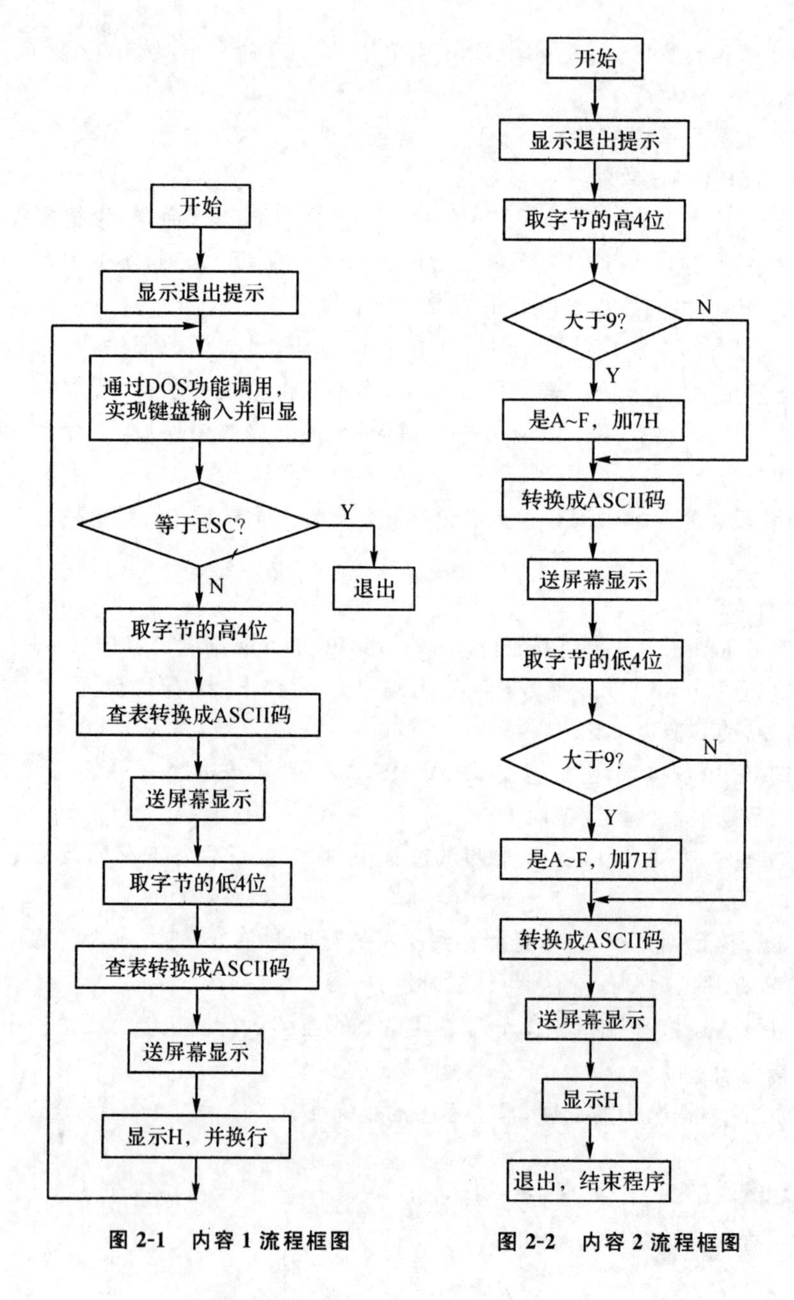

图 2-1　内容 1 流程框图

图 2-2　内容 2 流程框图

实验二　四则运算实验

一、实验目的

1. 掌握运算类指令编程及调试方法。

2. 掌握在 TDDEBUG 集成环境中编辑、编译、链接、调试方法。

3. 熟悉汇编语言源程序的框架结构。

二、实验内容

顺序执行无符号数的 32 位加法（A1＋B1＝C1）、32 位减法（A2－B2＝C2）、16 位乘以 16 位的乘法（A3×B3＝C3）、32 位除以 16 位的除法（A4/B4＝C4）的四则运算。

三、实验原理

1. 32 位数（A1、B1、C1、A2、B2、C2、C3、A4、C4）和 16 位数（A3、B3、B4）需在数据段定义初值或初始化为零。

2. 运算指令。加法运算时，利用累加器 AX，先求低十六位和，并存入低地址存储单元，后求高 16 位和，再存入高地址存储单元，由于低位有可能向高位有进位，因而高位字相加语句需用 ADC 指令。在 32 位微机中可以直接使用 32 位寄存器和 32 位加法指令完成本实验的功能。

减法、乘法、除法可通过 SUB、SBB、MUL、DIV 等运算指令实现。

四、实验步骤

若使用 DOS 环境下 Tddebug 调试软件，实验步骤参考本章实验一相关内容；若使用 TdPit 调试软件，实验步骤如下：

（1）源程序的编辑：运行 TdPit 软件，执行“文件\新建”命令，根据实验内容编写实验程序，显示子程序可参考本章实验一的内容。

（2）源程序的编译：单击工具栏上的编译按钮，编译源程序，在屏幕下方的信息栏窗口显示编译信息，若有语法错误，逐一双击错误提示行，系统将自动定位到出错的源程序行，并用红色箭头指向错误行，逐一修改错误后，再存盘、编译，直到没有错误为止。

（3）链接程序：单击工具栏上的链接按钮，在屏幕下方的信息栏窗口显示链接信息。

(4)调试程序。

①单击工具栏上的调试按钮,进入 Turbo Debug 调试窗口;

②执行"View\Cpu"命令,再在代码显示区右击,执行快捷菜单中"Mixed Both"命令,使其变为"Mixed No";

③按 F8 单步执行,当执行完 MOV DS,AX 后,再单击"View\Cpu"命令,使屏幕下方的数据显示区为数据段 DS 的内容,并记录运算前数据段的数据,填入表 2-2 中;

④继续按 F8 单步执行,观察调试过程中,指令执行后各寄存器及数据区的内容变化;

⑤也可执行到光标处:将光标移到所需的行处并单击,使之成为蓝底白字的光带,按 F4,观察执行后各寄存器及数据区的内容;

⑥当程序执行完毕,观察数据显示区 DS 的内容,记录运算后的数据,填入表 2-3 中。

(5)更改数据区中的数据,考察程序的正确性。

五、实验报告

1. 记录数据,并与理论计算比较、分析。

2. 心得体会和建议。

表 2-2 运算前原始数据

DS:0000H								
DS:0008H								
DS:0010H								
DS:0018H								
DS:0020H								
DS:0028H								

表 2-3 运算后的数据

DS:0000H								
DS:0008H								
DS:0010H								
DS:0018H								
DS:0020H								
DS:0028H								

实验三　子程序设计实验

一、实验目的

1. 掌握子程序的定义和调用方法。

2. 掌握系统功能调用程序的使用和编写方法。

3. 熟悉汇编语言源程序的框架结构。

二、实验内容

要求将指定的源数据区 BUF1 的 16 字节数据(00H,11H,…,0FFH)搬移到另一个目标数据区 BUF2,并通过子程序调用的方法将 BUF2 的 16 字节数据显示在屏幕上。

三、实验原理

1. 在汇编程序设计中,用户通常会将常用的具有特定功能的程序段编制成子程序使用。一般通过伪操作定义过程,格式如下:

```
procedure_name    PROC    Attribute
  …
procedure_name    ENDP
```

其中 Attribute 是指类型属性,可以是 NEAR 或 FAR,调用程序和过程在同一个代码段中使用 NEAR 属性,不在同一个代码段中使用 FAR 属性。

2. 源数据块和目标数据块在存储器中的位置可能有三种情况,如图 2-3 所示。对于两个数据块分离的情况,数据的传送从数据块的首地址开始,或者从数据块的末地址开始均可。但对于有部分重叠的情况,则要加以分析,否则重叠部分会因搬移而遭到破坏。

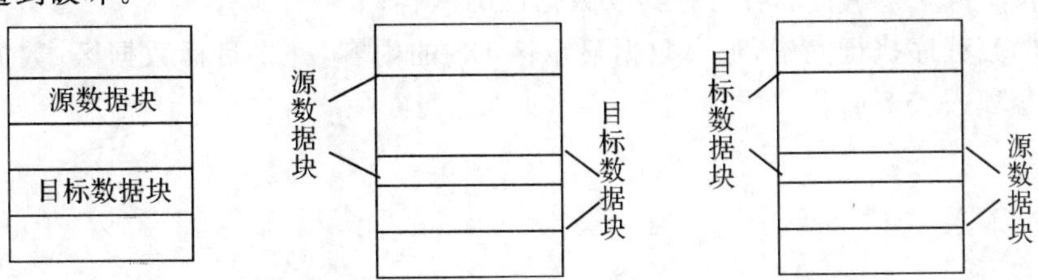

图 2-3　源数据块和目标数据块在存储器中的位置示意

搬移过程可以通过以下两种方式完成：当源数据块首地址＞目标块首址时，从数据块的首地址开始传送数据；当源数据块首地址＜目标块首址时，从数据块的末地址开始传送数据。

四、实验步骤

若使用DOS环境下Tddebug调试软件，实验步骤参考本章实验一相关内容；若使用TdPit调试软件，实验步骤如下：

1. 源程序的编辑

运行TdPit软件，执行“文件\新建”命令，根据实验内容编写实验程序，显示子程序可参考本章实验一的内容。

2. 源程序的编译

单击工具栏上的编译按钮，编译源程序，在屏幕下方的信息栏窗口显示编译信息，若有语法错误，逐一双击错误提示行，系统将自动定位到出错的源程序行，并用红色箭头指向错误行，逐一修改错误后，再存盘、编译，直到没有错误为止。

3. 链接程序

单击工具栏上的链接按钮，在屏幕下方的信息栏窗口显示链接信息。

4. 调试程序

(1)单击工具栏上的调试按钮，进入Turbo Debug调试窗口；

(2)执行“View\Cpu”命令，再在代码显示区右击，执行快捷菜单中“Mixed Both”命令，使其变为“Mixed No”；

(3)按F8单步执行，当执行完MOV DS,AX后，再单击“View\Cpu”命令，使屏幕下方的数据显示区为数据段DS的内容，记录源数据区和数据传送前目标数据区内容，填入表2-4中；

(4)继续按F8单步执行，观察调试过程中，指令执行后各寄存器及数据区的内容变化；

(5)也可执行到光标处：将光标移到所需的行处并单击，使之成为蓝底白字的光带，按F4，观察执行后各寄存器及数据区的内容；

(6)当程序执行完毕，观察数据显示区DS的内容，并将目标数据区(数据传送后)内容填入表2-4中。

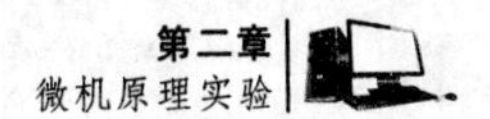

5. 更改数据区中的数据，考察程序的正确性

表 2-4 数据记录

	数据段 起始地址	数据记录
源数据		
目标数据 (传送前)		
目标数据 (传送后)		

实验四 中位值平均滤波实验

一、实验目的

1. 掌握在数据表中找最大/最小数的方法。
2. 学会子程序的使用方法、参数传递的方法。
3. 掌握分支程序、循环程序的设计方法。
4. 熟练掌握 Turbo Debug 的调试方法。

二、实验内容

设计中位值平均滤波程序，求 N(2＜N＜256)个无符号数的中位均值，并将结果显示在屏幕上。

三、实验原理

中位值平均滤波法又称防脉冲干扰平均滤波法，排除了较为明显的脉冲干扰，即将远离真实值的采样值剔除，不参加平均值计算，从而使平均值更接近真实值。

中位值平均滤波法相当于“中位值滤波法”+“算术平均滤波法”，即连续采样 N 个数据，去掉一个最大值和一个最小值，然后计算 N－2 个数据的算术平均值。

编程思路 1：在 N 个数据中通过子程序查找最大值、最小值，通过有关运算指令实现：(N 个数据之和－最大值－最小值)/(N－2)。

编程思路2:对N个数据进行重新排序(从小到大,或从大到小),去头掐尾排除第一个和最后一个,求中间(N-2)个数据的平均值。

四、实验步骤

若使用DOS环境下Tddebug调试软件,实验步骤参考本章实验一相关内容;若使用TdPit调试软件,实验步骤如下:

1.源程序的编辑

运行TdPit软件,执行"文件\新建"命令,根据实验内容编写实验程序,显示子程序可参考本章实验一的内容。

2.源程序的编译

单击工具栏上的编译按钮,编译源程序,在屏幕下方的信息栏窗口显示编译信息,若有语法错误,逐一双击错误提示行,系统将自动定位到出错的源程序行,并用红色箭头指向错误行,逐一修改错误后,再存盘、编译,直到没有错误为止。

3.链接程序

单击工具栏上的链接按钮,在屏幕下方的信息栏窗口显示链接信息。

4.调试程序

(1)单击工具栏上的调试按钮,进入Turbo Debug调试窗口;

(2)执行"View\Cpu"命令,再在代码显示区右击,执行快捷菜单中"Mixed Both"命令,使其变为"Mixed No";

(3)按F8单步执行,当执行完MOV DS,AX后,再单击"View\Cpu"命令,使屏幕下方的数据显示区为数据段DS的内容,并记录原始数据在数据段中的位置和数值,填入表2-5中;

(4)继续按F8单步执行,观察调试过程中,指令执行后各寄存器及数据区的内容变化;

(5)也可执行到光标处:将光标移到所需的行处并单击,使之成为蓝底白字的光带,按F4,观察执行后各寄存器及数据区的内容;

(6)当程序执行完毕,观察数据显示区DS的内容和实验结果,将中位均值、最大值、最小值填入表2-5中。

5.更改数据区中的数据,考察程序的正确性

五、实验报告

1.记录数据段中存放的16个原始数据。

2.最大值=? 最小值=? 中位均值=?

3.心得体会和建议。

表 2-5　原始数据

数据段 起始地址	16 个原始数据								中位 均值	最大 值	最小 值

实验五　综合程序设计实验

一、实验目的

1. 掌握分支、循环以及子程序调用的基本程序结构。
2. 掌握 32 位寄存器及指令系统的使用。
3. 学习综合程序的设计、调试方法。

二、实验内容

在数据段通过 DB、DW 或 DD 等伪指令设置存贮区中 8 个双字，通过代码段指令实现对 8 个双字从小到大的排序，并将排序前的数据和排序后的数据显示在屏幕上，示例格式如下：

```
The array is:
01174321  11D17203  0111F044  1D112139  111A4234  22110122  111121D8  01214115
After sort:
0111F044  01174321  01214115  111121D8  111A4234  11D17203  1D112139  22110122
```

编程提示：在编程过程中，应使用 32 位寄存器，并且采用基址＋变址＋偏移的寻址方式。在程序中使用 x86 指令系统中有关 32 位指令及 32 位寄存器时需要在文件头使用“.386”或“.386P”。

三、实验步骤

若使用 DOS 环境下 Tddebug 调试软件，实验步骤参考本章实验一相关内容；若使用 TdPit 调试软件，实验步骤如下：

1. 源程序的编辑

运行 TdPit 软件，执行“文件\新建”命令，根据实验内容编写实验程序，显示子程序可参考本章实验一的内容。

2. 源程序的编译

单击工具栏上的编译按钮，编译源程序，在屏幕下方的信息栏窗口显示编译信息，若有语法错误，逐一双击错误提示行，系统将自动定位到出错的源程序行，并用红色箭头指向错误行，逐一修改错误后，再存盘、编译，直到没有错误为止。

3. 链接程序

单击工具栏上的链接按钮，在屏幕下方的信息栏窗口显示链接信息。

4. 调试程序

(1)单击工具栏上的调试按钮，进入 Turbo Debug 调试窗口；

(2)执行“View\Cpu”命令，再在代码显示区右击，执行快捷菜单中“Mixed Both”命令，使其变为“Mixed No”；

(3)按 F8 单步执行，当执行完 MOV DS,AX 后，再单击“View\Cpu”命令，使屏幕下方的数据显示区为数据段 DS 的内容，记录数据区排序前的内容，填入表 2-6 中；

(4)继续按 F8 单步执行，观察调试过程中，指令执行后各寄存器及数据区的内容变化；

(5)也可执行到光标处：将光标移到所需的行处并单击，使之成为蓝底白字的光带，按 F4，观察执行后各寄存器及数据区的内容；

(6)当程序执行完毕，观察数据显示区 DS 的内容，并将排序后内容，填入表 2-6中。

5. 更改数据区中的数据，考察程序的正确性

表 2-6 数据记录

排序前数据	1组				
	2组				
排序后数据	1组				
	2组				

实验六　全局描述符表实验

一、实验目的

1. 熟悉保护模式的编程格式。
2. 掌握全局描述符的声明方法。
3. 掌握使用选择子访问段的寻址方法。

二、实验内容

要求在一个0级代码段中实现将源数据段中256字节的数据块复制到目标数据段中。其中所有段的段描述符均放置在全局描述符表GDT中。

三、实验原理

为了实现在0级代码段中完成数据传输，实验程序中需要安排一个0级代码段和两个0级数据段(可以是0～3级任一级别的数据段)。

在程序开始声明一个数据段DSEG，用来描述这三个段的描述符，其中有代码段描述符Scode，源数据段描述符DataS和目标数据段描述符DataD，将它们相应的选择子分别定义为Scode_sel，DataS_Sel，DataD_Sel。按照实验程序编写格式的约定及描述符的格式定义，为这三个段分别定义描述符：

1. 代码段描述符：Scode　Desc　＜CLEN，CSEG，，ATCE，，＞

段属性说明(ATCE＝98H)：

G：　0　；以字节为段界限粒度
D：　0　；是16位的段
P：　1　；描述符对地址转换有效/该描述符对应的段存在
DPL：　0　；0级段
DT：　1　；描述符描述的是存储段
TYPE：　0x8　；只执行段

段基地址说明：定义代码段的标号为CSEG，则在段基地址低16位处填写CSEG，为调试器提供重定位信息。

段界限说明：段界限定义为CLEN。

2. 源数据段描述符:DataS　Desc　<DLEN,DSEG1,,ATDW,,>

段属性说明(ATDW=92H):

D:	0	;是16位的段
G:	0	;以字节为段界限粒度
P:	1	;描述符对地址转换有效/该描述符对应的段存在
DPL:	0	;0级段
DT:	1	;描述符描述的是存储段
TYPE:	0x2	;可读写段,也可以把源数据段定义为只读

段基地址说明:定义源数据段标号为 DSEG1,则在段基地址低 16 位处填写 DSEG1,为调试器提供重定位信息。

段界限说明:定义段界限为 DLEN。

3. 目标数据段描述符:DataD　Desc　<BUFLEN,DSEG2,,ATDW,,>

目标数据段描述符的内容与源数据段描述符的内容基本相同,只要修改段基地址和段界限的定义即可。

为了给装入程序提供重定位信息,三个存储段描述符中地址的低 16 位用每个描述符对应段的标号来填写,高 16 位均为 0。在程序装入内存时,调试系统会根据地址的低 16 位重定位该段对应的真实物理地址,并将该地址写入描述符中(系统没有使用分页机制,线性地址等价于物理地址)。在实验中可查询 GDT 表来确定每个段的真实物理地址。

在程序定义过程中,首先使用一个全“F”的描述符作为定义的开始,然后定义代码段描述符 Scode、源数据段描述符 DSEG1 和目标数据段描述符 DSEG2。为了区分 LDT 表和 GDT 表的定义,再使用一个全“F”的描述符作为界限。由于本实验中不使用 LDT 表,则再使用一个全“F”的描述符结束描述符的声明。

本程序可实现将一个数据段中数据搬移到另一个数据段的过程。传输过程中可使用 DS、ES 两个段寄存器,其中 DS 装入源数据段的选择子 DataS_Sel,ES 装入目标数据段的选择子 DataD_Sel。在实验程序的最后使用“INT 0FFH”指令,正常结束程序运行。

四、实验步骤

(1)运行 DOS 环境下的 TDDEBUG 软件,使用 ALT+E 选择 Edit 菜单项进入程序编辑环境。按实验要求编写实验程序,也可参考图 2-4 所示的程序流程框图。保存源程序,并退出编辑环境。

(2)使用 Compile 菜单中的 Compile 命令和 Link 命令对实验程序进行编译、链接。

(3)编译输出信息表示无误后，执行 Pmrun 命令装入实验程序，如果装入成功，屏幕上会显示“Load OK!”，否则，会给出相应的错误提示信息。

(4)若程序成功装入，可以使用 R 命令查看调试系统为实验程序分配的系统资源。

(5)使用 GDT 命令查询系统的 GDT 表，并且查看实验程序中声明的代码段、数据段描述符在 GDT 表中的位置以及对应段的物理地址、段属性、段界限等，填入表 2-7 中。

(6)使用 T 命令或 F8 单步运行程序，当程序运行到选择子装载完毕，并在数据传送前，使用 D 命令查询源数据区和目标数据区的前 16 字节内容，填入表 2-8 中。

(7)继续单步运行(F8)或连续运行(F9)程序，直至程序运行正常结束，在命令显示区显示“Correct Running”。

(8)使用 GDT 命令查询系统的 GDT 表内容，填入表 2-7 中。

(9)使用 D 命令查询目标数据区内容，填入表 2-8 中，验证执行的正确性。

五、实验报告

分析 GDT 表内容。

表 2-7　GDT 表数据记录

<table>
<tr><th></th><th>Selector Seg</th><th>Bass Add</th><th>Limit</th><th>Type</th><th>DT</th><th>DPL</th><th>P</th><th>D</th><th>G</th></tr>
<tr><td rowspan="4">装载程序后(运行前)</td><td></td><td></td><td></td><td></td><td></td><td></td><td></td><td></td><td></td></tr>
<tr><td></td><td></td><td></td><td></td><td></td><td></td><td></td><td></td><td></td></tr>
<tr><td></td><td></td><td></td><td></td><td></td><td></td><td></td><td></td><td></td></tr>
<tr><td></td><td></td><td></td><td></td><td></td><td></td><td></td><td></td><td></td></tr>
<tr><td rowspan="4">运行结束后</td><td></td><td></td><td></td><td></td><td></td><td></td><td></td><td></td><td></td></tr>
<tr><td></td><td></td><td></td><td></td><td></td><td></td><td></td><td></td><td></td></tr>
<tr><td></td><td></td><td></td><td></td><td></td><td></td><td></td><td></td><td></td></tr>
<tr><td></td><td></td><td></td><td></td><td></td><td></td><td></td><td></td><td></td></tr>
</table>

表 2-8　数据区数据记录

	D 命令	数据区数据记录
源数据区		
目标数据区(数据传送前)		
目标数据区(程序运行结束)		

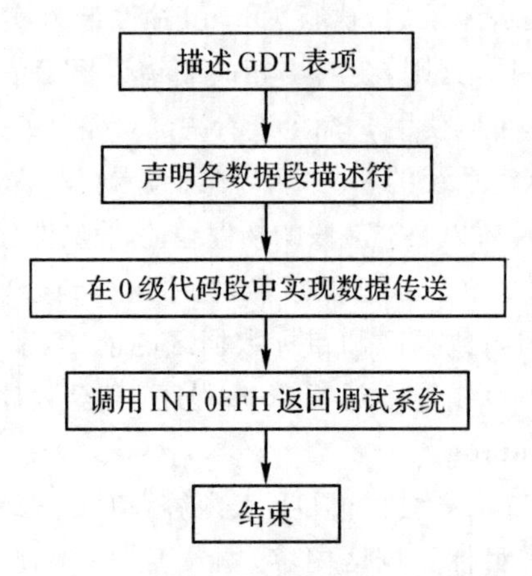

图 2-4　全局描述符表实验流程框图

实验七　局部描述符表实验

一、实验目的

1. 掌握保护模式的编程格式。

2. 掌握全局描述符表和局部描述符表的声明方法。

3. 掌握使用选择子访问段的寻址方法。

二、实验内容

在一个0级代码段中实现将源数据段中的一数据块复制到目标数据段中，要求将代码段安排在全局描述符表GDT中，而将二个数据段安排在局部描述符表LDT中。

三、实验原理

本实验需要为代码段和数据段分别声明描述符，由于要求将数据段的描述符放入LDT表中，所以实验程序需要建立一张局部描述符表，并在GDT表中声明LDT表对应的描述符。描述符声明完成后，还需要为它们定义相应的选择子。

实验程序在DSEG段中描述GDT表中的描述符。先用一个全“0FFH”的描述符作为定义的开始,接着定义主程序段和LDT表描述符,然后使用一个全“0FFH”的描述符作为区分于LDT表的界限。在DSEG段后,用DSEG1段来描述LDT表中的描述符,其中包括源数据段描述符和目标数据段描述符。在DSEG1段的末尾再使用一个全“F”描述符作为描述符声明的结尾。

由于主代码段需要访问的段是在LDT表中声明的,所以在程序的初始时刻需要执行装载LDT的指令。装载LDT使用的指令如下:

```
MOV   AX,LDT_Sel
LLDT  AX
```

1. LDT表对应段描述符:LDTable Desc <LDTLen-1,DSEG1,,ATLDT,,>

段属性说明:

```
G:      0      ;以字节为段界限粒度
D:      0      ;是16位的段
P:      1      ;描述符对地址转换有效/该描述符对应的段存在
DPL:    0      ;0级段
DT:     0      ;描述符描述的是系统段或门描述符
TYPE:   0x2    ;LDT表
```

段基地址说明:需要在重定位后确定,但可以知道,该描述符对应的数据段是DSEG1

段界限说明:段界限为LDTLen-1

```
ATLDT     EQU     82h     ;局部描述符表段属性值
```

2. 数据段选择子

两个数据段均在LDT表中声明,则描述符对应的段选择子应该标记出来。

```
TIL          EQU      04h
DataS_Sel=DataS-LDT+TIL
DataD_Sel=DataD-LDT+TIL
```

四、实验步骤

(1)运行DOS环境下TDDEBUG软件,使用ALT+E选择Edit菜单项进入程序编辑环境。按实验要求编辑实验程序,也可参考图2-5所示的程序流程框图。保存源程序,并退出编辑环境。

(2)使用Compile菜单中的Compile命令和Link命令对实验程序进行编译、链接。

(3)编译输出信息表示无误后，执行 Pmrun 命令装入实验程序，如果装入成功，屏幕上会显示“Load OK!”，否则，会给出相应的错误提示信息。

(4)使用 GDT 命令查询系统的 GDT 表，并且查看实验程序中声明的代码段、数据段描述符在 GDT 表中的位置以及对应段的物理地址、段属性、段界限等，填入表 2-9 中。

(5)单步运行程序，当执行加载局部描述符表后，使用 LDT 命令查询 LDT 表，将有关段的物理地址、段属性、段界限等，填入表 2-9 中。

(6)继续单步运行(F8)或连续运行(F9)程序，直至程序运行正常结束，在命令显示区显示“Correct Running”。

(7)使用 D 命令查看源数据段和目标数据段中的内容，验证实验程序运行的正确性。

五、实验报告

分析 GDT 表和 LDT 表的内容。

表 2-9　GDT 表和 LDT 表数据记录

	Selector Seg	Bass Add	Limit	Type	DT	DPL	P	D	G
装载程序后(运行前)GDT									
装载选择子后 LDT									

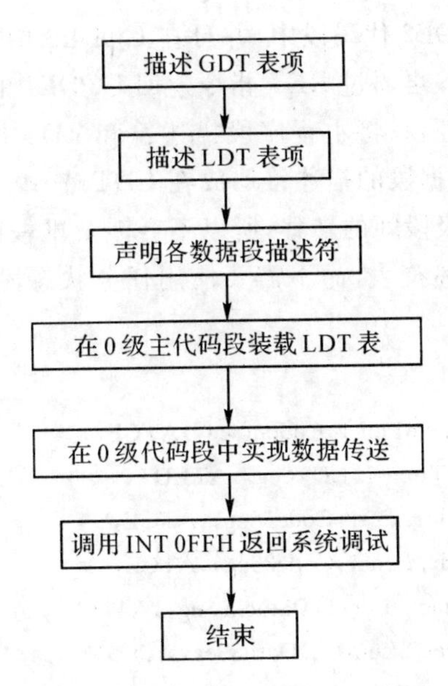

图 2-5　局部描述符表实验流程框图

实验八　任务内无特权级变换的控制转移

一、实验目的

1. 掌握使用 JMP、CALL 及 RET 指令实现任务内无特权级变换转移的方法。
2. 掌握全局描述符表和局部描述符表的声明方法。

二、实验内容

本实验要求在程序中安排三个相同特权级的段(D1、D2、D3),并在运行时能够实现从 D1 转移到 D2,从 D2 转移到 D3,在 D3 中将 A 数据段中的一数据块复制到 B 数据段中。段间的转移要通过 JMP、CALL、RET 指令来实现。

三、实验原理

为了简便,可以将实验中的三个代码段,定义成 0 级的 16 位代码段。一个为主程序段,作为程序的运行起点,在主程序段中执行 JMP 指令,完成段间的直接转移,转移到任务的 CODE1 代码段;在 CODE1 代码段中,执行 CALL 指令,完成段间调用，转移到任务内的 CODE2 代码段中，并且在 CODE2 中完成数据传输的任务；当 CODE2 结束数据传输后，再通过 RET 指令返回 CODE1 的调用处。

为了体现任务的特性，只将主程序段描述符和 LDT 段描述符安排在 GDT 表中，其余所有代码段和数据段的描述符均放在 LDT 表中。由于实验内容所要求完成的是任务内相同特权级段间的转移，所以不会涉及堆栈的切换，则在实验程序中只需要建立一张局部描述符表，而不需要使用任务状态段。实验中各个段的描述符定义如下：

```
ATLDT   EQU  82H                                        ;局部描述符表段类型值
Codem Desc      <CodemLen-1,CodemSeg,,ATCE,,>           ;主程序段描述符
LDTTable Desc   <LDTLen-1,LDTSeg,,ATLDT,,>              ;局部描述符表段描述符
Code1 Desc      <Code1Len-1,Code1Seg,,ATCE,,>           ;0 级代码段 1
Code2 Desc      <Code2Len-1,Code2Seg,,ATCE,,>           ;0 级代码段 2
DStack0 Desc    <DStack0Len-1,DStack0Seg,,ATDW,,>       ;0 级堆栈段描述符
DDataS Desc     <DDataSLen-1,DDataSSeg,,ATDW,,>         ;源数据段描述符
DdataO Desc     <DDataOLen-1,DDataOSeg,,ATDW,,>         ;目的数据段描述符
```

在保护模式下，需要通过宏定义来实现 JMP 和 CALL 指令，16 位偏移的段间直接转移指令的宏定义（在 16 位代码段中使用）和 16 位偏移的段间调用指令的宏定义（在 16 位代码段中使用）如下：

```
JUMP16   MACRO    Selector,Offset
         DB       0eah                   ;操作码
         DW       Offset                 ;16 位偏移量
         DW       Selector               ;段选择子
         ENDM
CALL16   MACRO    Selector,Offset
         DB       9ah                    ;操作码
         DW       Offset                 ;16 位偏移量
         DW       Selector               ;段选择子
         ENDM
```

四、实验步骤

（1）运行 DOS 环境下 TDDEBUG 软件，使用 ALT＋E 选择 Edit 菜单项进入程序编辑环境。按实验要求编辑实验程序，也可参考图 2-6 所示的程序流程框图。保存源程序，并退出编辑环境。

（2）使用 Compile 菜单中的 Compile 命令和 Link 命令对实验程序进行编译、

链接。

(3)编译输出信息表示无误后,执行 Pmrun 命令装入实验程序,如果装入成功,屏幕上会显示“Load OK!”,否则,会给出相应的错误提示信息。

(4)使用 GDT 命令查询系统的 GDT 表,将有关段的物理地址、段属性、段界限等,填入表 2-10 中。

(5)单步运行程序,当执行加载局部描述符表后,使用 LDT 命令查询 LDT 表,将有关段的物理地址、段属性、段界限等,填入表 2-10 中。

(6)继续单步运行(F8)或连续运行(F9)程序,直至程序运行正常结束,在命令显示区显示“Correct Running”。

(7)程序运行结束后,使用 D 命令验证源数据区、目标数据区中的数据是否相等。

五、实验报告

分析 GDT 表和 LDT 内容。

表 2-10 GDT 表和 LDT 表数据记录

<table>
<tr><th></th><th>Selector Seg</th><th>Bass Add</th><th>Limit</th><th>Type</th><th>DT</th><th>DPL</th><th>P</th><th>D</th><th>G</th></tr>
<tr><td rowspan="4">装载程序后(运行前)GDT</td><td></td><td></td><td></td><td></td><td></td><td></td><td></td><td></td><td></td></tr>
<tr><td></td><td></td><td></td><td></td><td></td><td></td><td></td><td></td><td></td></tr>
<tr><td></td><td></td><td></td><td></td><td></td><td></td><td></td><td></td><td></td></tr>
<tr><td></td><td></td><td></td><td></td><td></td><td></td><td></td><td></td><td></td></tr>
<tr><td rowspan="6">装载选择子后LDT</td><td></td><td></td><td></td><td></td><td></td><td></td><td></td><td></td><td></td></tr>
<tr><td></td><td></td><td></td><td></td><td></td><td></td><td></td><td></td><td></td></tr>
<tr><td></td><td></td><td></td><td></td><td></td><td></td><td></td><td></td><td></td></tr>
<tr><td></td><td></td><td></td><td></td><td></td><td></td><td></td><td></td><td></td></tr>
<tr><td></td><td></td><td></td><td></td><td></td><td></td><td></td><td></td><td></td></tr>
<tr><td></td><td></td><td></td><td></td><td></td><td></td><td></td><td></td><td></td></tr>
</table>

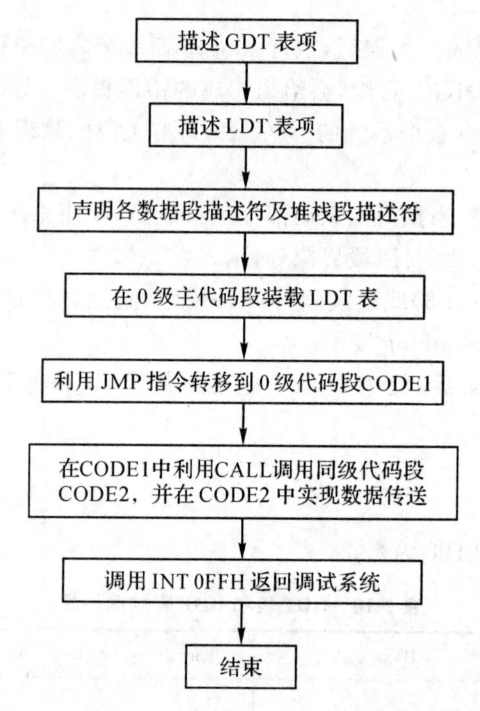

图 2-6 任务内无特权级变换的控制转移实验流程框图

实验九 用中断门、陷阱门实现中断/异常处理

一、实验目的

1. 掌握编写保护模式下中断/异常处理程序的方法。
2. 掌握通过 IDT 表实现中断/异常处理的方法。
3. 了解通过 INT 及 IRETD 实现任务内无特权级变换的方法。

二、实验内容

要求通过 INT 20H 调用 20H 号异常处理程序实现数据传送，其中调用 INT 指令的代码段为 0 级代码段，IDT 表中 20H 号门描述符为陷阱门描述符。

三、实验原理

由于实验中调用 INT 指令的代码段为 0 级代码段，而 20H 号异常对应的门描述符是陷阱门，所以 INT 调用引起的控制转移是任务内无特权级变换的转移，所以在访问中断/异常处理的过程中不会引起堆栈切换，且在控制转移时堆栈中压入了中断/异常处理返回时需要的 CS、EIP、EFLAGS。为了简便起见，实验中可以不使用 TSS 段。

为了在保护模式下将某个中断/异常处理的入口指向用户自己编写的处理过程，需要修改 IDT 表中相应的门描述符。因为 IDT 表是系统段，不可以直接读写，所以必须用一个可读写的存储段描述符来描述 IDT 表。在执行了 INT 指令后，CPU 将进行一系列检测，并将引起中断/异常的指令(或下条指令)的 CS、EIP、EFLAGS 保存到堆栈中，然后将 EFLAGS 中的 TF 位置 0。到执行 IRETD 返回调用处时，CPU 自动地将堆栈中的 CS、EIP、EFLAGS 弹出，返回到调用处。

四、实验步骤

(1)运行 DOS 环境下 TDDEBUG 软件，使用 ALT＋E 选择 Edit 菜单项进入程序编辑环境。按实验要求编辑实验程序，也可参考图 2-7 所示的程序流程框图，保存源程序，并退出编辑环境。

(2)使用 Compile 菜单中的 Compile 命令和 Link 命令对实验程序进行编译、链接。

(3)编译输出信息表示无误后，执行 Pmrun 命令装入实验程序，如果装入成功，屏幕上会显示“Load OK!”，否则，会给出相应的错误提示信息。

(4)使用 GDT 命令查询系统的 GDT 表，并且查看实验程序中声明的代码段、LDT 表的描述符在 GDT 表中的位置以及对应段的物理地址、段属性、段界限等，填入表 2-11 中。

(5)单步运行程序，当执行加载局部描述符表后，使用 LDT 命令查询系统的 LDT 表，将有关段的物理地址、段属性、段界限等，填入表 2-11 中。

(6)继续单步运行(F8)或连续运行(F9)程序，直至程序运行正常结束，在命令显示区显示“Correct Running”。

(7)使用 D 命令查看源数据段和目标数据段中的内容，验证实验程序运行的正确性。

五、实验报告

分析 GDT 表和 LDT 内容。

表 2-11　GDT 表和 LDT 表数据记录

	Selector Seg	Bass Add	Limit	Type	DT	DPL	P	D	G
装载程序后的GDT									
装载选择子后LDT									

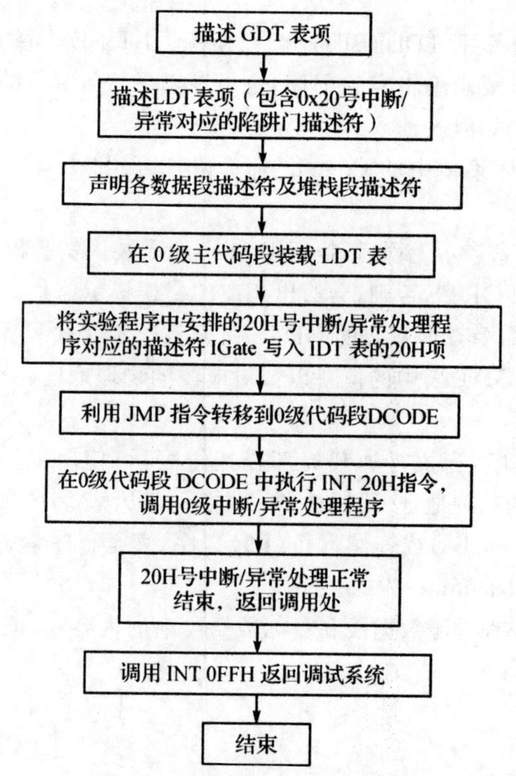

图 2-7　由中断门、陷阱门实现中断/异常处理实验流程框图

第三章　微机接口技术实验

本章针对32位微机的接口技术设置了15个实验。通过这些实验，使学生对32位微机的存储器、基本I/O接口电路及芯片、中断和DMA等技术有一定的认识，掌握相关接口电路原理及应用编程方法。

实验一　基本I/O接口电路应用

一、实验目的

1. 掌握地址译码电路的一般设计方法。
2. 掌握基本I/O接口电路的设计方法。
3. 熟练掌握汇编语言及I/O端口操作指令的使用。

二、实验设备

PC微机一台、TD-PIT＋实验系统一套。

三、实验内容

利用74LS138译码器、三态缓冲器74LS245、三态D触发器74LS574设计微机和外部设备通信的接口电路，实现微机对外部输入数据的读取和对输出数据的输出。

用开关和LED作为简单的外部输入/输出设备，将开关K[7:0]的数据通过输入数据通道读入CPU的寄存器，然后再通过输出数据通道将该数据输出到8个LED指示灯显示，该程序循环运行，直到按PC机键盘上任意键时退出程序。

四、实验原理

1. 地址译码电路

微机接口电路中，常采用74LS138译码器来实现I/O端口或存储器的地址译码。74LS138有3个输入引脚、3个控制引脚和8个输出引脚，其引脚如图3-1所示。

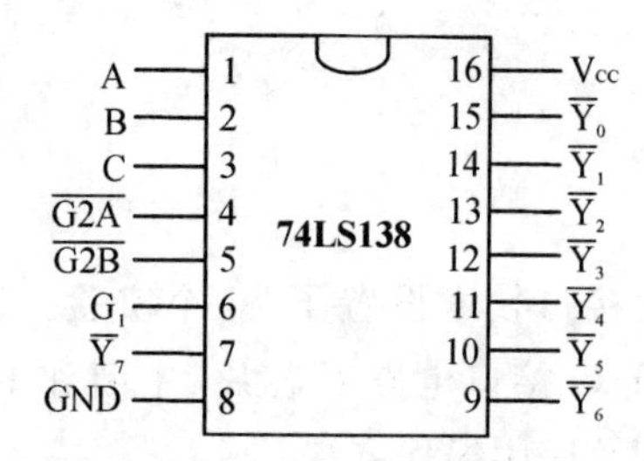

图3-1　74LS138译码器引脚

当G1选通端为高电平，另外两个选通端$\overline{G2A}$和$\overline{G2B}$为低电平时，相应于输入信号A、B、C的二进制编码在一个对应的输出端以低电平译出，该信号即可作为片选信号，真值表如表3-1所示。利用G1、$\overline{G2A}$和$\overline{G2B}$可级联扩展成24线译码器；若外接一个反相器还可级联扩展成32线译码器。

表3-1　138译码电路真值表

$\overline{G2A}$	$\overline{G2B}$	G1	C	B	A	$\overline{Y_7}$	$\overline{Y_6}$	$\overline{Y_5}$	$\overline{Y_4}$	$\overline{Y_3}$	$\overline{Y_2}$	$\overline{Y_1}$	$\overline{Y_0}$
0	0	1	0	0	0	1	1	1	1	1	1	1	0
0	0	1	0	0	1	1	1	1	1	1	1	0	1
0	0	1	0	1	0	1	1	1	1	1	0	1	1
0	0	1	0	1	1	1	1	1	1	0	1	1	1
0	0	1	1	0	0	1	1	1	0	1	1	1	1
0	0	1	1	0	1	1	1	0	1	1	1	1	1
0	0	1	1	1	0	1	0	1	1	1	1	1	1
0	0	1	1	1	1	0	1	1	1	1	1	1	1
其他值			×	×	×	1	1	1	1	1	1	1	1

2. 输入接口设计

输入接口一般用三态缓冲器实现，外部设备输入数据通过三态缓冲器，并经数据总线传送给微机。74LS245 是 8 通道双向三态缓冲器，其引脚如图3-2所示。DIR 引脚控制缓冲器数据方向，DIR 为 1 表示数据由 A[7:0]至 B[7:0]，DIR 为 0 表示数据由 B[7:0]至 A[7:0]。$\overline{G}$ 引脚为缓冲器的片选信号，低电平有效。

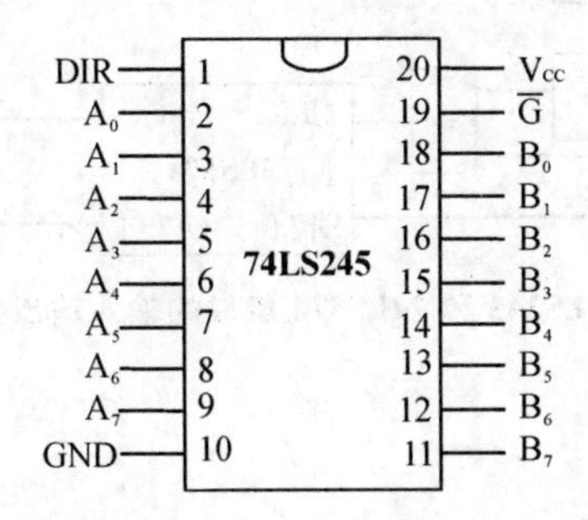

图 3-2　74LS245 双向三态缓冲器引脚

3. 输出接口设计

输出接口一般用锁存器实现，从总线送出的数据可以暂存在锁存器中。74LS574 是一种 8 通道上沿触发的三态 D 触发器。其引脚如图 3-3 所示。D[7:0]为输入数据线，Q[7:0]为输出数据线。CLK 引脚上升沿有效，当上升沿到达时，输出数据线锁存输入数据线上的数据。$\overline{OE}$引脚为锁存器的片选信号，低电平有效。

4. 输入输出接口设计

用 74LS245 和 74LS574 可以组成一个输入输出接口电路，既实现数据的输入又实现数据的输出，输入输出可以占用同一个端口，是输入还是输出由总线读写信号来区分。总线读信号$\overline{IOR}$和片选信号$\overline{CS}$相或来控制输入接口 74LS245 的使能信号 $\overline{G}$。总线写信号$\overline{IOW}$和片选信号$\overline{CS}$相或来控制输出接口 74LS574 的锁存信号 CLK。实验系统中基本输入输出单元就实现了四组这个电路，其中低 8 位这组电路连接如图 3-4 所示。

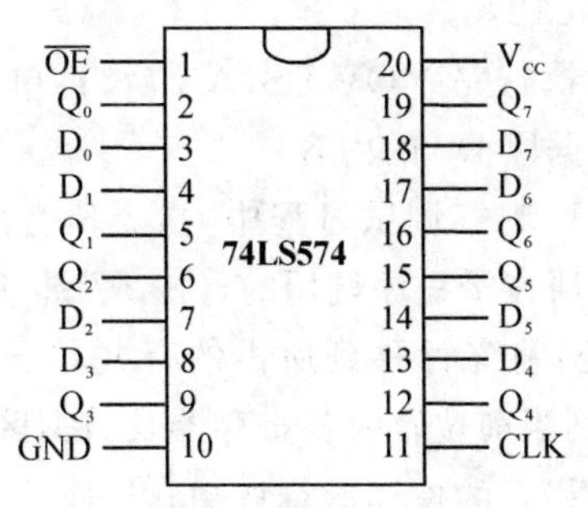

图 3-3　74LS574 锁存器引脚

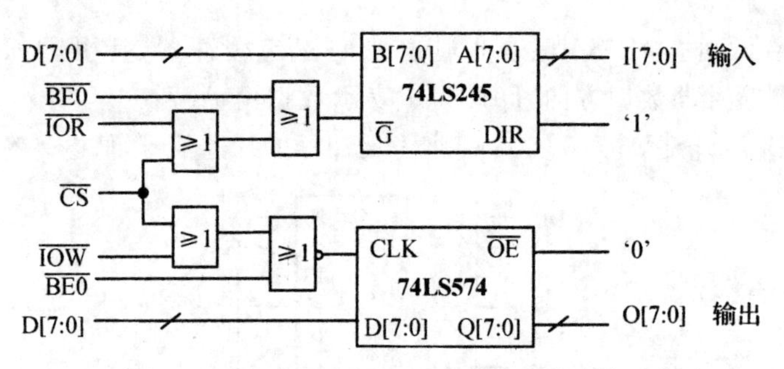

图 3-4　74LS245 和 74LS574 组成的输入输出接口电路

五、实验步骤

(1)确认从 PC 机引出的两根扁平电缆已经连接在 TD-PIT+实验仪上。

(2)关 TD-PIT+实验仪电源,参考图 3-5 所示连接实验线路,接线完成后打开实验仪电源。

(3)在 Windows 环境下运行 TdPit 软件,执行“文件\新建”命令,根据实验内容编写实验程序,也可参考如图 3-6 所示的程序流程框图编写程序,输完源程序后保存。

(4)单击工具栏上的编译按钮,编译源程序,在屏幕下方的信息栏窗口显示编译信息,若有语法错误,双击错误提示信息行,系统将自动定位到出错的源程序行,并用红色箭头指示。逐一修改出错的指令后,再存盘、编译,直到没有错误为止。

(5)单击工具栏上的链接按钮,在屏幕下方的信息栏窗口显示链接信息。

(6)调试程序。

①单击工具栏上的调试按钮,进入 Turbo Debug 调试窗口;

②执行“View\Cpu”命令,再在代码显示区右击,执行快捷菜单中“Mixed Both”命令,使其变为“Mixed No”;

③按 F8 单步执行,当执行完 MOV DS,AX 后,再单击“View\Cpu”命令,使屏幕下方的数据显示区为数据段 DS 的内容;

④继续按 F8 单步执行,观察调试过程中,指令执行后各寄存器及数据区的内容变化;若要调试子程序,请在子程序调用的行按 F7 键,跟踪到子程序调试;

⑤也可执行到光标处:将光标移到所需的行并单击,使之成为蓝底白字的光带,再按 F4 键,观察执行到当前位置时各寄存器及数据区的内容。

(7)按 F9 或单击工具栏上的连续运行按钮,连续执行程序,拨动开关,观看 LED 指示灯显示是否正确。

六、实验报告

1. 输入、输出接口电路及地址分析。

2. 心得体会。

七、实验思考题

1. 三态D触发器(D型锁存器)的作用是什么？三态缓冲器的作用是什么？实验中这两个器件是如何与总线连接的。

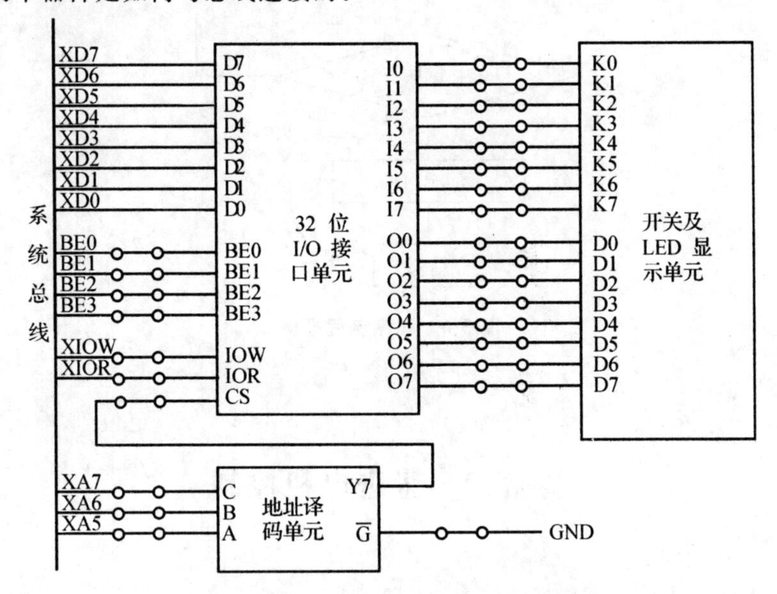

图 3-5　基本 I/O 接口设计实验接线图

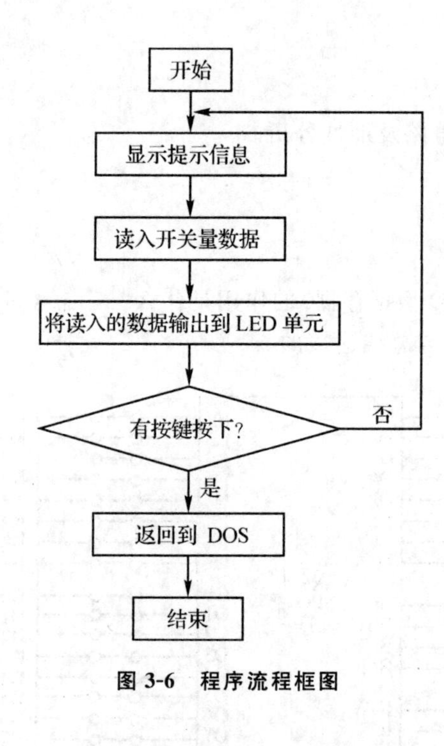

图 3-6　程序流程框图

实验二　步进电机控制

一、实验目的

1.学习步进电机的控制方法。

2.学习外部设备接口电路的设计。

二、实验设备

PC机一台、TD-PIT＋实验系统一套、选配四相八拍步进电机一个。

三、实验内容

编写程序，利用外部I/O接口来控制步进电机的运转，用开关K1控制步进电机的转速，用开关K2控制步进电机转动的方向。

(1)当K1为高电平时(向上拨)步进电机低速运转，当K1为低电平时(向下拨)步进电机高速运转。

(2)当K2为高电平时(向上拨)步进电机正转,当K2为低电平时(向下拨)步进电机反转。

四、实验原理

步进电机分类有多种方式,按产生力矩的原理可分为反应式步进电机、激磁式步进电机;按控制绕组的多少可分为三相、四相、五相……步进电机;按输出力矩的大小可分为伺服式步进电机、功率式步进电机;按定子和转子的数量可分为单定子式、双定子式、三定子式、多定子式步进电机;按各相绕组分布情况可分为径向分布式步进电机、轴向分布式步进电机。

所谓步进,就是指每给步进电机一个递进脉冲,步进电机各绕组的通电顺序就改变一次,即电机转动一次。本实验所用的步进电机为四相步进电机,电压为DC12V,采用四相八拍控制方案,其励磁线圈如图3-7所示,励磁顺序如表3-2所示。

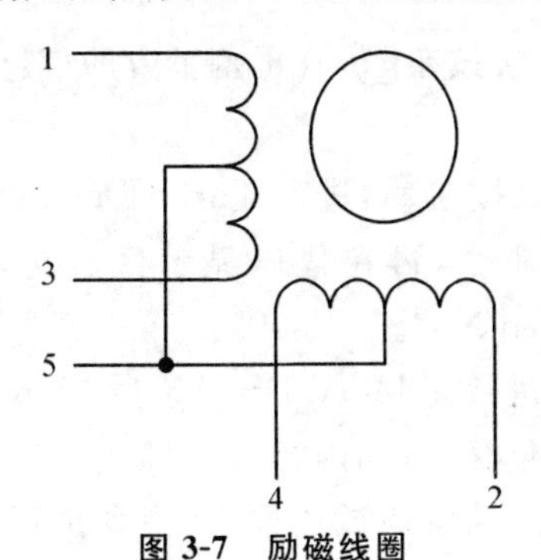

图3-7 励磁线圈

表3-2 励磁顺序

节拍		通电相	控制信号	
正转	反转		二进制	十六进制
1	8	A	00000001	01H
2	7	AB	00000011	03H
3	6	B	00000010	02H
4	5	BC	00000110	06H
5	4	C	00000100	04H
6	3	CD	00001100	0CH
7	2	D	00001000	08H
8	1	DA	00001001	09H

五、实验步骤

(1)确认从PC机引出的两根扁平电缆已经连接在TD-PIT+实验仪上。

(2)关TD-PIT+实验仪电源,参考图3-8所示连接实验线路。

(3)在Windows环境下运行TdPit软件,单击工具栏端口资源按钮或运行CHECK程序,查看I/O空间始地址。

(4)单击“文件\新建”命令,根据查出的地址和实验内容编写实验程序,也可参考如图3-9所示的程序流程框图编写程序,输完源程序后保存。

(5)单击工具栏上的编译按钮,编译源程序,在屏幕下方的信息栏窗口显示编译信息,若有语法错误,双击错误提示信息行,系统将自动定位到出错的源程序行,并用红色箭头指示。逐一修改出错的指令后,再存盘、编译,直到没有错误为止。

(6)单击工具栏上的链接按钮,在屏幕下方的信息栏窗口显示链接信息。

(7)调试程序。

①单击工具栏上的调试按钮,进入Turbo Debug调试窗口。

②执行“View\Cpu”命令,再在代码显示区右击,执行快捷菜单中“Mixed Both”命令,使其变为“Mixed No”。

③按F8单步执行,当执行完MOV DS,AX后,再单击“View\Cpu”命令,使屏幕下方的数据显示区为数据段DS的内容。

④继续按F8单步执行,观察调试过程中,指令执行后各寄存器及数据区的内容变化;若要调试子程序,请在子程序调用的行按F7键,跟踪到子程序调试。

⑤也可执行到光标处:将光标移到所需的行并单击,使之成为蓝底白字的光带,再按F4键,观察执行到当前位置时各寄存器及数据区的内容。

(8)按F9或单击工具栏上的连续运行按钮,连续执行程序,拨动开关,观察步进电机转速和方向的变化。

六、实验报告

1.输入、输出接口电路及地址分析。

2.步进电机使用的注意点及心得体会。

3.若要求步进电机正转60度角度后停止,该如何编程?

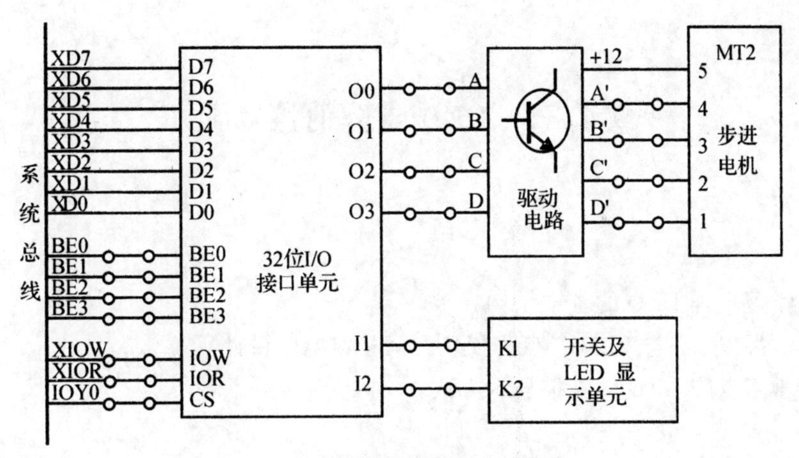

图 3-8 步进电机控制实验接线图

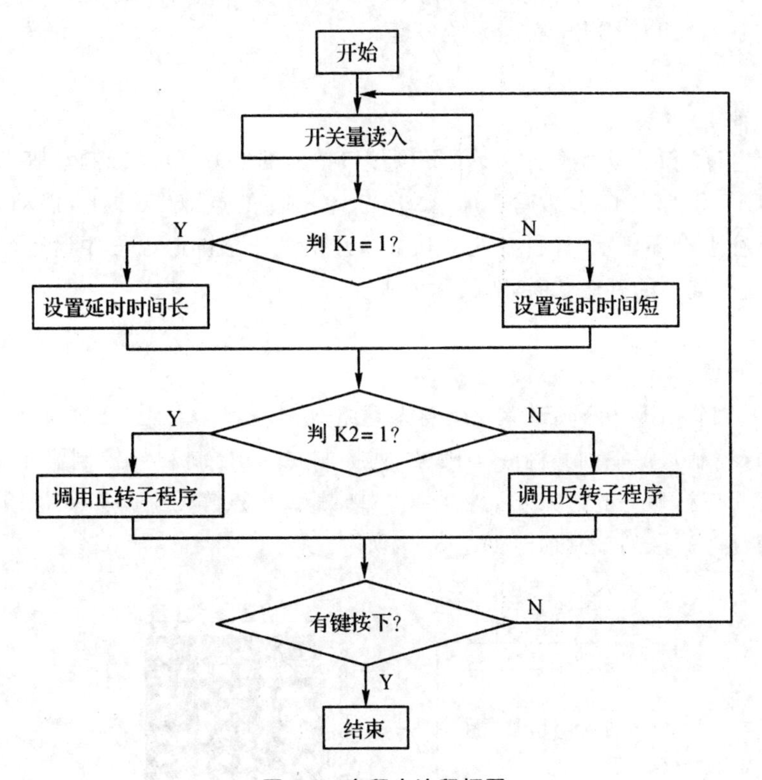

图 3-9 主程序流程框图

实验三 LED点阵的滚动显示

一、实验目的

1.学习点阵LED的基本结构。

2.掌握PC机与16×16点阵模块之间接口电路设计。

3.学习点阵LED的扫描显示方法。

二、实验设备

PC机一台、TD-PIT+实验系统一套。

三、实验内容

使用TD-PIT+实验仪中32位I/O接口单元的O0～O31控制点阵LED单元的R0～R15和L0～L15,编写程序,要求在16×16的点阵LED上,以动态字幕的形式从下往上循环显示"计科专业某某某",按键盘任意键退出程序运行。(注:"某某某"用每个同学的姓名代替,如计科专业张三)

四、实验说明

8×8点阵LED相当于8×8个发光管组成的阵列。共阴LED每一行共用一个阴极(行控制),每一列共用一个阳极(列控制)。行控制和列控制满足正确的电平就可使相应行列处的这只发光管点亮。共阴LED点阵的引脚如图3-10所示,共阴LED点阵的行、列控制信号如图3-11所示。

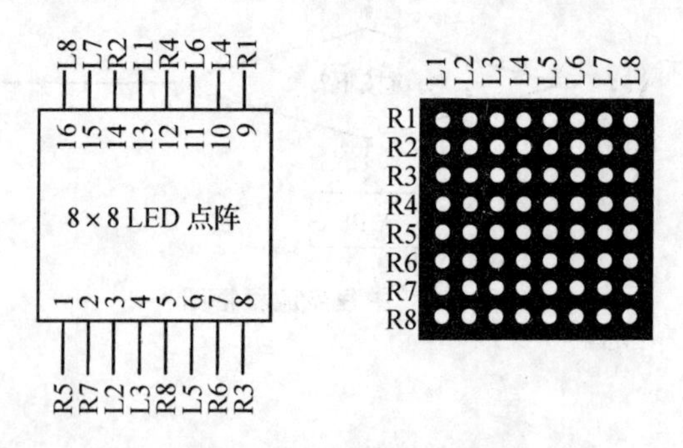

图3-10 点阵LED引脚图

共阴 LED 点阵中，列输入线接至内部 LED 的阳极端，行输入线接至内部 LED 的阴极端，若列输入线为高电平，行输入线为低电平，则该行列点的 LED 点亮。字符“1”的 16×16 共阴点阵编码如图 3-12 所示。

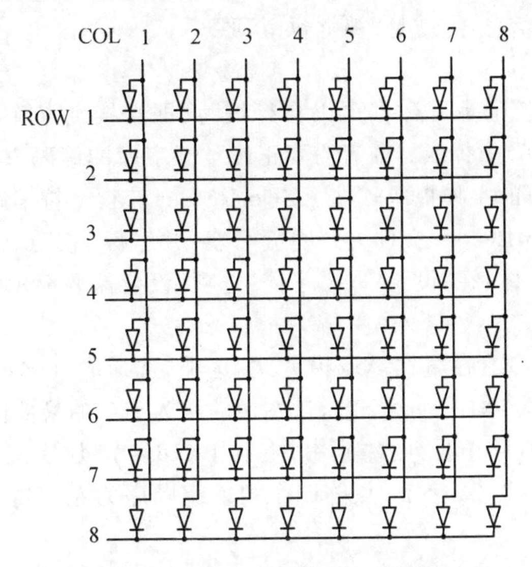

图 3-11 共阴 LED 点阵行、列控制

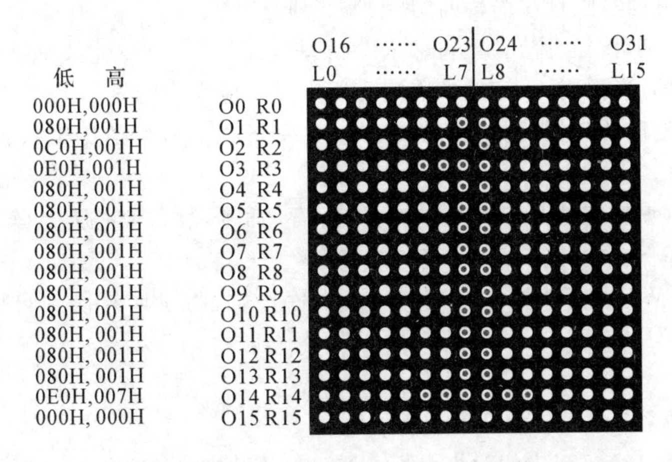

图 3-12 字符“1”的 16×16 共阴点阵

1. 动态显示

LED 点阵显示系统的显示方式有静态显示和动态显示两种。静态显示原理简单、控制方便，但硬件接线复杂，在实际应用中一般采用动态显示方式。动态显示采用扫描的方式工作，由峰值较大的窄脉冲驱动，从上到下逐次不断地对显示屏的

各行进行选通，同时又向各列送出表示图形或文字信息的脉冲信号，反复循环以上过程，因为人类能够将看到的影像暂时保存，在影像消失之后，之前的影像还会暂时停留在眼前，只要设计一个图像的合理停留时间（延时时间），就可看到一屏稳定显示的图形或文字信息，这就是“视觉暂留”原理。

2. 字模提取

需要显示的字符的点阵数据可以自行编写（即直接画点阵图），也可从标准字库（如 ASC16、HZ16）中提取。前者需要正确掌握字库的编码方法和字符定位的计算，本实验采用现成的字模提取软件 HZDotReader 获得字符编码。

(1)拷贝 HZDotReader 文件夹到硬盘 D 盘，并运行 HZDotReader. exe 文件。

(2)设置取模字体：在“设置\取模字体”选项，设置需要显示汉字的字体（宋体，加粗，16×16）。

(3)设置取模方式：在“设置\取模方式”选项，选择取点方式：横向 8 点右高位（即以横向 8 个连续点构成一个字节，最左边的点为字节的最低位，即 BIT0，最右边的点为 BIT7）。选择字节排列：左到右，上到下（16×16 汉字按每行 2 字节，共 16 行取字模，每个汉字共 32 字节，点阵四个角取字顺序为左上角→右上角→左下角→右下角）。

(4)设置输出方式：在“设置\输出设置”选项设置输出格式，可以为汇编格式或 C 语言格式，根据实验程序语言而定（汇编 8 列）。

(5)点击“字”按钮，弹出“字符输入”对话框，输入“计科专业某某某”，然后点击“输入”按钮，即可得到输入字符的点阵编码以及对应汉字的显示。

(6)修改编码：双击得到的编码或双击汉字，进入点阵码的编辑状态，可以对点阵码进行编辑。

(7)保存：编辑完成后，则单击“文件\保存”命令，软件会将此点阵文件保存为 dot 格式，选择保存的路径及文件名，按“确定”。

(8)使用 Word 软件打开保存的 dot 文件，然后将字库复制到自己的程序中使用。

五、实验步骤

(1)确认从 PC 机引出的两根扁平电缆已经连接在 TD-PIT＋实验仪上。

(2)关 TD-PIT＋实验仪电源，参考图 3-13 所示连接实验线路。

(3)在 Windows 环境下运行 TdPit 软件，单击工具栏端口资源按钮或运行 CHECK 程序，查看 I/O 空间始地址。

(4)单击“文件\新建”命令，根据查出的地址和实验内容编写实验程序，也可参考如图 3-14 所示的程序流程框图编写程序，输完源程序后保存。

(5)单击工具栏上的编译按钮，编译源程序，在屏幕下方的信息栏窗口显示编译信息，若有语法错误，双击错误提示信息行，系统将自动定位到出错的源程序行，并用红色箭头指示。逐一修改出错的指令后，再存盘、编译，直到没有错误为止。

(6)单击工具栏上的链接按钮，在屏幕下方的信息栏窗口显示链接信息。

(7)调试程序。

①单击工具栏上的调试按钮，进入 Turbo Debug 调试窗口；

②执行“View\Cpu”命令，再在代码显示区右击，执行快捷菜单中“Mixed Both”命令，使其变为“Mixed No”；

③按 F8 单步执行，当执行完 MOV DS，AX 后，再单击“View\Cpu”命令，使屏幕下方的数据显示区为数据段 DS 的内容；

④继续按 F8 单步执行，观察调试过程中，指令执行后各寄存器及数据区的内容变化；若要调试子程序，请在子程序调用的行按 F7 键，跟踪到子程序调试；

⑤也可执行到光标处：将光标移到所需的行并单击，使之成为蓝底白字的光带，再按 F4 键，观察执行到当前位置时各寄存器及数据区的内容。

(8)按 F9 或单击工具栏上的连续运行按钮，连续执行程序，观察 LED 点阵的显示内容。

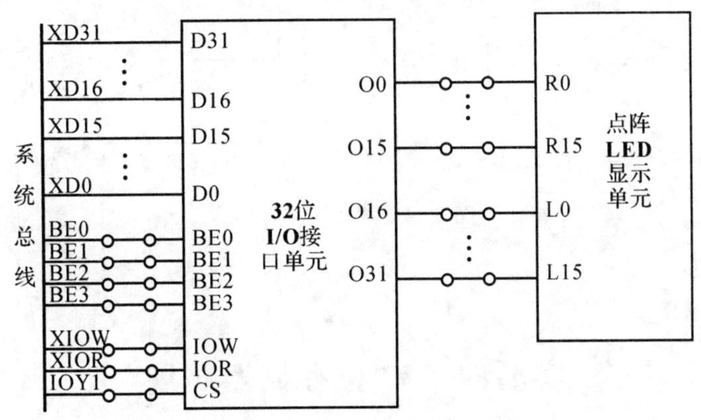

图 3-13　点阵 LED 显示实验接线图

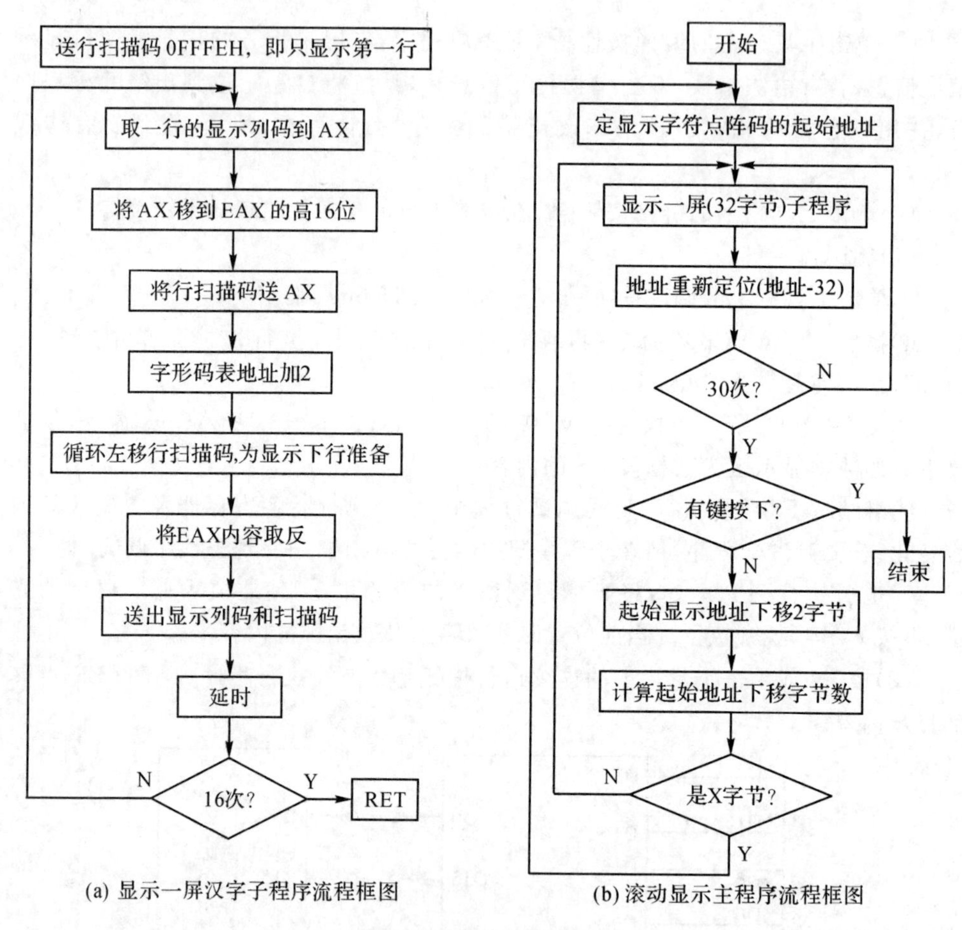

(a) 显示一屏汉字子程序流程框图　　(b) 滚动显示主程序流程框图

图 3-14　程序流程框图

实验四　32 位存储器扩展

一、实验目的

1. 学习静态存储器操作原理。

2. 学习 32 位总线存储器接口电路设计。

3. 掌握不同总线字节宽度访问存储器的编程方法。

二、实验设备

PC 机一台、TD-PIT＋实验系统一套。

三、实验内容

在 32 位扩展系统总线上进行 32 位存储器扩展连接。编写程序，将 PC 机内存中的一段 32 字节的数据传送至扩展存储器起始地址开始的 32 个单元中。

四、实验原理

1. SRAM 62256 介绍

存储器是用来存储信息的部件，是计算机的重要组成部分。静态 RAM 是由 MOS 管组成的触发器电路，每个触发器可以存放 1 位信息，只要不掉电，所储存的信息就不会丢失。因此，静态 RAM 工作稳定，不要外加刷新电路，使用方便。但一般 SRAM 的每一个触发器是由 6 个晶体管组成，SRAM 芯片的集成度不太高。62256 SRAM 有 32768 个存储单元，每个单元为 8 位字长，即 32K×8 位。62256 的引脚如图 3-15 所示，$\overline{WE}$、$\overline{OE}$、$\overline{CS}$共同决定了芯片的运行方式。

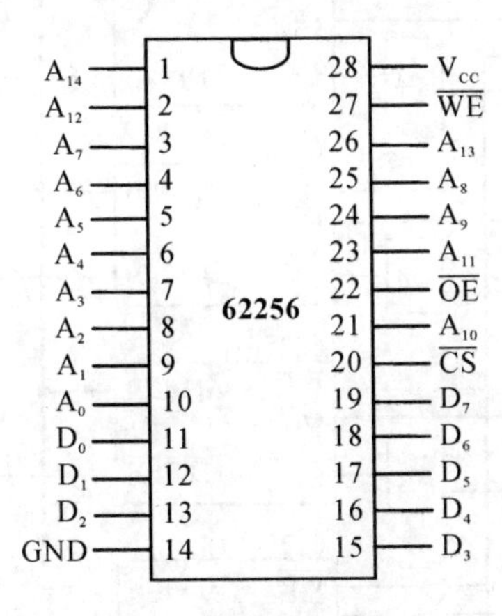

图 3-15　62256 引脚

2. 32 位总线的存储器接口

32 位扩展系统总线提供 XA2～XA23、BE0～BE3 信号为存储器提供物理地址。XA2～XA23 用来确定一个 4 字节的存储单元，BE0～BE3 用来确定当前操作中所涉及 4 字节存储单元中的那个字节。BE0 对应 D[7:0]，BE1 对应 D[15:8]，BE2 对应 D[23:16]，BE3 对应 D[31:24]。其对应关系如表 3-3 所示。

表 3-3 BE[3:0]指示和数据总线有效对照表

BE3	BE2	BE1	BE0	D[31:24]	D[23:16]	D[15:8]	D[7:0]
1	1	1	0	×	×	×	D[7:0]
1	1	0	1	×	×	D[15:8]	×
1	0	1	1	×	D[23:16]	×	×
0	1	1	1	D[31:24]	×	×	×
1	1	0	0	×	×	D[15:8]	D[7:0]
0	0	1	1	D[31:24]	D[23:16]	×	×
0	0	0	0	D[31:24]	D[23:16]	D[15:8]	D[7:0]

在实验系统的32位存储单元中，使用了4片62256 SRAM构成4×8 bit的32位存储器，存储体分为0体、1体、2体和3体，分别由字节使能线BE0、BE1、BE2和BE3选通。其电路结构如图3-16所示。

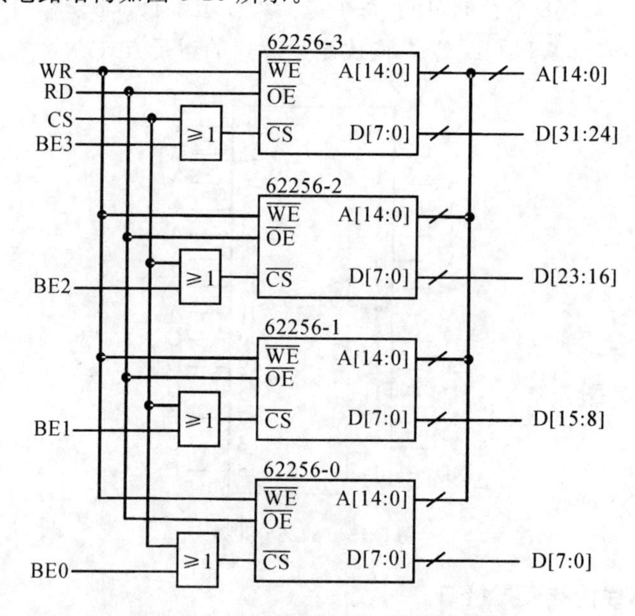

图 3-16 32位存储器单元电路结构图

3.32位存储器操作

在存储器中，从4的整数倍地址开始存放的双字称为规则双字。从4的非整数倍地址开始存放的双字称为非规则双字。CPU访问规则双字只需要一个总线周期，BE0、BE1、BE2 和 BE3 同时有效，从而同时选通 0、1、2 和 3 四个存储体。两次规则双字操作对应的时序如图 3-17 所示。

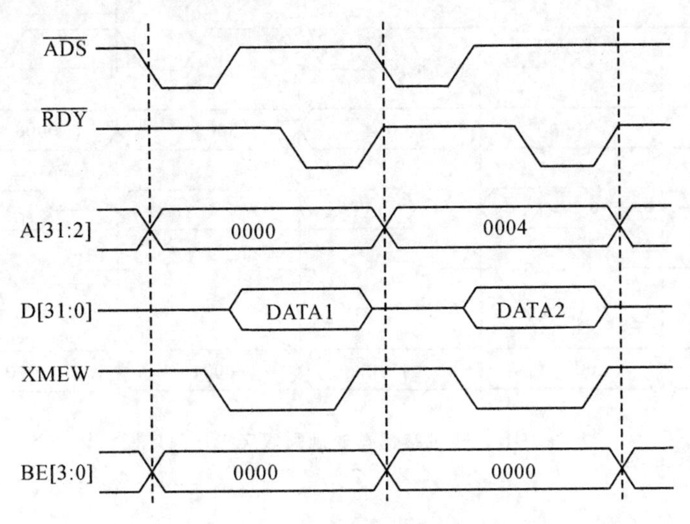

图 3-17　32 位存储器规则双字操作时序图

例如，

MOV　[0000]，　EAX
MOV　[0004]，　EAX

CPU 访问非规则双字需要两个总线周期。通过 BE0、BE1、BE2 和 BE3 在两个周期中选通不同的字节。例如从 4 的整数倍地址加 1 的单元开始访问，第一个总线周期 BE1、BE2 和 BE3 有效，访问 3 个字节；第二个总线周期地址递增，BE0 有效，访问剩余的一个字节。然后自动将 4 个字节组合为一个双字。两次非规则双字操作对应的时序如图 3-18 所示。

例如，

MOV　[0001]，　EAX
MOV　[0005]，　EAX

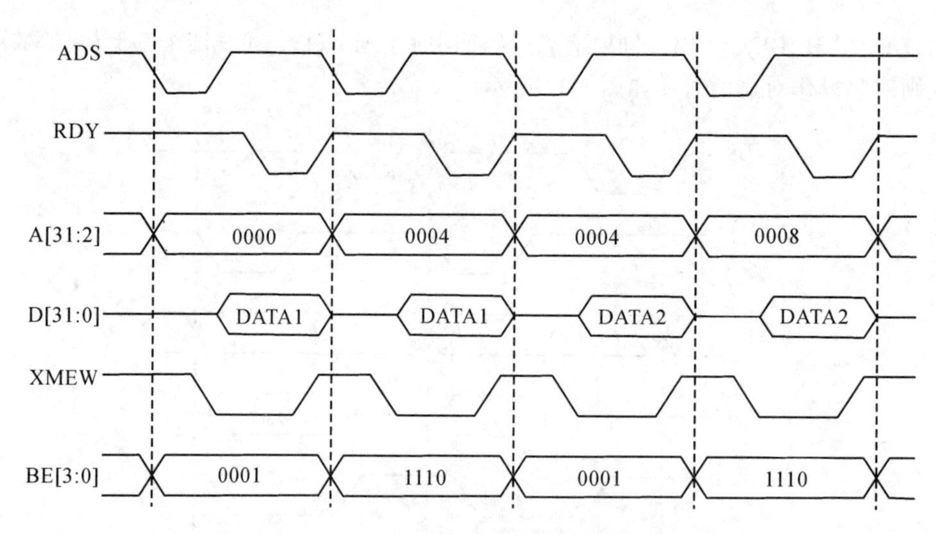

图 3-18　32 位存储器非规则双字操作时序图

五、实验步骤

(1)确认从 PC 机引出的两根扁平电缆已经连接在 TD-PIT＋实验仪上。

(2)关 TD-PIT＋实验仪电源，参考图 3-19 所示连接实验线路，接线完成后打开实验仪电源。

(3)启动 DOS 环境，进入 TDDEBUG 软件安装目录，运行 CHECK 程序，查看存储器空间的地址范围，填入表 3-4 中。

(4)运行 TDDEBUG 软件，使用 ALT＋E 选择 Edit 菜单项进入程序编辑环境。根据实验要求编写实验程序(按照保护模式程序结构编写)，实验程序参考流程框图如图 3-20 所示。

(5)程序编写完后保存退出，使用 Compile 菜单中的 Compile 命令和 Link 命令对实验程序进行编译、链接。

(6)编译输出信息表示无误后，执行 Pmrun 命令装入实验程序，如果装入成功，屏幕上会显示“Load OK!”，否则，会给出相应的错误提示信息。

(7)若程序成功装入，可以使用 R 命令查看调试系统为实验程序分配的系统资源。

(8)使用 GDT 命令查询系统的 GDT 表，并且查看实验程序中声明的代码段、数据段描述符在 GDT 表中的位置以及对应段的物理地址、段属性、段界限等，填入表 3-5 中。

(9)使用 T 命令或 F8 单步运行程序，当程序运行到选择子装载完毕，并在数据传送前，使用D命令查询源数据区和目标数据区的前16字节内容，填入表3-6中。

(10)继续单步(F8)或连续(F9)运行程序，直至程序正常运行结束，在命令显示区显示“Correct Running”。

(11)使用GDT命令查询系统的GDT表内容，填入表3-5中。

(12)使用D命令查询目标数据区内容，填入表3-6中，验证执行的正确性。

(13)将程序改为非规则双字写入操作，调试程序，查看在数据区读出的存储器数据，分析写入双字的排列规则以及总线操作时序的原理。

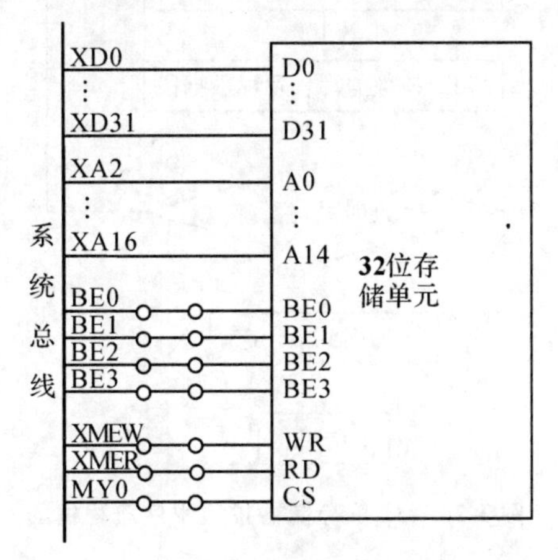

图3-19　32位存储器扩展实验接线图

表3-4　存储器地址空间

	始地址	末地址	空间大小
MY0			
MY1			
MY2			
MY3			

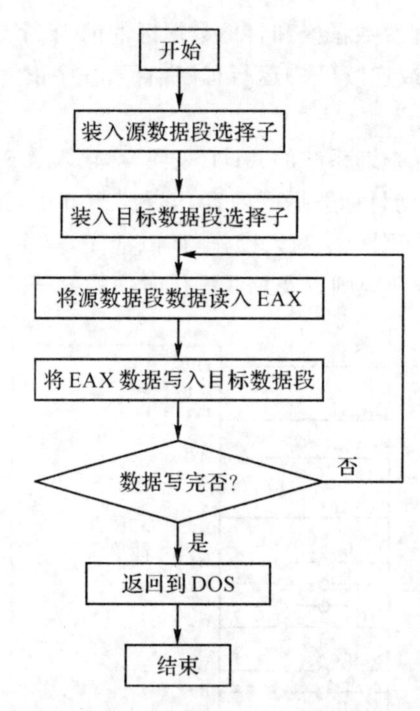

图 3-20　32 位存储器扩展程序流程框图

表 3-5　GDT 表数据记录

	Selector Seg	Bass Add	Limit	Type	DT	DPL	P	D	G
装载程序后									
运行结束后									

表 3-6　数据区数据记录

	D 命令	数据区数据记录
源数据区		

续表

	D命令	数据区数据记录
目标数据区（数据传送前）		
目标数据区（程序运行结束）		

六、实验报告

1. 分析 GDT 表内容。

2. 分析规则和不规则双字读写操作的总线时序区别。

实验五　FLASH 存储器扩展

一、实验目的

1. 学习 FLASH 存储器操作原理。

2. 了解 AT29C010 FLASH ROM 的编程特性。

3. 学习 FLASH 存储器的读写方法。

二、实验设备

PC 机一台、TD-PIT+实验系统一套。

三、实验内容

编写程序对 AT29C010 的 FLASH ROM 单元进行数据传输操作。使用带软件数据保护和不带软件数据保护两种不同的写入方法，将 PC 机内存中一段 32 字节的数据传送到 FLASH ROM 起始地址开始的 32 个单元中，最后用软件擦除方法擦除 FLASH ROM 中的内容。

四、实验原理

1. FLASH ROM 介绍

可编程只读存储器 FLASH 通常也称“闪烁存储器”（或简称“闪存”），该类型的存储器具有掉电信息不丢失、块擦除、单一供电、高密度信息存储等特点，主要用于保存系统引导程序和系统参数等需要长期保存的重要信息，现在又广泛应用于移动存储设备中。AT29C010是一种5V的在系统可编程可擦除FLASH ROM，存储容量为128K×8 bits，其引脚如图3-21所示。

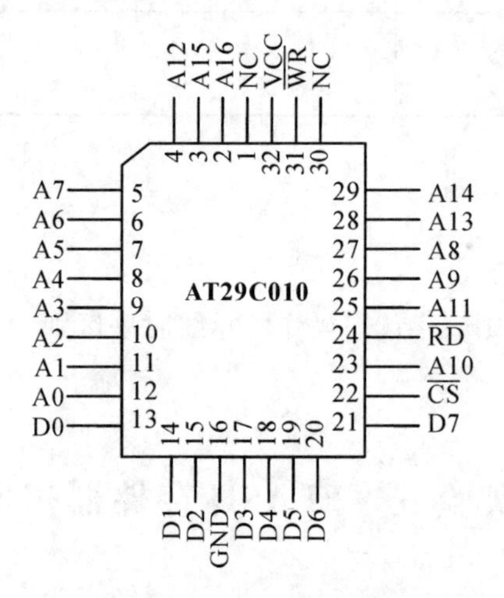

图3-21　AT29C010引脚图

2. AT29C010编程特性

FLASH ROM的操作与SRAM不同，数据是以数据块的形式传输。AT29C010共有1024个扇区，每扇区128字节。当写存储器时，连续的128字节被内部锁存器锁存，然后存储器进入编程周期，将锁存器中的128字节数据依次写入存储器扇区中，在此期间必须等待10ms以上再对下一扇区操作。写一个扇区之前，存储器会自动擦除该扇区全部内容，然后再进行编程。

AT29C010具有软件数据保护功能，启动该功能是通过在编程之前写入三个连续的程序命令，如图3-22(a)所示。以后每次编程之前都要加上这三个命令，否则数据无法写入。这样可以防止意外的存储器操作，而使数据被删除。该功能可以通过写入六个连续的程序命令取消，如图3-22(b)所示。存储器还提供一个软件擦除功能，通过写入六个连续的程序命令将整个存储器的内容全部擦除，如图3-22(c)所示。

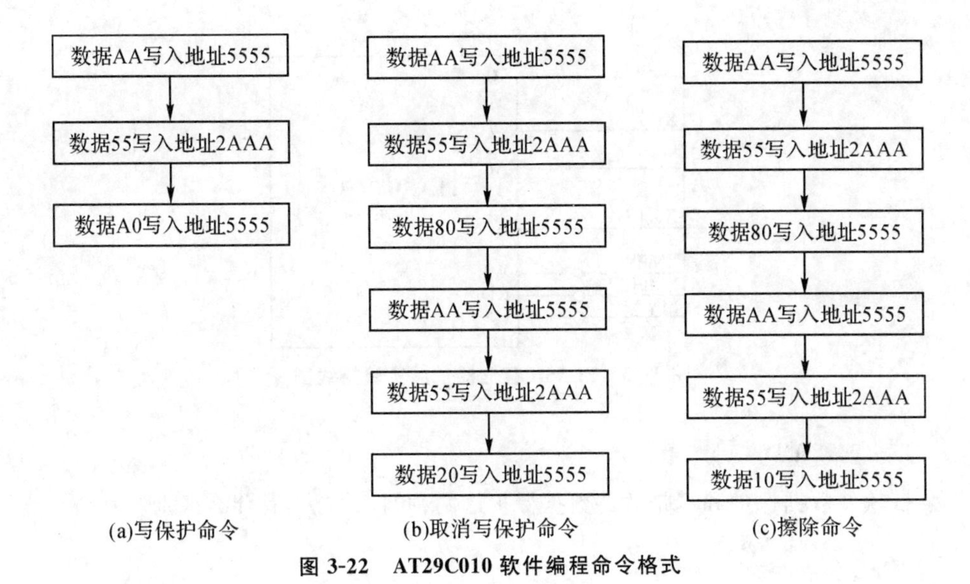

图 3-22 AT29C010 软件编程命令格式

五、实验步骤

(1)确认从 PC 机引出的两根扁平电缆已经连接在 TD-PIT+实验仪上。

(2)关 TD-PIT+实验仪电源,参考图 3-23 所示连接实验线路,接线完成后打开实验仪电源。

(3)启动 DOS 环境,进入 TDDEBUG 软件安装目录,运行 CHECK 程序,查看并记录存储器空间的起始地址。

(4)运行 TDDEBUG 软件,使用 ALT+E 选择 Edit 菜单项进入程序编辑环境。根据实验要求编写带数据保护写、去掉数据保护写、不带保护写和软件擦除程序。

(5)程序编写完后保存退出,使用 Compile 菜单中的 Compile 命令和 Link 命令对实验程序进行编译、链接。

(6)编译输出信息表示无误后,执行 Pmrun 命令装入实验程序,如果装入成功,屏幕上会显示"Load OK!",并可以使用 R 命令查看调试系统为实验程序分配的系统资源。否则,会给出相应的错误提示信息。

(7)在保护模式调试环境下先运行带数据保护写程序,查看数据是否写入正确。

(8)运行不带保护写程序,查看数据是否写入(应该无法写入)。

(9)运行去掉写保护程序,再用不带保护写程序写 FLASH,查看数据写入是否正确。

(10)运行软件擦除 FLASH 程序,查看数据是否都已擦除。通过这几步的操作,分析 FLASH 存储器的操作特性。

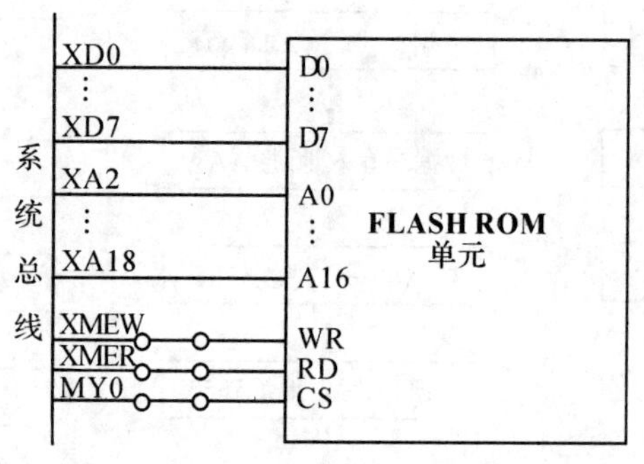

图 3-23 FLASH 存储器扩展实验接线图

六、实验报告

带软件数据保护和不带软件数据保护这两种写入方法，有什么区别？

实验六 8259A 中断控制器应用

一、实验目的

1. 学习中断控制器 8259A 的工作原理。
2. 掌握可编程控制器 8259A 的接口设计。
3. 掌握可编程控制器 8259A 的应用编程方法。

二、实验设备

PC 机一台、TD-PIT＋实验系统一套。

三、实验内容

1. 查询中断应用实验

利用实验平台上的 8259A 控制器，通过查询中断源方法，设计一个查询中断应用程序，处理 IR0 和 IR1 发出的中断请求，要求每次响应 IR0 中断请求时，在屏幕上显示一个字符“0”，每次响应 IR1 中断请求时，在屏幕上显示一个字符“1”，按键盘任意键结束实验程序的运行。

2. INTR 单中断应用实验

利用 PC 机给实验系统分配的中断线 INTR 和单次脉冲单元电路，设计一个单中断应用实验，通过 KK1＋按键模拟产生中断请求信号，编写中断处理程序，每中断一次在显示器屏幕上显示一个字符“9”，按键盘任意键退出实验程序。

四、实验原理

1. 8259A 控制器的介绍

中断控制器 8259A 是 Intel 公司专为控制优先级中断而设计开发的芯片。它将中断源优先级排队、辨别中断源以及提供中断矢量的电路集于一片中，因此无需附加任何电路，只需对 8259A 进行编程，就可以管理 8 级中断，并可选择优先模式和中断请求方式，即中断结构可以由用户编程来设定。同时，在不需增加其他电路的情况下，通过多片 8259A 的级联，能构成多达 64 级的矢量中断系统。它的管理功能包括：①记录各级中断源请求；②每一级中断可由程序单独屏蔽或允许；③判别优先级，确定是否响应和响应哪一级中断；④可通过编程选择多种不同的工作方式；⑤响应中断时，向 CPU 传送中断类型号。

(1)引脚和功能。

8259A 为 28 引脚双列直插式芯片，其引脚和内部结构如图 3-24 所示。

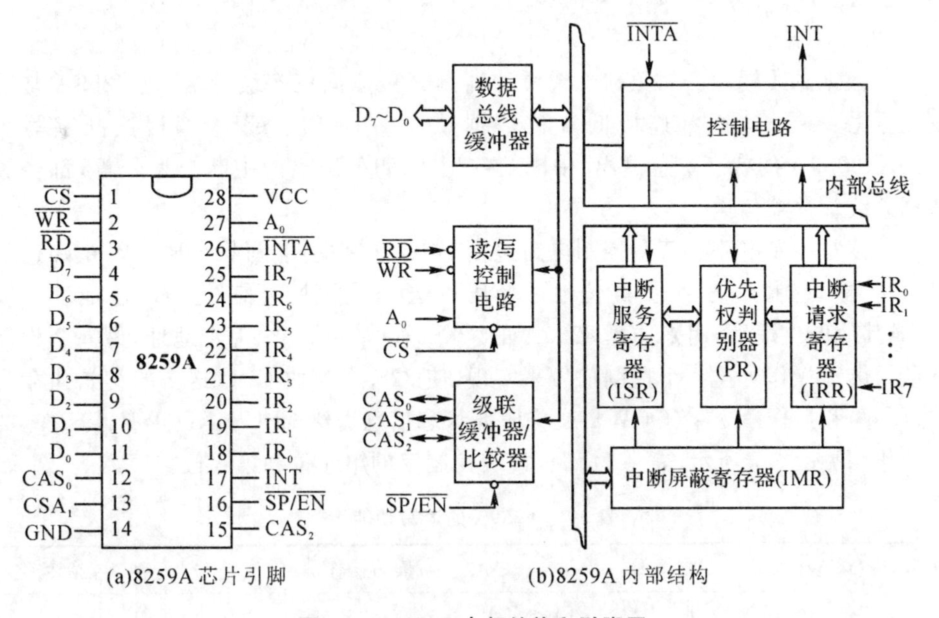

(a)8259A 芯片引脚　　(b)8259A 内部结构

图 3-24　8259A 内部结构和引脚图

$D_7 \sim D_0$：双向数据线，三态，它直接或通过总线驱动器与系统的数据总线相连。

$IR_7 \sim IR_0$：外设的中断请求信号输入端，输入，中断请求信号可以是电平触发或边沿触发。中断级联时，连接 8259A 从片 INT 端。

$\overline{RD}$：读命令信号，输入，低电平有效，用来控制数据由 8259A 读到 CPU。

$\overline{WR}$：写命令信号，输入，低电平有效，用来控制数据由 CPU 写到 8259A。

$\overline{CS}$：片选信号，输入，通常接译码电路的输出。

A_0：选择 8259A 的两个端口，输入，通常连接某个低位地址线。

INT：向 CPU 发出的中断请求信号，输出，与 CPU 的$\overline{INTA}$端相连。

$\overline{INTA}$：CPU 给 8259A 的中断响应信号，输入。8259A 要求两个负脉冲的中断响应信号，第一个是 CPU 响应中断的信号，第二个$\overline{INTA}$结束后，CPU 读取 8259A 送去的中断类型号。

$CAS_2 \sim CAS_0$：双向级联信号线。8259A 做主片时，为输出线，作从片时，为输入线。与$\overline{SP}/\overline{EN}$配合实现 8259A 级联。

$\overline{SP}/\overline{EN}$：从片编程/双向使能缓冲信号。作为输入使用时，用来决定本片 8259A 是主片还是从片：若$\overline{SP}/\overline{EN}=1$，则为主片；若$\overline{SP}/\overline{EN}=0$，则为从片。作为输出使用时，启动 8259A 到 CPU 之间的数据总线驱动器。$\overline{SP}/\overline{EN}$作为输入还是输出，决定于 8259A 是否采用缓冲方式工作，若采用缓冲方式工作，则$\overline{SP}/\overline{EN}$作为输出；若采用非缓冲方式，$\overline{SP}/\overline{EN}$作为输入。

(2)内部结构。

①数据总线缓冲器。数据总线缓冲器是 8 位双向三态缓冲器，是 8259A 与系统数据总线接口，通常连接低 8 位数据总线 $D_7 \sim D_0$。CPU 编程控制字写入 8259A、8259A 的状态信息读出、中断响应时 8259A 送出的中断类型号等，都经过数据总线缓冲器传送。

②读写控制电路。读写控制电路包括 CPU 送来的读/写信号$\overline{RD}$、$\overline{WR}$、片选信号$\overline{CS}$及端口选择信号 A_0。高位地址译码后送$\overline{CS}$作为片选信号。A_0 连地址总线 A_0 或其他低位地址，用来选择 8259A 的两个 I/O 端口，一个为奇地址，另一个为偶地址。读写操作由这 4 个控制信号来实现，使 8259A 接收 CPU 送来的初始化命令字(ICW)和操作命令字(OCW)，或将内部状态信息送给 CPU。$\overline{RD}$、$\overline{WR}$、$\overline{CS}$、A_0 的控制作用见表 3-7 所示，表中 D_4、D_3 代表控制字的第 4 位和第 3 位。

表 3-7　8259A 的读写功能表

$\overline{CS}$	$\overline{RD}$	$\overline{WR}$	A_0	D_4	D_3	读写操作	指令
0	1	0	0	1	×	CPU→ICW_1	OUT
0	1	0	1	×	×	CPU→ICW_2，ICW_3，ICW_4，OCW_1	
0	1	0	0	0	0	CPU→OCW_2	
0	1	0	0	0	1	CPU→OCW_3	
0	0	1	0			IRR/ISR→CPU	IN
0	0	1	1			IMR→CPU	

续表

$\overline{CS}$	$\overline{RD}$	$\overline{WR}$	A_0	D_4	D_3	读写操作	指令
1	×	×	×			高阻	
×	1	1	×			高阻	

③级联缓冲/比较器。8259A 与系统总线相连有两种方式。

a)缓冲方式:在多片 8259A 级联的系统中,8259A 通过总线驱动器和数据总线相连以减轻总线的负载,这就是缓冲方式。在缓冲方式下,8259A 的$\overline{SP}/\overline{EN}$端与总线驱动器允许端相连,控制总线驱动器启动,$\overline{SP}/\overline{EN}$作为输出端。当$\overline{EN}=0$时,8259A 控制数据从 8259A 送到 CPU;当$\overline{EN}=1$ 时,控制数据从 CPU 送到 8259A。

b)非缓冲方式:单片 8259A 或少量 8259A 级联时,可以将 8259A 直接与数据总线相连,称为非缓冲方式。非缓冲方式下,8259A 的$\overline{SP}/\overline{EN}$端作输入端,控制 8259A 作为主片还是从片。$\overline{SP}=1$,表示此 8259A 为主片。$\overline{SP}=0$,表示此 8259A 为从片。单片 8259A 时,$\overline{SP}/\overline{EN}$接高电平。

由初始化命令字 ICW_4 来设置缓冲方式或非缓冲方式。

④中断请求寄存器。中断请求寄存器是一个 8 位寄存器,存放外部输入的中断请求信号 IR_7～IR_0。当某个 IR 端有中断请求时,IRR 相应的某位置“1”。可以允许 8 个中断请求信号同时进入,此时 IRR 寄存器被置成全“1”。当中断请求被响应时,IRR 的相应位复位。

⑤中断屏蔽寄存器 IMR。中断屏蔽寄存器是一个 8 位寄存器,用来存放对各级中断请求的屏蔽信息。当用软件编程使 IMR 寄存器中某一位为“0”时,允许 IRR 寄存器中相应位的中断请求进入中断优先级判别器。若 IMR 中某位为“1”,则此位中断请求被屏蔽。各个中断屏蔽位是独立的,屏蔽了优先级高的中断,不影响其他较低优先级的中断允许。

⑥优先权判别器 PR。优先权判别器对保存在 IRR 寄存器中的中断请求进行优先级识别,送出最高优先级的中断请求到中断服务寄存器 ISR 中。当出现多重中断时,PR 判定是否允许所出现的中断去打断正在处理的中断,让优先级更高的中断优先处理。

⑦中断服务寄存器 ISR。中断服务寄存器是一个 8 位寄存器,保存正在处理中的中断请求信号。某个 IR 端的中断请求被 CPU 响应后,当 CPU 发出第一个$\overline{INTA}$信号时,ISR 寄存器中的相应位置“1”,一直保持到该级中断处理结束为止。允许多重中断时,ISR 多位同时被置成“1”。

⑧控制电路。根据中断请求寄存器 IRR 的置位情况和中断屏蔽寄存器 IMR

的设置情况，通过优先权判别器 PR 判定优先级，向 8259A 内部及其他部件发出控制信号，并向 CPU 发出中断请求信号 INT 和接收 CPU 的中断响应信号 $\overline{INTA}$，使中断服务寄存器 ISR 的相应位置“1”，并使中断请求寄存器 IRR 的相应位置“0”。当 CPU 第二个 $\overline{INTA}$ 信号到来，控制 8259A 送出中断类型号，使 CPU 转入中断服务子程序。如果方式控制字 ICW_4 的中断自动结束位为“1”，则在第二个 $\overline{INTA}$ 脉冲结束时，将 8259A 中断服务寄存器 ISR 的相应位清“0”。

2. 8259A 的中断管理方式

8259A 有多种工作方式，这些工作方式都是通过编程方法来设置的，使用十分灵活。

(1)8259A 的编程结构。

中断管理方式是通过 8259A 初始化时写入初始化命令字和操作命令字来设置的。初始化命令字写入寄存器 ICW_1～ICW_4，它是由初始化程序设置的初始化命令字，一经设定，在系统工作过程中就不再改变。操作命令字写入寄存器 OCW_1～OCW_3，它是由应用程序设定的，用来对中断处理过程进行控制，在系统运行过程中，操作命令字可以重新设置。

(2)中断优先级设置方式。

8259A 的中断优先级的管理采用多种方式，优先级既可固定设置，又可循环设置，通常允许高级中断打断低级中断，不允许低级中断或同级中断打断高级中断。

①完全嵌套方式。

若 8259A 初始化后没有设置其他优先级的方式，就自动进入完全嵌套方式。在这种方式下，中断优先级分配固定级别 0～7 级，IR_0 具有最高优先级，IR_7 优先级最低。也可用初始化命令字 ICW_4 中 SFNM＝0，将 8259A 置成完全嵌套优先级方式。

在完全嵌套工作方式下，当一个中断请求被响应后，中断服务寄存器 ISR 中的对应位置“1”，中断类型号被送到数据总线上，CPU 转入中断服务程序。一般情况下(除自动中断结束方式外)，在 CPU 发出中断结束命令 EOI 前，ISR 寄存器中此对应位一直保持“1”。当新的中断请求进入时，中断优先级裁决器将新的中断请求和当前 ISR 寄存器中置“1”位比较，判断哪一个优先级更高。允许打断正在处理的中断，优先处理更高级的中断，实现中断嵌套，但禁止同级与低级中断请求进入。中断嵌套时，ISR 寄存器中内容发生变化，又有一个对应位置“1”，当实现 8 级中断嵌套时，ISR 寄存器内容为 0FFH。

在完全嵌套工作方式中有两种中断结束方式：普通 EOI 结束方式和自动 EOI 结束方式。

②特殊全嵌套方式。

特殊全嵌套方式与全嵌套工作方式基本相同，区别在于当处理某级中断时，有同级中断请求进入，8259A 也会响应，从而实现了对同级中断请求的特殊嵌套。

在级联方式中，当从片上有中断请求进入并正在处理时，同一从片上又进入更高优先级的中断请求，从片能响应更高优先级中断请求，并向主片申请中断，但对主片来说是同级中断请求。当主片处于特殊全嵌套工作方式时，主片就能允许对相同级别的中断请求开放。

特殊全嵌套方式的设置是主片初始化时 ICW_4 中的 SFNM＝1，同时应将主片 ICW_4 中 AEOI 位置"0"，设成非自动结束方式，通常用特殊 EOI 结束方式。

③优先级自动循环方式。

在优先级自动循环方式中，优先级别可以改变。初始优先级规定从高到低依次为 IR_0、IR_1、IR_2、…、IR_7，当任何一级中断被处理完后，它的优先级别变为最低，将最高优先级赋给原来比它低一级的中断请求，其他以此类推。优先级自动循环方式适合用在多个中断源优先级相等的场合。

用操作命令字 OCW_2 中的 R、SL＝10 就可设置优先级自动循环方式。根据结束方式不同，有两种自动循环方式：普通 EOI 循环方式和自动 EOI 循环方式。

④优先级特殊循环方式。

优先级特殊循环方式和优先级自动循环方式相比，不同之处在于优先级特殊循环方式中，初始时最低优先级由程序规定，最高优先级也就确定了。

用操作字 OCW_2 中的 R、SL＝11 就可设置优先级特殊循环方式。

(3)中断结束方式。

中断结束处理实际上就是对中断服务寄存器 ISR 中对应位的处理。当一个中断得到响应时，8259A 使 ISR 寄存器中对应位置"1"，表明此对应外设正在服务，并为中断优先权判别器提供判别依据。中断结束时，必须使 ISR 寄存器中对应位置"0"，否则中断优先权判别会不正常。什么时刻使 ISR 中对应位置"0"，就产生不同的中断结束方式。

①普通 EOI 结束方式。

在完全嵌套工作方式下，任何一级中断处理结束返回上一级程序前，CPU 向 8259A 传送 EOI 结束命令字，8259A 收到 EOI 结束命令后，自动将 ISR 寄存器中级别最高的置"1"位清"0"(此位对应当前正在处理的中断)。EOI 结束命令字必须放在返回指令 IRET 前，没有 EOI 结束命令，ISR 寄存器中对应位仍为"1"，继续屏蔽同级或低级的中断请求。若 EOI 结束命令字放在中断服务程序中其他位置，会引起同级或低级中断在本级未处理完前进入，容易产生错误。

普通 EOI 结束命令字是设置 OCW_2 中 EOI 位为 1，即 OCW2 中 R、SL、EOI 组合为 001。

②特殊 EOI 结束方式。

在非全嵌套工作方式下，中断服务寄存器无法确定哪一级中断为最后响应和处理的，这时要采用特殊 EOI 结束方式。CPU 向 8259A 发特殊 EOI 结束命令字，命令字中将当前要清除的中断级别也传给 8259A。此时，8259A 将 ISR 寄存器中指定级别的对应位清“0”，它在任何情况下均可使用。

特殊 EOI 结束方式是设置 OCW2 中 R、SL、EOI 组合为 011，而 $L_2 \sim L_0$ 三位指明了中断结束的对应位。

③自动 EOI 结束方式。

在自动 EOI 方式中，任何一级中断被响应后，ISR 寄存器对应位置“1”，但在 CPU 进入中断响应周期，发第二个 $\overline{INTA}$ 脉冲后，8259A 自动将 ISR 寄存器中对应位清“0”。此时，尽管对某个外设正在进行中断服务，但对 8259A 来说，ISR 寄存器中没有指示，好像已经结束了中断处理一样。这种方式虽然简单，但因为 ISR 寄存器中没有标志，低级中断申请时，可以打断高级中断，产生重复嵌套，嵌套深度也无法控制，容易产生错误，使用时要特别小心。

(4)循环优先级的循环方式。

在循环优先级方式中，与中断结束方式有关，有三种循环方式。

①普通 EOI 循环方式。

在主程序或中断服务程序中设置操作命令字，当任何一级中断被处理完后，使 CPU 给 8259A 回送普通 EOI 循环命令，8259A 收到 EOI 循环命令后，将 ISR 寄存器中最高优先级的 IR_i 置“1”位清“0”，并赋给它最低优先级，将最高优先级赋给它的下一级 IR_{i+1}，其他以此类推。

②特殊 EOI 循环方式。

特殊 EOI 循环方式即指定最低级循环方式，最低优先级由编程确定，最高优先级也相应而定。

③自动 EOI 循环方式。

在自动 EOI 循环方式中，任何一级中断被响应后，中断响应总线周期中第二个 $\overline{INTA}$ 信号的后沿自动将 ISR 寄存器中相应位清 0，并立即改变各级中断的优先级别，改变方式与普通 EOI 循环方式相同。使用这种方式要小心，防止重复嵌套产生。自动 EOI 循环方式设置是 OCW_2 中 R、SL、EOI 组合为 100。

(5)中断源屏蔽方式。

CPU 中 CLI 指令禁止所有可能屏蔽中断进入，中断优先级管理也可以对中断请求单独屏蔽，通过对中断屏蔽寄存器的操作实现对某几位的屏蔽。有两种屏蔽方式。

①普通屏蔽方式。

将中断屏蔽寄存器IMR中某一位或某几位置“1”，即可将对应位的中断请求屏蔽掉。普通屏蔽方式的设置通过操作命令字 OCW_1 来实现。

②特殊屏蔽方式。

此方式能对本级中断进行屏蔽，而允许优先级比它高或低的中断进入。特殊屏蔽方式总是在中断处理程序中使用，特殊屏蔽方式的设置通过操作命令字 OCW_3 中的ESMM、SMM＝11来实现的。

(6)中断请求引入方式。

①边沿触发方式。

在边沿触发方式下，8259A将中断请求输入端出现的上升沿作为中断请求信号。中断请求输入端出现上升沿触发信号后，可以一直保持高电平。

②电平触发方式。

在电平触发方式下，8259A将中断请求输入端出现的高电平作为中断请求信号。

③中断查询方式。

在中断查询方式下，外部设备向8259A发中断请求信号，但8259A不通过INT信号向CPU发中断请求信号。CPU要使用软件查询来确定中断源，才能实现对外设的中断服务。

CPU所执行的查询程序应包括如下过程：

a)系统关中断。

b)用OUT指令使CPU向8259A端口(偶地址端口)送 OCW_3 命令字。

c)若外设已发出过中断请求，8259A在当前中断服务寄存器中使对应位置“1”，且立即组成查询字。

d)CPU用IN指令从端口(偶地址)读取8259A的查询字。

3. 8259A的编程方法

对8259A的编程有两类命令字：初始化命令字ICW(4个)和操作命令字OCW(3个)。系统复位后，初始化程序对8259A置入初始化命令字。

初始化后可通过发出操作命令字OCW来定义8259A的操作方式，实现对8259A的状态、中断方式和优先级管理的控制。初始化命令字只发一次，操作命令字允许重复设置，以动态改变8259A的操作与控制方式。

(1)初始化命令字。

初始化命令字完成的功能：第一，设定中断请求信号触发形式，高电平触发或上升沿触发；第二，设定8259A工作方式，单片或级联；第三，设定8259A中断类型号基值，即IR0对应的中断类型号；第四，设定优先级设置方式；第五，设定中断处理结束时的结束操作方式。

对 8259A 编程初始化命令字，共预置 4 个命令字：ICW_1、ICW_2、ICW_3、ICW_4。初始化命令字必须按 ICW_1、ICW_2、ICW_3、ICW_4 顺序填写，但并不是任何情况下都需要设置 4 个命令字，用户应根据具体使用情况而定。

①ICW_1——芯片控制初始化命令字。

格式：

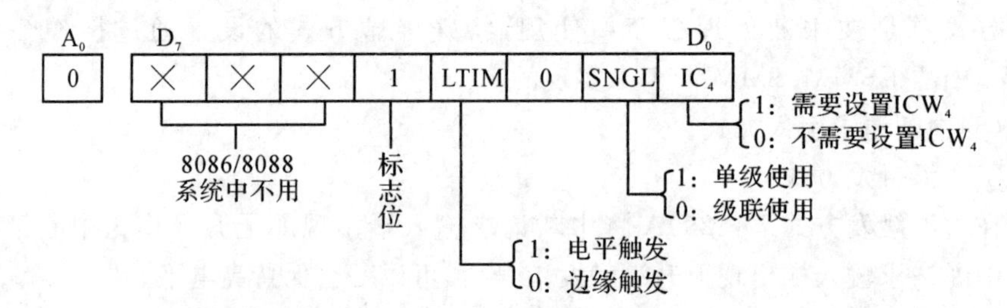

②ICW_2——设置中断类型号初始化命令字。

格式：

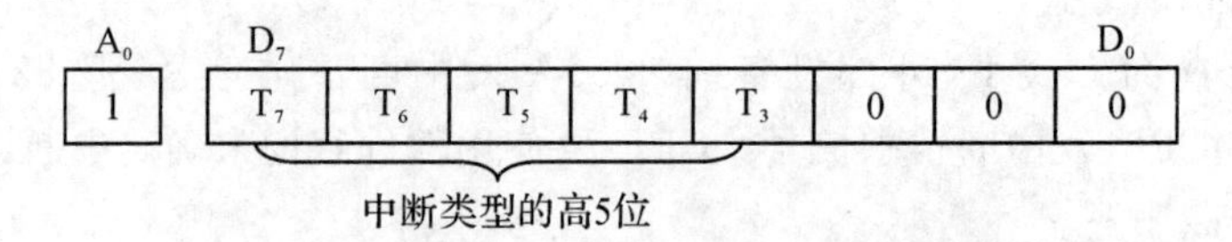

IR_0 端对应的中断类型号为该 8259A 的中断类型号基值，它是可以被 8 整除的正整数，ICW_2 用来设置这个中断类型号基值，由此提供外部中断的中断类型号。

ICW_2 低 3 位为 0，高 5 位由用户设定。当 8259A 收到 CPU 发来的第二个 $\overline{INTA}$信号，它向 CPU 发送中断类型号，其中高 5 位为 ICW2 的高 5 位，低 3 位根据 IR_0～IR_7 中响应哪级中断（对应 000～111）来确定。

③ICW_3——标识主片/从片初始化命令字。

8259A 主片格式：

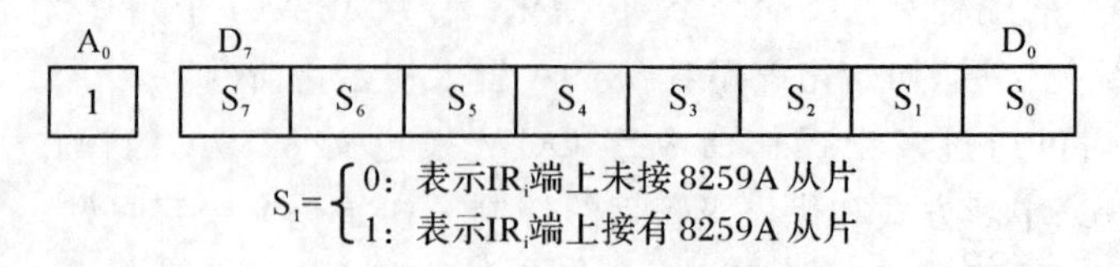

8259A 从片格式：

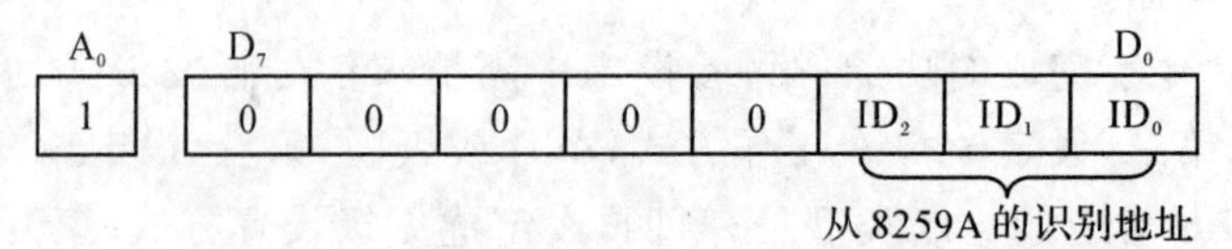

对于 8259A 主片，某位为 1，表示对应 IR_i 端上接有 8259A 从片；某位为 0，表示对应 IR_i 端上未连 8259A 从片。对于 8259A 从片，ID_2～ID_0＝000～111 表示从片接在主片的哪个中断请求输入端上。

在多片 8259A 级联情况下，主片与从片的 CAS_2～CAS_0 互连，主片的 CAS_2～CAS_0 为输出，从片的 CAS_2～CAS_0 为输入。当 CPU 发第一个中断响应信号 $\overline{INTA}$时，主片通过 CAS_2～CAS_0 发一个编码 ID_2～ID_0，从片的 CAS_2～CAS_0 收到主片发来的编码与本身 ICW_3 中 ID_2～ID_0 相比较，如果相等，则在第二个$\overline{INTA}$信号到来后，将自己的中断类型号送到数据总线上。

④ICW_4——方式控制初始化命令字。

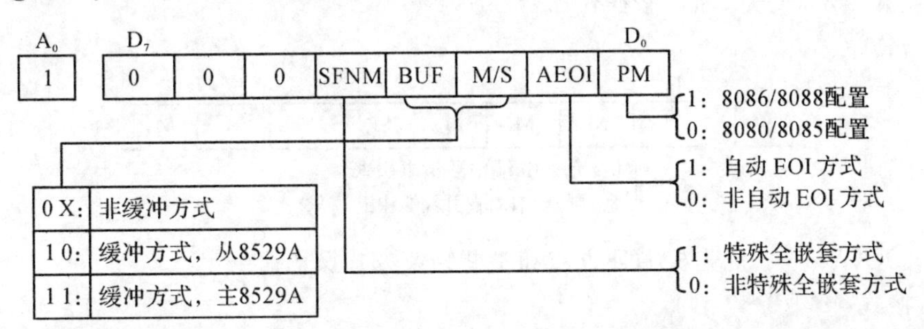

AEOI 指定中断结束方式。AEOI＝1 为中断自动结束方式，CPU 响应中断请求过程中，向 8559A 发第二个$\overline{INTA}$脉冲时，清除中断服务寄存器中本级对应位，这样中断服务子程序结束返回时，不需要其他任何操作，称为中断自动结束方式，一般不常采用。AEOI＝0 为非自动结束方式，必须在中断服务子程序中安排输出指令，向 8259A 发操作命令字 OCW_2，清除相应中断服务标志位，才算中断结束。

BUF＝1，采用缓冲方式，8259A 通过总线驱动器与数据总线相连，$\overline{SP}/\overline{EN}$作输出端，控制数据总线驱动器启动，此时$\overline{SP}/\overline{EN}$线中$\overline{EN}$有效，$\overline{EN}$＝0 允许缓冲器输出（CPU←8259A），$\overline{EN}$＝1 允许缓冲器输入（CPU→8259A）。此时，M/S＝1，表示该片是 8259A 主片，M/S＝0，表示该片是 8259A 从片。BUF＝0，采用非缓冲方式，$\overline{SP}/\overline{EN}$线中$\overline{SP}$有效，$\overline{SP}$＝0，该片是 8259A 从片，$\overline{SP}$＝1，该片是 8259A 主片，此时，M/S 信号无效。

BUF，M/S，$\overline{SP}/\overline{EN}$之间关系如表 3-8 所示。

表 3-8　BUF, M/S, $\overline{SP}/\overline{EN}$之间关系

BUF 位	M/S 位	$\overline{SP}/\overline{EN}$位	
0 非缓冲方式	无意义	$\overline{SP}$有效(输入信号)	1:主 8259A 0:从 8259A
1 缓冲方式	1:主 8259A 0:从 8259A	$\overline{EN}$有效(输出信号)	1:CPU→8259A 0:8259A→CPU

(2)操作命令字。

操作命令字决定中断屏蔽,中断优先级次序,中断结束方式等。

①OCW_1——中断屏蔽操作命令字。

格式:

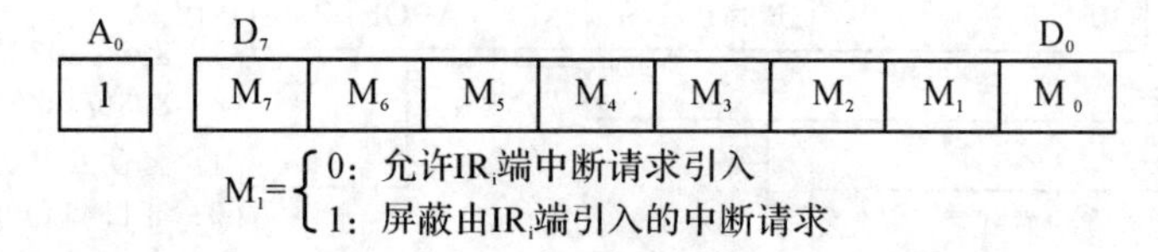

②OCW_2——优先权循环方式和中断结束方式操作命令字。

格式:

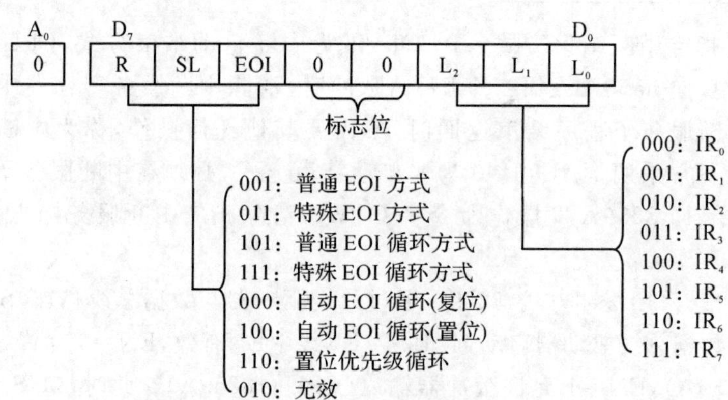

$L_2 \sim L_0$:SL=1 时,$L_2 \sim L_0$ 有效。$L_2 \sim L_0$ 有两个用途,一是当 OCW_2 设置为特殊 EOI 结束命令时,$L_2 \sim L_0$ 指出清除中断服务寄存器中的哪 1 位;二是当 OCW_2 设置为特殊优先级循环方式时,$L_2 \sim L_0$ 指出循环开始时设置的最低优先级。

R,SL,EOI:这三位组合起来才能指明优先级设置方式和中断结束方式,但每位也有自己的意义。

R、SL、EOI=001,普通 EOI 方式。一旦中断结束,CPU 向 8259A 发出 EOI 结束命令,将中断服务寄存器 ISR 中当前级别最高的置 1 位清“0”。一般用在完全嵌套(包括特殊嵌套)工作方式。

R、SL、EOI=011,特殊 EOI 方式。一旦中断结束,CPU 向 8259A 发出结束命令,将中断服务寄存器 ISR 中,由 L_0～L_2 字段指定的中断级别的相应位清"0"。

R、SL、EOI=101,普通 EOI 循环方式。一旦中断结束,8259A 将中断服务寄存器 ISR 中,当前级别最高的置 1 位清"0",此级赋予最低优先级,最高优先级赋给它的下一级,其他中断优先级依次循环赋给。

R、SL、EOI=111,特殊 EOI 循环方式。一旦中断结束,将中断服务寄存器 ISR 中,由 L_2～L_0 字段给定级别的相应位清"0",此级赋予最低优先级,最高优先级赋给它的下一级,其他中断优先级依次循环赋给。

R、SL、EOI=000,取消自动 EOI 循环方式。

R、SL、EOI=100,设置自动 EOI 循环方式。在中断响应周期的第二个$\overline{INTA}$信号结束时,将 ISR 寄存器中正在服务的相应位置"0",本级赋予最低优先级,最高优先级赋给它的下一级,其他中断优先级依次循环赋给。

R、SL、EOI=110,置位优先级循环。8259A 按 L_2～L_0 字段确定一个最低优先级,最高优先级赋给它的下一级,其他中断优先级依次循环赋给,系统工作在优先级特殊循环方式。

R、SL、EOI=010,OCW_2 无意义。

③OCW_3——特殊屏蔽方式和查询方式操作字。

OCW_3 功能有三个:设置特殊屏蔽方式、设置对 8259A 中断请求寄存器或中断服务寄存器的读出、设置中断查询工作方式。

格式:

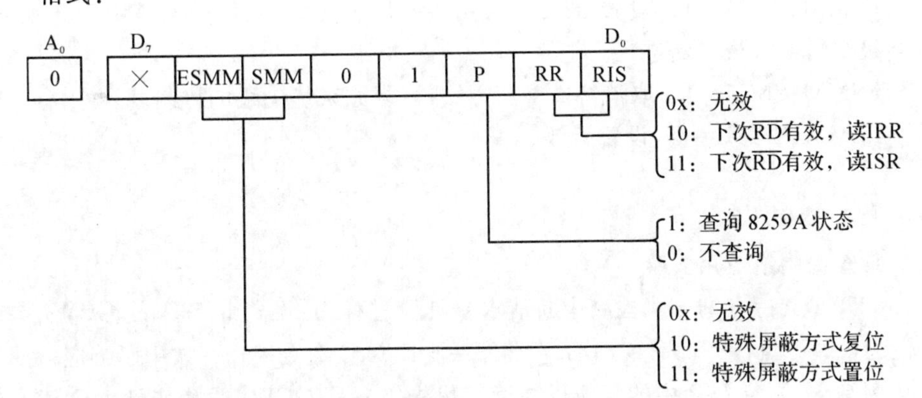

RR、RIS:RR 为读寄存器状态命令,RR=1,允许读寄存器状态,RIS 为指定读取对象。

RR、RIS=10,用输入指令(IN 指令),在下一个$\overline{RD}$脉冲到来后,将中断请求寄存器 IRR 的内容读到数据总线上。

RR、RIS＝11，用输入指令（IN 指令），在下一个$\overline{RD}$脉冲到来后，将中断服务寄存器 ISR 的内容读到数据总线上。

RR、RIS＝0X，设置无效。

P 为查询方式位，P＝1 设置 8259A 为中断查询工作方式。在中断查询工作方式下，CPU 不是靠接收中断请求信号来进入中断处理过程，而是靠发送查询命令，读取查询字来获得外部设备的中断请求信息。CPU 先送操作命令 OCW_3（P＝1）给 8259A，再送一条输入指令将一个$\overline{RD}$信号送给 8259A，8259A 收到后将中断服务寄存器 ISR 的相应位置 1，并读取优先级，再将查询字送到数据总线。查询字反映了当前外设有无中断请求及中断请求的最高优先级是哪个，查询字格式为：

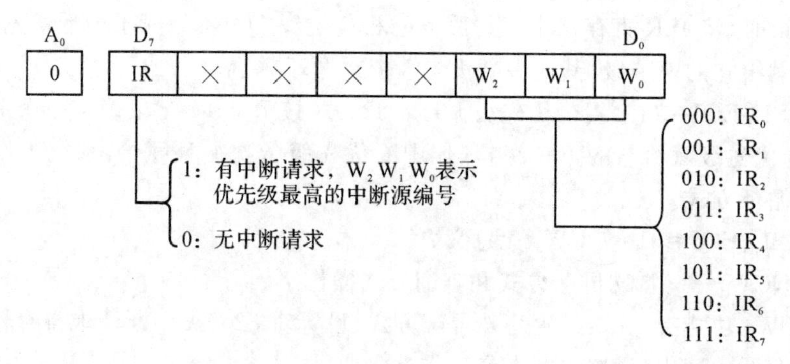

ESMM、SMM：置位和复位特殊屏蔽方式。

ESMM、SMM＝11，设置 8259A 采用特殊屏蔽方式，只屏蔽本级中断请求，允许高级中断或低级中断进入。

ESMM、SMM＝10，取消特殊屏蔽方式，恢复原来优先级的控制。

ESMM、SMM＝0X，设置无效。

五、实验步骤

1. 查询中断应用实验

8259A 支持查询方式检测中断请求。具体过程为：设置 8259A 的 OCW_3 中的 P 位为 1 即可执行查询命令，8259A 将下一个 I/O 读命令视作一次中断响应。如果有中断请求，则置 ISR 中的相应位并读其优先级。从 OCW_3 写操作到 I/O 读操作期间禁止中断，读出字节的最高位为 1 表示有中断，最低 3 位（$D_2 \sim D_0$）为最高优先级中断请求源的编码。实验步骤如下：

（1）确认从 PC 机引出的两根扁平电缆已经连接在 TD-PIT＋实验仪上。

（2）关 TD-PIT＋实验仪电源，参考图 3-25 连接实验线路，接线完成后打开实验仪电源。

(3)在 Windows 环境下运行 TdPit 软件,单击工具栏端口资源按钮或运行 CHECK 程序,查看 I/O 空间始地址。

(4)单击“文件\新建”命令,根据查出的地址和实验内容编写实验程序,也可参考如图 3-26 所示的程序流程框图编写程序,输完源程序后保存。

(5)单击工具栏上的编译按钮,编译源程序,在屏幕下方的信息栏窗口显示编译信息,若有语法错误,双击错误提示信息行,系统将自动定位到出错的源程序行,并用红色箭头指示。逐一修改出错的指令后,再存盘、编译,直到没有错误为止。

(6)单击工具栏上的链接按钮,在屏幕下方的信息栏窗口显示链接信息。

(7)调试程序。

①单击工具栏上的调试按钮,进入 Turbo Debug 调试窗口;

②执行“View\Cpu”命令,再在代码显示区右击,执行快捷菜单中“Mixed Both”命令,使其变为“Mixed No”;

③按 F8 单步执行,当执行完 MOV DS,AX 后,再单击“View\Cpu”命令,使屏幕下方的数据显示区为数据段 DS 的内容;

④继续按 F8 单步执行,观察调试过程中,指令执行后各寄存器及数据区的内容变化;若要调试子程序,请在子程序调用的行按 F7 键,跟踪到子程序调试;

⑤也可执行到光标处:将光标移到所需的行并单击,使之成为蓝底白字的光带,再按 F4 键,观察执行到当前位置时各寄存器及数据区的内容。

(8)按 F9 或单击工具栏上的连续运行按钮,连续执行程序,按动 KK1+、KK2+按键,观察中断响应是否正常。

2. INTR 单中断应用实验

实验平台上系统总线单元的 INTR 中断请求信号已经是对应 PC 机内部的某一级中断,INTR 产生一个中断请求,PC 机内部相应的那级中断就会得到响应。

INTR 中断请求之所以能有效,是通过 PCI 卡上 INTCSR 寄存器的相应设置实现的,所以在程序设计要对该寄存器进行一些操作。在此处主要学习 8259A 中断原理及微机中断的程序设计方法,关于 INTCSR 寄存器设置属于 PCI 接口技术范畴,编程时直接加入相关语句即可。

还需要注意的是,使用 INTR 中断的程序必须在纯 DOS 环境下运行,因为在 Windows 下,INTR 中断会被 Windows 底层的实验系统驱动程序捕获,实验程序中的中断处理程序无法得到响应。实验步骤如下:

(1)确认从 PC 机引出的两根扁平电缆已经连接在 TD-PIT+实验仪上。

(2)关 TD-PIT+实验仪电源,将单次脉冲单元的 KK1+连接到系统总线上的 INTR,接线完成后打开实验仪电源。

(3)启动纯 DOS 环境,进入 TDDEBUG 软件所在目录,运行 CHECK 程序,查看 INTR 对应的中断号、初始化命令字寄存器 ICW 和操作命令字寄存器 OCW 的地址、打开屏蔽的命令字、中断矢量地址、PCI 卡中断控制寄存器 INTCSR 的地址。

(4)运行 TDDEBUG 软件,使用 ALT+E 选择 Edit 菜单项进入程序编辑环境。根据实验要求编写实验程序(按照保护模式程序结构编写),也可参考如图 3-27 所示的流程框图编写程序。

(5)程序编写完后保存退出,使用 Compile 菜单中的 Compile 命令和 Link 命令对实验程序进行编译、链接。

(6)编译输出信息表示无误后,使用 ALT+R 进入 Rmrun 菜单项,通过 Run 命令运行程序。按动 KK1+按键,观察中断是否产生。

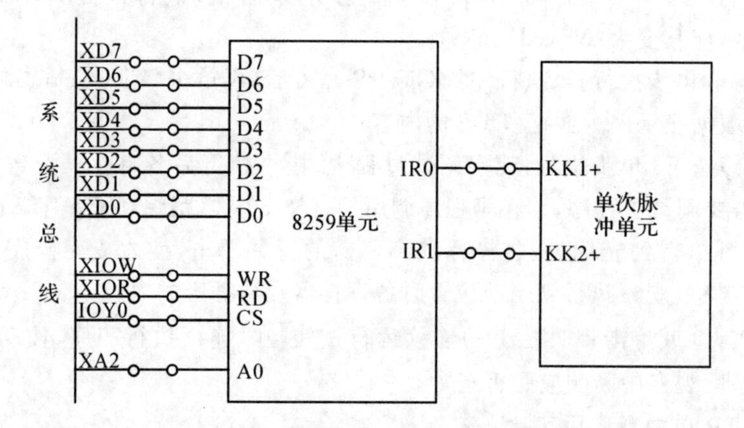

图 3-25　8259A 查询中断实验接线图

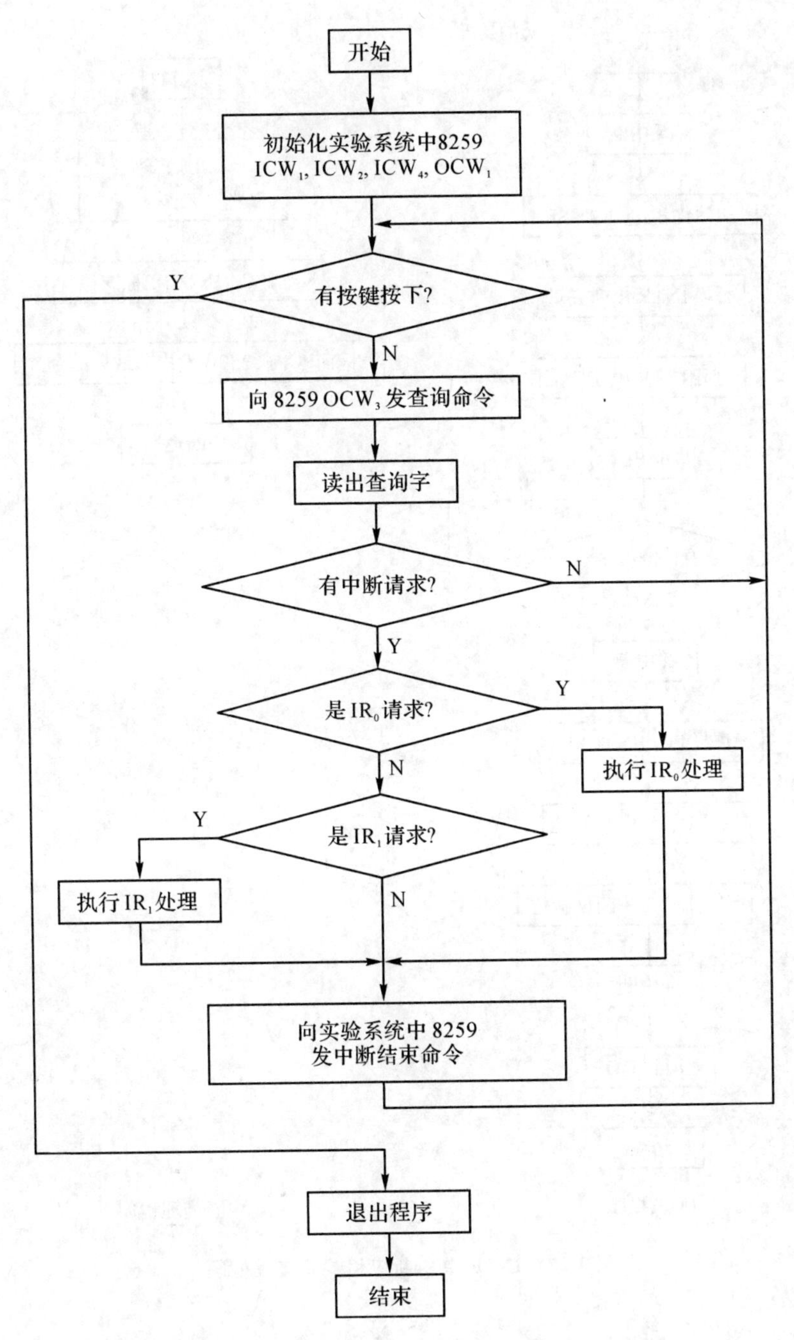

图 3-26　8259A 查询中断应用实验参考程序流程图

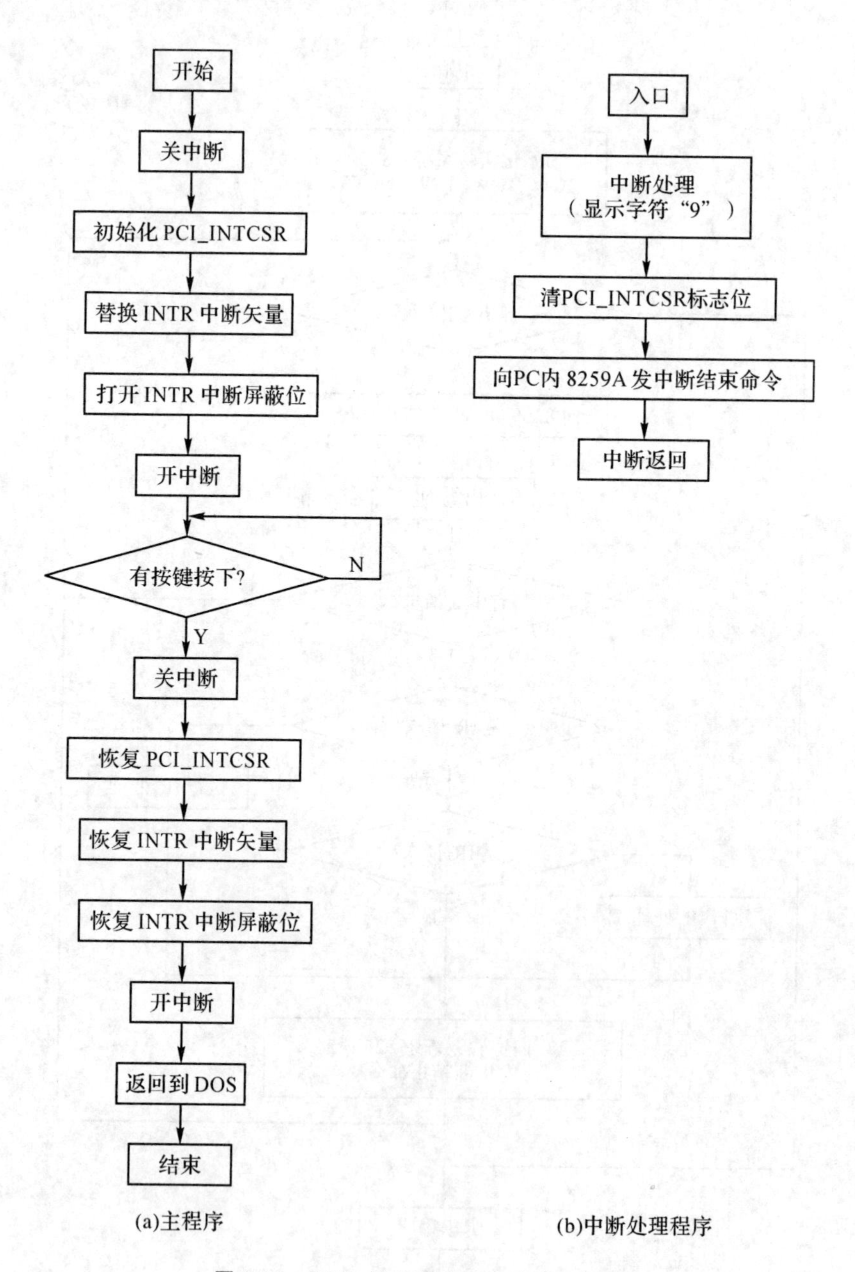

图 3-27 INTR 单中断应用实验流程框图

实验七　8237A DMA 控制器应用

一、实验目的

1. 学习 8237A DMA 控制器的工作原理及内部结构。

2. 掌握 8237A DMA 控制器的接口电路设计方法。

3. 掌握 8237A DMA 控制器的应用编程方法。

二、实验设备

PC 机一台、TD-PIT＋实验系统一套。

三、实验内容

1. 8237A 芯片自检:对实验仪上的 8237A 芯片内部寄存器进行读、写检测,以确保芯片能正常工作。

2. 利用实验仪上的 8237A,将 SRAM 单元中最低 8 个存储单元 0000H～0007H 共 8 字节以 DMA 传送形式写到 0008H～000FH 中。并读取存储器中的数据,验证传送的正确性。

四、实验原理

直接存储器访问(Direct Memory Access,简称 DMA)的基本特点是不经过 CPU,不破坏 CPU 内各寄存器的内容,直接实现存储器与 I/O 设备之间的数据传送。在 PC 系统中,DMA 方式传送一个字节的时间通常是一个总线周期,即 5 个时钟周期。CPU 内部的指令操作只是暂停这个总线周期,然后继续操作,指令的操作次序不会被破坏。所以 DMA 传送的方式特别适用于外部设备与存储器之间高速成批的数据传送,主要是存储器到存储器、存储器到 I/O 外设、I/O 外设到存储器之间的高速数据传送。

实现 DMA 传送的关键部件是 DMA 控制器(DMAC)。系统总线分别受到 CPU 和 DMAC 这两个部件的控制,即 CPU 可以向地址总线、数据总线和控制总线发送信息(非 DMA 方式),DMAC 也可以向地址总线、数据总线和控制总线发送信息(DMA 方式)。但在同一时刻,系统总线只能接受一个部件的控制。究竟哪个部件来控制系统总线,是通过这两个部件之间的"联络信号"实现的。

DMA 传送的工作过程示意如图 3-28 所示。具体过程如下：

(1)I/O 外设向 DMA 控制器发出 DMA 请求，请求数据传送。

(2)DMA 控制器在接到 I/O 外设的 DMA 请求后，向 CPU 发出总线请求信号，请求 CPU 脱离系统总线。

(3)CPU 在执行完当前指令的当前总线周期后，向 DMA 控制器发出总线请求响应信号。

(4)CPU 随即和系统的控制总线、地址总线及数据总线脱离关系，处于等待状态，由 DMA 控制器接管三总线的控制权。

(5)DMA 控制器向 I/O 外设发出 DMA 应答信号。

(6)DMA 控制器把进行 DMA 传送涉及的 RAM 地址送到地址总线上，确定传输数据的长度，发出对存储器读写命令或 I/O 外设的读写命令，每传送一个数据，能自动修改地址，数据长度减 1。

(7)当设定的字节数传送完毕(DMAC 自动计数，也可以由来自外部的终止信号迫使传输过程结束)，DMA 控制器就将总线请求信号变成无效，并放弃对总线的控制，CPU 检测到总线请求信号无效后，也将总线响应信号变成无效，CPU 重新控制三总线，继续执行被中断的当前指令的其他总线周期。

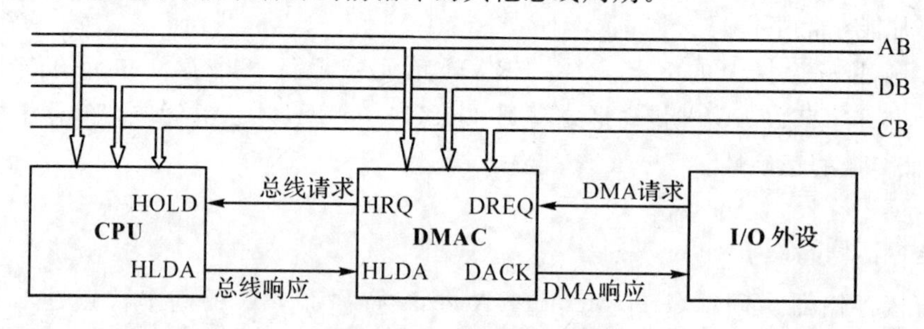

图 3-28 工作过程示意图

1. 8237A 内部结构及引脚功能

8237A DMAC 内部有 4 个独立的 DMA 通道，各通道均具有相应的地址寄存器、字节计数寄存器、方式寄存器、命令寄存器、请求寄存器、屏蔽寄存器、状态寄存器、暂存寄存器，通过对它们的编程，可实现 8237A 初始化，以确定 DMA 控制器的工作类型、传输类型、优先级控制、传输定时控制及工作状态等。8237A 的内部结构和引脚如图 3-29 和图 3-30 所示。

CLK：时钟输入端，用来控制 8237A 内部操作定时和 DMA 传送时的数据传送速率。8237A 的时钟频率为 3MHz，8237A-5 的时钟频率可达到 5MHz，后者是 8237A 的改进型，工作速度比较高，但工作原理及使用方法与 8237A 相同。

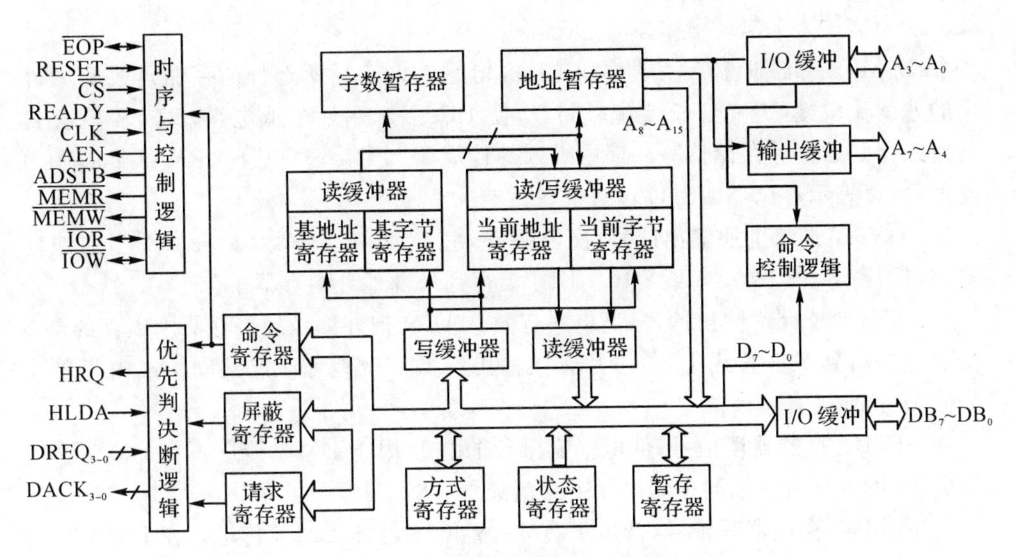

图 3-29　8237A 的内部结构图

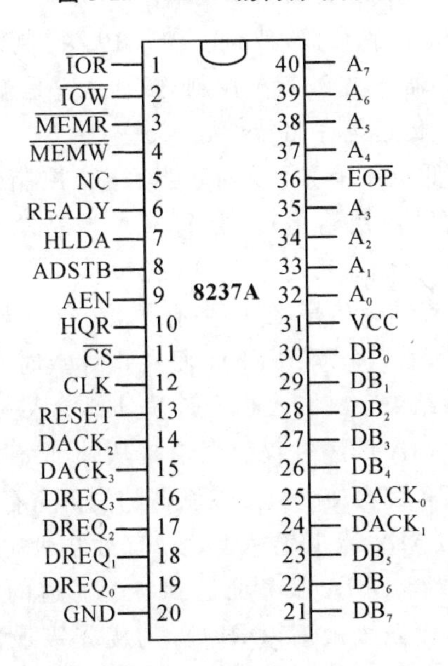

图 3-30　8237A 的引脚图

$\overline{CS}$:片选输入端,低电平有效。

RESET:复位输入端,高电平有效。当 RESET 有效时,屏蔽寄存器被置 1(4 个通道均禁止 DMA 请求),其他寄存器均清 0,8237A 处于空闲周期,所有控制线都处于高阻状态,并禁止 4 个通道的 DMA 操作。复位后必须重新初始化。否则

8237A 不能进入 DMA 操作。

READY:"准备就绪"信号输入端,高电平有效。当所选择的存储器或 I/O 外设的速度比较慢,需要延长传输时间时,使 READY 端处于低电平,8237A 就会自动地在存储器读和存储器写周期中插入等待周期。当传输完成时,READY 端变为高电平,以表示存储器或 I/O 设备准备就绪。

ADSTB:地址选通输出信号,高电平有效。当此信号有效时,8237A 当前地址寄存器的高 8 位经数据总线 $DB_7 \sim DB_0$ 锁存到外部地址锁存器中。

AEN:地址允许输出信号,高电平有效。AEN 把外部地址锁存器中锁存的高 8 位地址输出到地址总线上,与芯片直接输出的低 8 位地址一起共同构成内存单元的低 16 位地址。

$\overline{\text{MEMR}}$:存储器读信号,低电平有效,输出,只用于 DMA 传送。在 DMA 读周期期间,用于从所寻址的存储单元中读出数据。

$\overline{\text{MEMW}}$:存储器写信号,低电平有效,输出,只用于 DMA 传送。在 DMA 写周期期间,用于将数据写入所寻址的存储单元中。

$\overline{\text{IOR}}$:I/O 读信号,低电平有效,双向。当 CPU 控制总线时,它是输入信号,CPU 读 8237A 内部寄存器。当 8237A 控制总线时,它是输出信号,与$\overline{\text{MEMW}}$相配合,控制数据由 I/O 端口传送至存储器。

$\overline{\text{IOW}}$:I/O 写信号,低电平有效,双向。当 CPU 控制总线时,它是输入信号,CPU 写 8237A 内部寄存器(初始化)。当 8237A 控制总线时,它是输出信号,与$\overline{\text{MEMR}}$相配合,把数据从存储器传送至 I/O 设备。

$\overline{\text{EOP}}$:DMA 传送过程结束信号,低电平有效,双向。当 DMA 控制的任一通道中的字计数器减为 0,再由 0 减为 FFFFH 而终止计数时,会在$\overline{\text{EOP}}$引脚输出一个低电平,表示 DMA 传输结束。8237A 也允许从外部输入一个有效的低电平信号到$\overline{\text{EOP}}$引脚上,强迫终止 DMA 传送过程。无论是从外部终止 DMA 过程,还是内部计数结束终止 DMA 过程,都会使 DMA 控制器的内部寄存器复位。

$DREQ_0 \sim DREQ_3$:DMA 请求输入信号,有效电平可由编程设定。这 4 条 DMA 请求线是外设为取得 DMA 服务而送到各个通道的请求信号。在固定优先级的情况下,$DREQ_0$ 的优先级最高,$DREQ_3$ 的优先级最低。在优先级循环方式下,某通道的 DMA 请求被响应后,随即降为最低级。8237A 用 DACK 信号作为对 DREQ 的响应,因此在相应的 DACK 信号有效之前,DREQ 信号必须维持有效。

$DACK_0 \sim DACK_3$:DMA 对各个通道请求的响应信号、输出的有效电平可由编程设定。8237A 接收到通道请求,向 CPU 发出 DMA 请求信号 HRQ,当 8237A 获得 CPU 送来的总线允许信号 HLDA 后,便产生 DACK 信号,送到相应的 I/O 外设,表示 DMA 控制器响应外设的 DMA 请求,从而进入 DMA 服务过程。

HRQ:8237A 输出给 CPU 的总线请求信号,高电平有效。当外设要求 DMA 传送时,向 DMA 控制器发送 DREQ 信号,如果相应的通道屏蔽位为 0,即 DMA 请求未被屏蔽,则 DMA 控制器的 HRQ 端输出为有效电平,从而向 CPU 发出总线请求。

HLDA:总线响应信号,高电平有效,是 CPU 对 HRQ 信号的应答。当 CPU 接收到 HRQ 信号后,在当前总线周期结束后让出总线,并使 HLDA 信号有效。

$A_3 \sim A_0$:地址总线低 4 位,双向。当 CPU 控制总线时,它们是地址输入线。CPU 用这 4 条地址线对 DMA 控制器的内部寄存器进行寻址,完成对 DMA 控制器的编程。当 8237A 控制总线时,由这 4 条地址线输出要访问的存储单元的最低 4 位地址。

$A_7 \sim A_4$:地址线,输出,只用于在 DMA 传送时,输出要访问的存储单元的低 8 位地址中的高 4 位。

$DB_7 \sim DB_0$:8 位双向数据线,与系统数据总线相连。在 CPU 控制总线时,CPU 可以通过 I/O 读命令从 DMA 控制器中读取内部寄存器的内容,送到 $DB_7 \sim DB_0$,以了解 8237A 的工作情况。也可以通过 I/O 写命令对 DMA 控制器的内部寄存器进行编程。在 DMA 控制器控制总线时,$DB_7 \sim DB_0$ 输出要访问的存储单元的高 8 位地址($A_{15} \sim A_8$),并通过 ADSTB 锁存到外部地址锁存器中,并和 $A_7 \sim A_0$ 输出的低 8 位地址一起构成 16 位地址。

8237A 仅支持 64KB 寻址,为了访问超过 64KB 范围的地址空间,系统增设了页面寄存器。在 PC/XT 微机系统中,每一通道的页面寄存器是 4 位寄存器。当一个 DMA 操作周期开始时,相应的页面寄存器内容就放到系统地址总线 $A_{19} \sim A_{16}$ 上,和 8237A 送出的 16 位低地址一起,构成 20 位物理地址。

2. 8237A 的内部寄存器

8237A 的内部寄存器分为两类:一类是 4 个通道共用的寄存器,另一类是各个通道专用的寄存器,各寄存器名称及端口地址如表 3-9 所示。

表 3-9　8237A 内部寄存器及端口地址

端口	通道	I/O 地址		寄存器	
		主片	从片	读($\overline{IOR}$)	写($\overline{IOW}$)
+0 *	0	00	0C0	读通道 0 的当前地址寄存器	写通道 0 的基地址与当前地址寄存器
+1	0	01	0C2	读通道 0 的当前字节计数寄存器	写通道 0 的基字节计数器及当前字节计数器

续表

端口	通道	I/O 地址		寄存器	
		主片	从片	读($\overline{\text{IOR}}$)	写($\overline{\text{IOW}}$)
+2	1	02	0C4	读通道 1 的当前地址寄存器	写通道 1 的基地址与当前地址寄存器
+3	1	03	0C6	读通道 1 的当前字节计数寄存器	写通道 1 的基字节计数器及当前字节计数器
+4	2	04	0C8	读通道 2 的当前地址寄存器	写通道 2 的基地址与当前地址寄存器
+5	2	05	0CA	读通道 2 的当前字节计数寄存器	写通道 2 的基字节计数器及当前字节计数器
+6	3	06	0CC	读通道 3 的当前地址寄存器	写通道 3 的基地址与当前地址寄存器
+7	3	07	0CE	读通道 3 的当前字节计数寄存器	写通道 3 的基字节计数器及当前字节计数器
+8	公用	08	0D0	读状态寄存器	写控制寄存器(命令寄存器)
+9		09	0D2	—	写请求寄存器
+A		0A	0D4	—	写单个通道屏蔽寄存器
+B		0B	0D6	—	写工作方式寄存器
+C		0C	0D8	—	写清除先/后触发器命令 * *
+D		0D	0DA	读暂存寄存器	写总清命令 * *
+E		0E	0DC	—	写清四个通道屏蔽寄存器命令 * *
+F		0F	0DE	—	写置四个通道屏蔽寄存器

注：* 内部端口地址以 DMA 首地址为基地址的偏移；* * 为软命令。

(1)当前地址寄存器。

每一个通道有一个 16 位的当前地址寄存器，用于存放 DMA 传送的存储器的地址值，每传送一个字节，这个寄存器的值会自动增 1 或减 1，以指向下一个存储单元。这个寄存器的值可由 CPU 写入或读出(分两次连续操作)。如果将工作方式寄存器编程为自动预置操作，则当 DMA 传送结束，产生$\overline{\text{EOP}}$信号后，会自动将基地址寄存器中的值重新装入该寄存器。

(2)当前字节计数寄存器。

每个通道有一个 16 位的当前字节计数寄存器，这个寄存器的值在编程状态可由 CPU 读出和写入。它的初值比实际要传送的字节数少 1，在进行 DMA 传送时，每传送一个字节，当前字节计数器减 1。当这个寄存器的值减为 0，再由 0 减为

FFFFH 时，将产生终止计数信号 TC。若选择自动预置操作方式，则在$\overline{EOP}$信号有效时，会自动将基字节计数寄存器中的值重新装入该寄存器。

(3)基地址寄存器。

每个通道有一个 16 位的基地址寄存器，用于存放对应通道当前地址寄存器的初始值，该值是在 CPU 对 DMA 控制器进行编程时，与当前地址寄存器的值一起被写入的，即两个寄存器有相同的输入端口地址，编程时写入相同的内容。但基地址寄存器的内容不能被 CPU 读出，也不能被修改。设置这个寄存器的目的，是用于自动预置操作时，使当前地址寄存器恢复到初始值。

(4)基字节计数寄存器。

每个通道有一个 16 位的基字节计数寄存器，用于存放对应通道当前字节计数器的初始值，该值也是在 CPU 对 DMA 控制器进行编程时，与当前字节计数器的值一起被写入的，即两者具有相同的输入端口地址，写入相同的内容。但基字节计数器的内容不能被 CPU 读出，它主要用于自动预置操作时，使当前字节计数器恢复到初始值。

(5)控制寄存器(或命令寄存器)。

8237A 的 4 个通道共用一个 8 位的控制寄存器。在编程时，由 CPU 向它写入控制字，而由复位信号(RESET)或软件命令清除它。控制寄存器格式如图 3-31 所示。

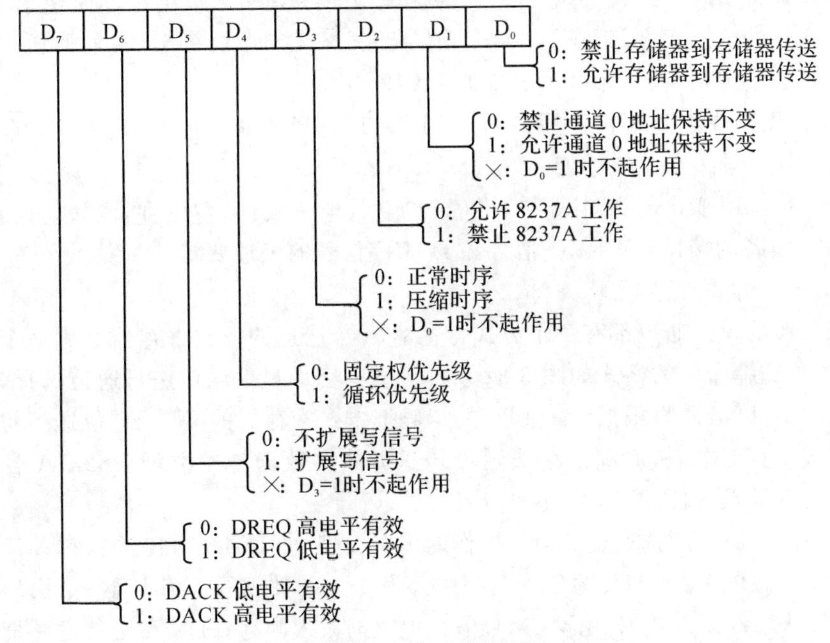

图 3-31　控制寄存器格式

D_0 位用于决定能否进行存储器到存储器的传送方式。8237A 约定：当进行存储器到存储器的数据传送时，由通道 0 提供源地址，通道 1 提供目的地址并进行字节计数。每传送一个字节需要两个总线周期，第 1 个总线周期先将源地址单元的数据读入 8237A 的暂存器，第 2 个总线周期再将暂存器的内容放到数据总线上，然后在写信号的控制下，写入目的地址单元。

D_1 位用于执行存储器到存储器数据传送时，决定通道 0 的地址是否保持不变。当 $D_1=1$ 时，可以保持通道 0 的地址不变，实现将这个单元的数据写到一组存储单元中去，例如使一批存储单元清 0。

D_2 位用于允许或禁止 8237A 工作。当 $D_2=0$，允许 8237A 工作；$D_2=1$ 禁止 8237A 工作。

D_3 位可以设置 8237A 有两种工作时序，一种是正常时序，另一种是压缩时序。如果系统各部分速度比较高，可以使用压缩时序，以提高 DMA 传输的数据吞吐量。

D_4 位用于选择各通道 DMA 请求的优先级。当 $D_4=0$ 时为固定优先级，即通道 0 优先级最高，通道 3 的优先级最低；当 $D_4=1$ 时为循环优先级，即在每次 DMA 服务之后，各个通道的优先级都发生变化。比如，某次传输前的优先级次序为 2－3－0－1，那么在通道 2 进行一次传输之后，优先级次序成为 3－0－1－2。如果这时通道 3 没有 DMA 请求，而通道 0 有 DMA 请求，那么，在通道 0 完成 DMA 传输后，优先级次序成为 1－2－3－0。DMA 的优先级排序只是用来决定同时请求 DMA 服务时通道的响应次序，而任何一个通道一旦进入 DMA 服务后，其他通道必须等到该通道的服务结束后，才可以进行 DMA 服务。

D_5 位用于决定是否扩展写信号，若 $D_5=1$，选择扩展写信号，即 $\overline{IOW}/\overline{MEMW}$ 比正常时序提前一个状态周期。

D_6、D_7 位用于确定 DREQ 和 DACK 的有效电平极性。对这两位如何设置，取决于 I/O 设备的接口对 DREQ 信号和 DACK 信号的极性要求。

(6)工作方式寄存器。

8237A 的每个通道都有一个方式寄存器，4 个通道的方式寄存器共用一个端口地址，方式选择命令的格式如图 3-32 所示。方式字的最低两位进行通道选择，写入命令字之后，8237A 将根据 D_1 和 D_0 的编码把方式寄存器的 D_7～D_2 位送到相应通道的方式寄存器中，从而确定该通道的传送方式和数据传送类型。8237A 各通道的方式寄存器是 6 位的，CPU 不可寻址。

D_3、D_2 位决定所选通道 DMA 操作的传送类型，即 DMA 写传送、DMA 读传送和 DMA 校验传送。DMA 写传送是把由外设输入的数据写至存储器中，操作时由 $\overline{IOR}$ 信号从外设读入数据，由 $\overline{MEMW}$ 信号把数据写入内存。DMA 读传送是把数据由存储器传送至外设，操作时由 $\overline{MEMR}$ 信号从存储器读出数据，由 $\overline{IOW}$ 信号把数据

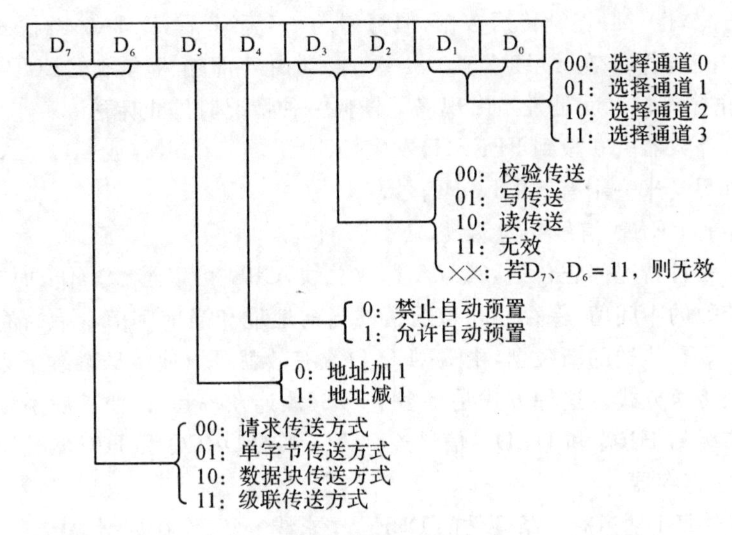

图 3-32　方式寄存器格式

传送给外设。校验操作是一种空操作，8237A 本身并不进行任何校验，而只是像 DMA 读或 DMA 写一样地产生时序，产生地址信号，但是存储器和 I/O 控制信号保持无效，所以并不进行实际的数据传送，而外设可以利用这样的时序进行校验或测试。

D_4 位定义所选通道是否进行自动预置操作，若 $D_4=1$，则通道具有自动预置功能。

D_5 位控制“当前地址寄存器”的工作方式，规定地址是增 1 修改还是减 1 修改。

D_7、D_6 位用来定义所选通道的操作方式，8237A 在 DMA 传送时有 4 种工作方式：

①单字节传送方式。每次 DMA 传送只传送一个字节的数据，数据传送后字节计数器减 1，地址作相应修改（增 1 或减 1 取决于编程），HRQ 变为无效，释放系统总线。这种单字节传送方式，DREQ 信号必须保持有效，直至 DACK 信号变为有效，但是若 DREQ 有效的时间覆盖了单字节传送所需要的时间，则 8237A 在传送完成一个字节后，先释放总线，然后再产生下一个 DREQ，完成下一个字节的传送。

②数据块传送方式。由 DREQ 启动 DMA 传送后就连续地传送数据，直至字节计数器由 0 减到 FFFFH 时产生 TC，或者由外部输入有效的$\overline{EOP}$信号来终结 DMA 传送。在这种工作方式下，只要在 DACK 有效之前 DREQ 保持有效即可，一旦 DACK 有效，不管 DREQ 是否有效，DMAC 一直不放弃总线控制权，直到整个数据块传送完毕。

③请求传送方式。请求传送方式又称查询传送方式。该方式的传送类似于数

据块传送方式，也可以连续传送数据，但每传送一个字节后，DMAC 就检测 DREQ，若无效，则挂起；若有效，继续 DMA 传送，直到由外部输入有效的$\overline{EOP}$信号强制 DMAC 中止操作。也就是说当出现以下任何一种情况时停止传送。

a)字节计数器由 0 减到 FFFFH，发生 TC；

b)由外界送来一个有效的$\overline{EOP}$信号；

c)外界的 DREQ 信号变为无效。

若因第三种情况停止传送，8237A 释放总线，CPU 可以继续操作，而 8327A 的地址和字节数的中间值，保存在相应通道的当前地址和当前字节计数寄存器中，只要外设准备好要传送的新数据，由 DREQ 再次有效就可以使传送继续下去。

④级联传送方式。这种方式是将多个 8237A 连在一起，以便扩展系统的 DMA 通道。第二级的 HRQ 和 HLDA 信号连到第一级的 DREQ 和 DACK 上。

(7)请求寄存器。

8237A 的每个通道有一条硬件的 DREQ 请求线，当工作在数据块传送方式时，也可以由软件发出 DREQ 请求。请求寄存器为 4 个通道公用，其格式如图 3-33 所示。

每个通道的软件请求可以分别设置，软件请求是非屏蔽的。相应请求位置 1 时，对应的通道可产生 DMA 请求，清 0 时不产生请求。一般情况下，只有在数据块传送方式，才允许使用软件请求，若用于储存器到储存器传送，则通道 0 必须用软件请求，以启动传送过程。

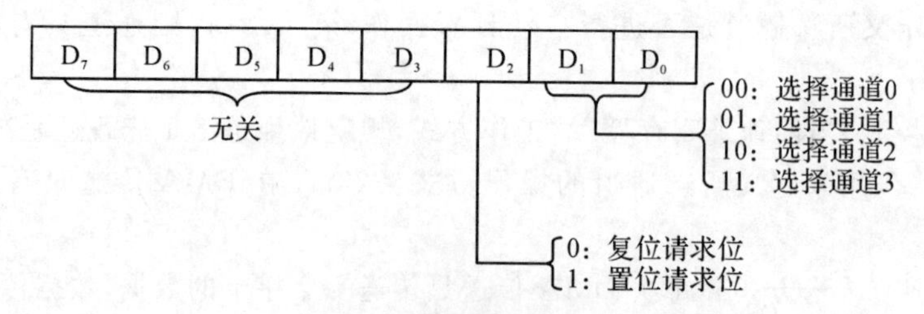

图 3-33 通道请求字格式

(8)屏蔽寄存器。

在 RESET 信号作用后，四个通道全部置于屏蔽状态，所以必须在编程时根据需要复位屏蔽位。当某一个通道进行 DMA 传送后，产生$\overline{EOP}$信号，如果不是工作在自动初始化方式，则这一通道的屏蔽位置位，必须再次编程为允许，才能进行下一次的 DMA 传送。

8237A 允许写入两种屏蔽字：单通道屏蔽字和多通道屏蔽字，两种屏蔽字需写入不同的端口地址中，使各屏蔽位置位或复位。

①单通道屏蔽寄存器。

单通道屏蔽寄存器为 4 个通道公用的寄存器，其格式如图 3-34 所示。

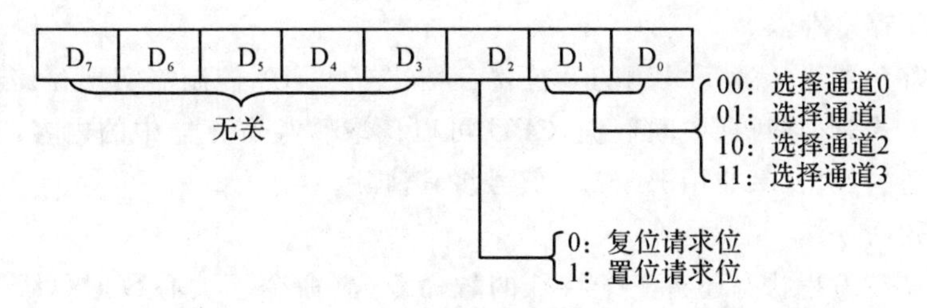

图 3-34　单通道屏蔽字格式

②多通道屏蔽寄存器。

8237A 还允许使用多通道屏蔽命令来设置通道的屏蔽触发器，在一个命令字中同时完成对 4 个通道的屏蔽设置，其格式如图 3-35 所示。其中，D_0～D_3 对应于通道 0～3 的屏蔽触发器，若某位为 1，则对应通道的屏蔽触发器置 1，即屏蔽。

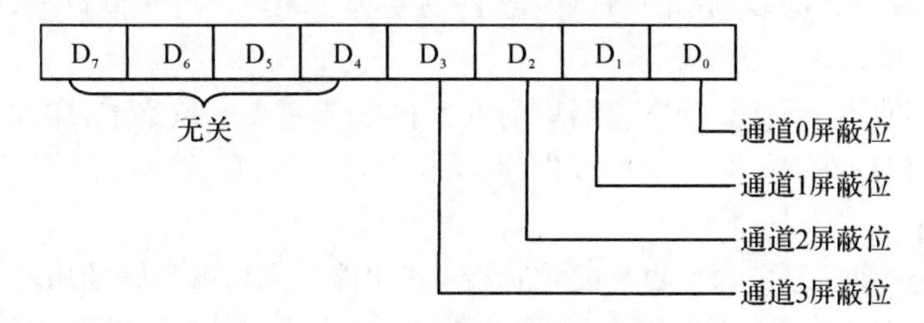

图 3-35　多通道屏蔽字格式

(9)状态寄存器。

状态寄存器的高 4 位表示当前 4 个通道是否有 DMA 请求，低 4 位指出 4 个通道的 DMA 传送是否结束，供 CPU 查询。它与控制寄存器共用一个端口地址。状态寄存器的格式如图 3-36 所示。

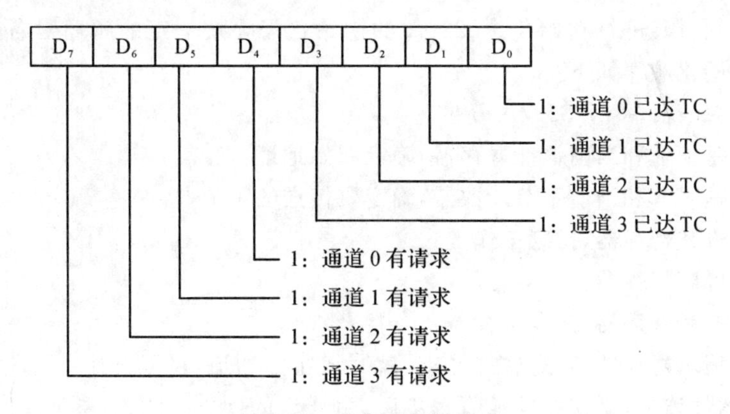

图 3-36　状态寄存器格式

(10)暂存寄存器。

暂存寄存器为4通道共用的8位寄存器。在DMA控制器实现存储器到存储器的传送方式时,它暂存中间数据,CPU可以读取暂存寄存器中的内容,其值为最后一次传送的数据,除非用RESET信号将其清除。

(11)软命令。

8237A在编程状态还有三个特殊的软命令,软命令不关心数据总线写入控制字的具体格式,只要对特定的端口地址进行一次写操作,命令就会生效。这三条软命令是:

①清先/后触发器命令。8237A只有8根数据线,而基地址寄存器和基字节计数寄存器都是16位,在预置初值时需要分两次进行,每次写入一个字节。为此8237A内部设有一个先/后触发器,用于控制读/写的先后次序,当先/后触发器为0时,读/写低8位数据,随后先/后触发器自动变为1,读/写高8位数据,接着先/后触发器又变为0,如此反复循环。

为确保正确的顺序访问寄存器中的低8位字节和高8位字节,应先将先/后触发器清"0",然后在读/写字节时,按先读/写低8位字节,后读/写高8位字节的顺序编程。

②总清命令。总清命令也称复位命令,其功能与RESET信号相同,它可使控制寄存器、状态寄存器、请求寄存器、暂存寄存器、先/后触发器均清"0",而把屏蔽位置"1"。8237A复位后,进入空闲状态。

③清除屏蔽寄存器。该命令能清除4个通道全部屏蔽位,允许各通道接受DMA请求。

3. 8237A的一般编程方法

8237A应用于不同的场合时,对它的编程方法也不尽相同,但在使用DMA控制器前,必须对其进行初始化。8237A的初始化需要按一定的顺序对各寄存器进行设置,初始化顺序如下:

(1)写总清命令,使8237A复位。

(2)写基地址和当前地址寄存器,确定起始地址。

(3)写基字节和当前字节计数器,确定要传送的字节数。

(4)写方式寄存器,指定工作方式。

(5)写屏蔽寄存器。

(6)写控制寄存器(命令寄存器)。

(7)写请求寄存器,若有软件请求,就写入指定通道,可以开始DMA传送的过程。若无软件请求,则在完成了前六步后,由通道的硬件DREQ请求线启动DMA传送过程,不需要写请求寄存器命令。

五、实验步骤

为了验证DMA传送的正确性，在进行DMA传送前，先向存储器的0000H～0007H单元依次写入00H、11H、22H、…、77H共8个字节（注意：操作总线向存储器写入数据时应使用地址0000H×4、0001H×4、…、0007H×4）。然后启动DMA传送。DMA传送结束后，查看0008H～000FH单元的数据，检查DMA传送是否正确。

实验步骤如下：

(1)确认从PC机引出的两根扁平电缆已经连接在TD-PIT＋实验仪上。

(2)关TD-PIT＋实验仪电源，参考图3-37所示连接实验线路，接线完成后打开实验仪电源。

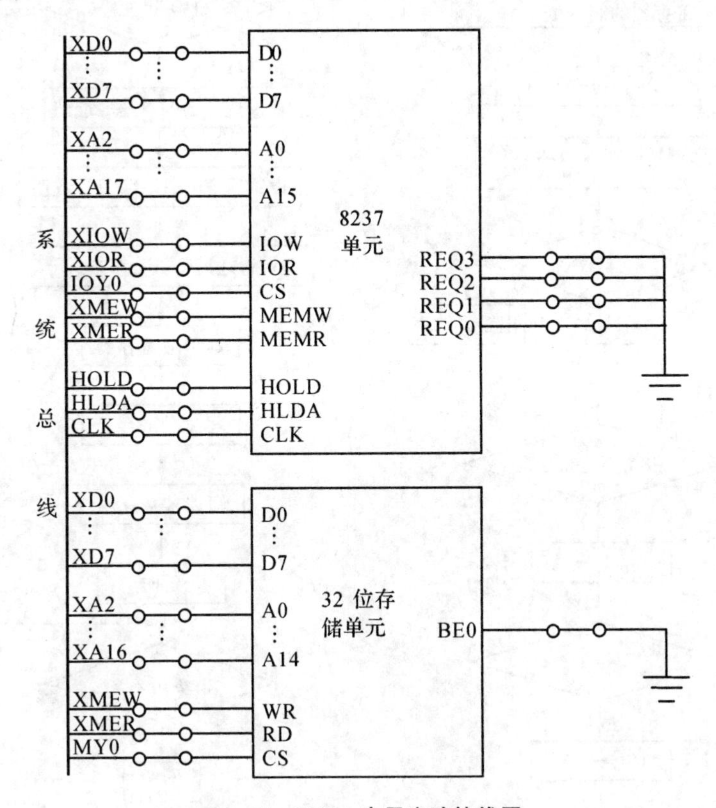

图3-37　8237A应用实验接线图

(3)在Windows环境下运行TdPit软件，单击工具栏端口资源按钮或运行CHECK程序，查看I/O空间始地址。

(4)单击“文件\新建”命令,根据查出的地址和实验内容编写实验内容1的程序,也可以参考如图3-38所示的程序流程框图编写程序,输完源程序后保存。

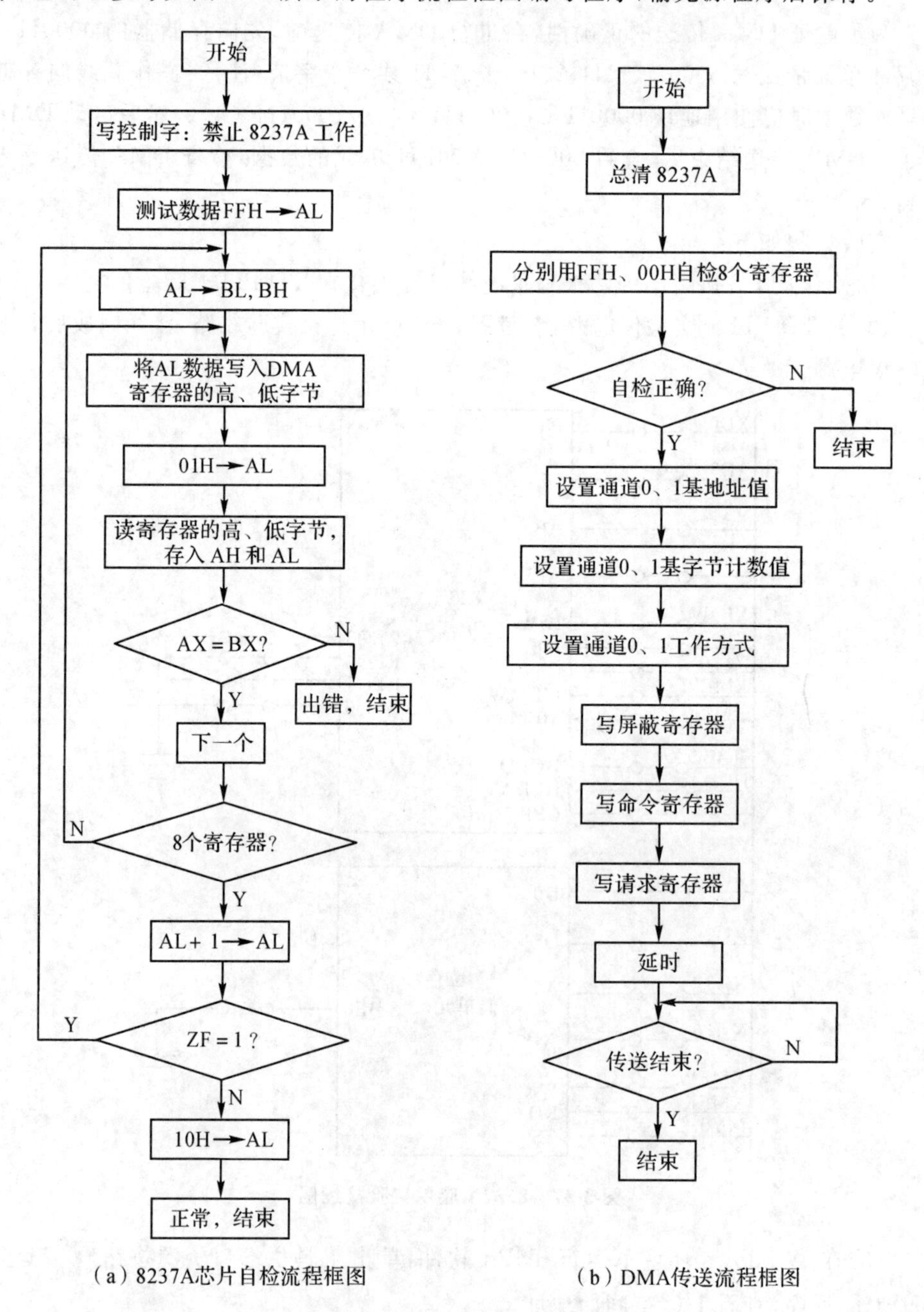

(a) 8237A芯片自检流程框图　　(b) DMA传送流程框图

图3-38　8237A应用实验流程框图

(5)单击工具栏上的编译按钮，编译源程序，在屏幕下方的信息栏窗口显示编译信息，若有语法错误，双击错误提示信息行，系统将自动定位到出错的源程序行，并用红色箭头指示。逐一修改出错的指令后，再存盘、编译，直到没有错误为止。

(6)单击工具栏上的链接按钮，在屏幕下方的信息栏窗口显示链接信息。

(7)先调试实验内容1程序：

①单击工具栏上的调试按钮，进入 Turbo Debug 调试窗口；

②执行“View\Cpu”命令，再在代码显示区右击，执行快捷菜单中“Mixed Both”命令，使其变为“Mixed No”；

③按 F8 单步执行，当执行完 MOV DS,AX 后，再单击“View\Cpu”命令，使屏幕下方的数据显示区为数据段 DS 的内容；

④继续按 F8 单步执行，观察调试过程中，指令执行后各寄存器及数据区的内容变化；

⑤也可执行到光标处：将光标移到所需的行并单击，使之成为蓝底白字的光带，再按 F4 键，观察执行到当前位置时各寄存器及数据区的内容。

(8)在实验内容1完成后，确保8237A芯片能正常工作。再编辑、编译、链接实验内容2程序，可参考如图3-38所示的DMA传送流程框图。

(9)执行“windows 应用实验\32 位存储器读写”命令，界面如图3-39所示，先向0000H～0007H存储单元(操作总线向存储器写入数据时应使用地址0000H×4～0007H×4)写入00H、11H、22H、…、77H共8个字节。(思考：为什么要将地址乘以4?)

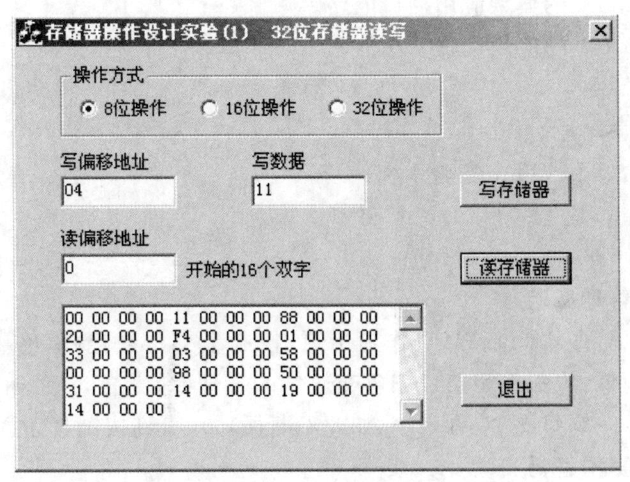

图 3-39　存储器操作界面

(10)调试程序。

①单击工具栏上的调试按钮，进入 Turbo Debug 调试窗口；

②执行“View\Cpu”命令，再在代码显示区右击，执行快捷菜单中“Mixed Both”命令，使其变为“Mixed No”；

③按 F8 单步执行，当执行完 MOV DS,AX 后，再单击“View\Cpu”命令，使屏幕下方的数据显示区为数据段 DS 的内容；

④继续按 F8 单步执行，观察调试过程中，指令执行后各寄存器及数据区的内容变化；

⑤也可执行到光标处：将光标移到所需的行并单击，使之成为蓝底白字的光带，再按 F4 键，观察执行到当前位置时各寄存器及数据区的内容。

(11)按 F9 或单击工具栏上的连续运行按钮，连续执行程序，在程序结束后再次通过“32 位存储器读写”程序查看存储器中 0008H×4～000FH×4 之间的 8 个字节的数据是否是 00H～77H。若数据正确说明 DMA 传送成功。

实验八　8255A 并行接口应用

一、实验目的

1. 掌握 8255A 的工作原理及内部结构。

2. 掌握 8255A 的典型应用接口电路。

3. 掌握 8255A 的应用编程方法。

二、实验设备

PC 机一台、TD-PIT＋实验系统一套。

三、实验内容

1. 交通灯管理实验

利用 8255A 的 PA 口、PB 口作输出口，控制十二个红色/黄色/绿色发光二极管的亮、灭及闪烁，模拟十字路口三色交通灯的管理(绿灯亮 30 秒→黄灯闪烁 5 秒→红灯亮 35 秒→绿灯亮 30 秒……，如此不断循环)，直到按键盘任意键退出实验。

2. 模拟竞赛抢答器实验

用 PA0 控制抢答开始，抢答信号从 8255A 的 PC 口输入，PC0～PC7 分别连接

8 路开关输入，K0 表示 1 组，K1 表示 2 组……，若 PC 口的值为 00H 表示无人抢答，若不为 00H 则表示有人抢答，并把抢答的组号在显示器上显示出来，直到按键盘任意键退出实验。

3. 流水灯显示实验

分别向 8255A 的 PA 口和 PB 口写入 80H 和 01H，并保持适当时间，再分别将 PA/PB 口的数据右移/左移一位后，送回 PA/PB 口，如此不断循环，直到按键盘任意键退出实验。

四、实验原理

8255A 是一种通用的可编程并行 I/O 接口芯片（Programmable Peripherial Interfacc，PPI），它是为 Intel 系列微处理器设计的配套电路，也可用于其他微处理器系统中。对它进行编程，可工作于不同的工作方式。在微型计算机系统中，8255A 作接口时，通常不需要附加外部逻辑电路就可直接为 CPU 与外设之间提供数据通道，因此它得到极为广泛的应用。

1. 8255A 的内部结构和功能

8255A 的内部结构及引脚如图 3-40 所示，8255A 由以下几个部分组成：数据端口 A、B、C（其中 C 口被分成 C 口上半部分和 C 口下半部分两个部分），A 组和 B 组控制逻辑，数据总线缓冲器和读/写控制逻辑。其引脚和功能介绍如下：

数据端口 A、B、C：每个端口 8 位，可通过编程设定其为输入口或输出口，可用来和外设传送数据或通信联络信息。

$PA_0 \sim PA_7$ 为端口 A 的输入/输出线，包含一个 8 位的数据输出锁存器/缓冲器，一个 8 位的数据输入锁存器，因此 A 口作输入、输出时，数据均能锁存。有 3 种工作方式：方式 0、方式 1、方式 2。

$PB_0 \sim PB_7$ 为端口 B 的输入/输出线，包含一个 8 位的数据输出锁存器/缓冲器，一个 8 位的数据输入缓冲器。有 2 种工作方式：方式 0、方式 1。

$PC_0 \sim PC_7$ 为端口 C 的输入/输出线，包含一个 8 位的数据输出锁存器/缓冲器，一个 8 位的数据输入缓冲器，无输入锁存功能。C 口可工作在方式 0，作为基本 I/O 数据接口。此外还有其他用途，例如当端口 A 工作在方式 1 时，$PC_4 \sim PC_7$ 与 A 口一起组成 A 组；当端口 B 工作在方式 1 时，$PC_0 \sim PC_3$ 与 B 口一起组成 B 组；这时端口 C 的这些位用于传送联络信号，以适应 CPU 与外设间的各种数据传送方式的要求，如查询传送的应答信号、中断传送的中断申请信号等；C 口未被用作联络信号的其他位可工作于方式 0。

$D_0 \sim D_7$：数据总线信号，8255A 各端口通过数据缓冲器与系统总线相连，由 1 个8 位双向三态缓冲器构成，用于 CPU 向 8255A 发送命令和数据，以及 8255A

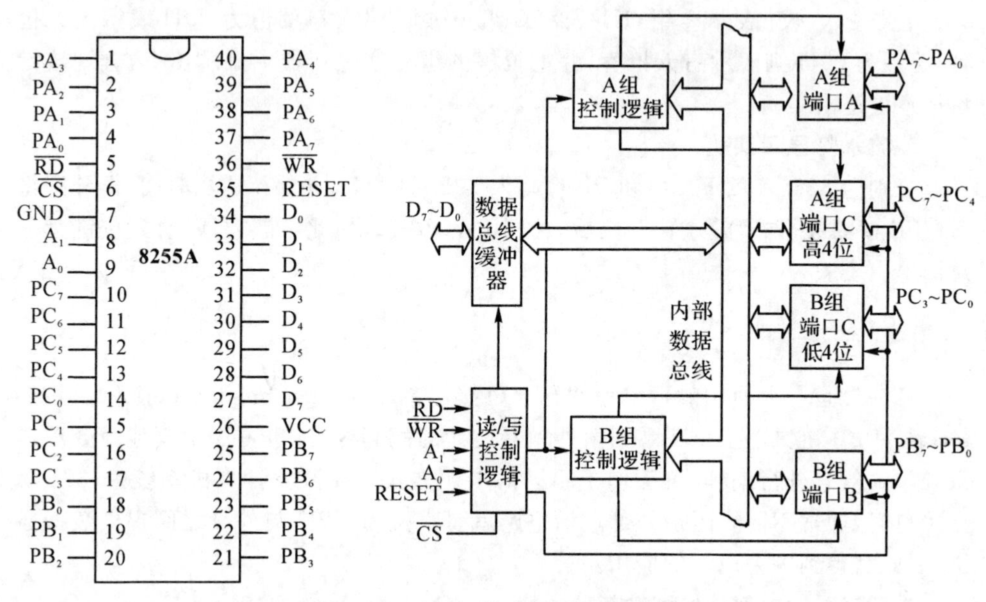

图 3-40　8255A 的内部结构及引脚

向 CPU 回送状态和数据。

RESET：复位信号，高电平有效。该信号有效时，将 8255A 控制寄存器内容全部清“0”，并将所有的端口 A、B、C 均设置成输入方式；输出寄存器和状态寄存器被复位，并且屏蔽中断请求。

$\overline{CS}$：片选信号，低电平有效，由地址总线经译码电路产生。

$\overline{RD}$、$\overline{WR}$：读信号$\overline{RD}$、写信号$\overline{WR}$，均低电平有效，管理所有的内部或外部数据信息、控制信息或状态信息的传送过程。

A_1A_0：端口选择信号，8255A 内部有 3 个数据口(A、B、C)和一个控制寄存器端口。当 A_1A_0=00 时，选中端口 A；当 A_1A_0=01 时，选中端口 B；当 A_1A_0=10 时，选中端口 C；当 A_1A_0=11 时，选中控制寄存器端口。

8255A 的 A_1A_0 和$\overline{CS}$、$\overline{RD}$、$\overline{WR}$组合起来实现各种基本操作如表 3-10 所示。

表 3-10　8255A 的基本操作

A_1	A_0	$\overline{RD}$	$\overline{WR}$	$\overline{CS}$	操　作
0	0	0	1	0	端口 A→数据总线
0	1	0	1	0	端口 B→数据总线
1	0	0	1	0	端口 C→数据总线

续表

A_1	A_0	$\overline{RD}$	$\overline{WR}$	$\overline{CS}$	操　作
0	0	1	0	0	数据总线→端口 A
0	1	1	0	0	数据总线→端口 B
1	0	1	0	0	数据总线→端口 C
1	1	1	0	0	数据总线→控制寄存器
×	×	×	×	1	数据总线三态
1	1	0	1	0	非法状态
×	×	1	1	0	数据总线三态

2. 8255A 的控制字

8255A 有两类控制字，一类是用于定义各端口的工作方式，称为方式选择控制字；另一类用于对 C 端口的任一位进行置位或复位操作，称为置位复位控制字。对 8255A 进行编程时，这两种控制字都被写入控制寄存器中。但方式选择控制字的 D7 位总是 1，而置位复位控制字的该位总是 0。8255A 正是利用这一位来区分这两个写入同一端口的不同控制字的，D7 位也称为这两个控制字的标志位。

(1)方式选择控制字。

8255A 具有 3 种基本的工作方式，在对 8255A 进行初始化编程时，应向控制寄存器写入方式选择控制字，用来规定 8255A 各端口的工作方式。这 3 种基本工作方式是：方式 0—基本输入输出方式；方式 1—选通输入输出方式；方式 2—双向总线 I/O 方式。

当系统复位时，8255A 的 RESET 输入端为高电平，使 8255A 复位，所有的数据端口都被置成输入方式；当复位信号撤除后，8255A 继续保持复位时预置的输入方式。方式选择控制字的格式如图 3-41 所示。

其中 D_7 位为标志位，它必须等于 1；D_6D_5 位用于选择 A 口的工作方式；D_2 位用于选择 B 口的工作方式；其余 4 位分别用于选择 A 口、B 口、C 口高 4 位和 C 口低 4 位的输入输出功能；置 1 时表示输入，置 0 时表示输出。

(2)置位/复位控制字。

端口 C 的某些位常用作控制或应答信号，通过对 8255A 的控制口写入置位/复位控制字，可使端口 C 的任意一个引脚的输出单独置 1 或清 0，或者为应答式数据传送发出中断请求信号。在基于控制的应用中，经常希望在某一位上产生一个 TTL 电平的控制信号，利用端口 C 的这个特点，只需要用简单的程序就能形成这样的信号，从而简化了编程。置位/复位控制字的格式如图 3-42 所示。

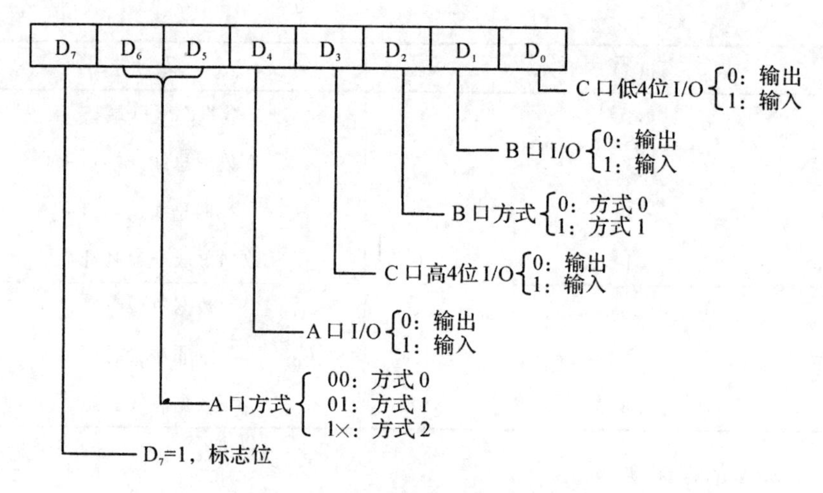

图 3-41　方式选择控制字格式

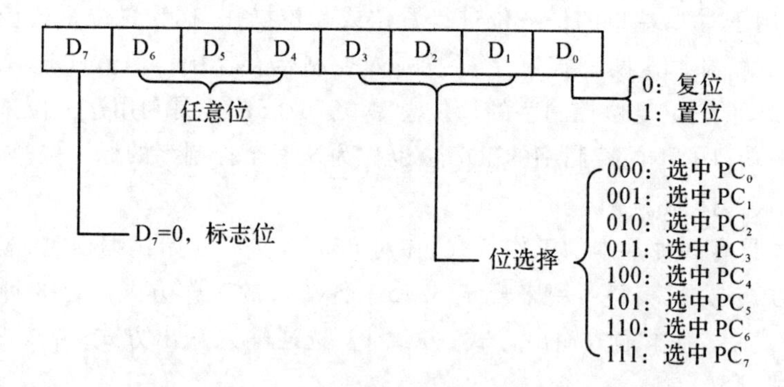

图 3-42　置位/复位控制字格式

例如，设一片8255A的端口地址为60H～63H，PC_5 平时为低电平，要求从 PC_5 的引脚输出一个正脉冲。可以用程序先将 PC_5 置1，输出一个高电平，再把 PC_5 清0，输出一个低电平，结果，PC_5 引脚上便输出一个正脉冲。实现这个功能的程序段如下：

```
MOV     AL,00001010B
OUT     63H,AL
MOV     AL,00001011B
OUT     63H,AL
MOV     AL,00001010B
OUT     63H,AL
```

3. 8255A 的工作方式和 C 口状态字

8255A 具有 3 种工作方式，通过向 8255A 的控制寄存器写入方式选择控制字，就可以规定各端口的工作方式。当 8255A 的 A 口、B 口工作于方式 1 或 A 口工作于方式 2 时，C 口用作 A 口或 B 口的联络信号，用输入指令可以读取 C 口的状态。

(1)方式 0—基本输入输出(Basic Input/Output)方式。

方式 0 适用于不需要应答信号的简单输入输出场合。在这种方式下，A 口和 B 口可作为 8 位的端口，C 口的高 4 位和低 4 位可作为两个 4 位的端口。这 4 个端口中的任一个既可作输入也可作输出，从而构成 16 种输入输出组态。在实际应用中，C 口的两半部分也可以合在一起，构成一个 8 位的端口，这样 8255A 可构成 3 个 8 位的 I/O 端口，或 2 个 8 位、2 个 4 位的 I/O 端口，以适应各种不同的应用场合。

CPU 与这些端口交换数据时，可以直接用输入指令从指定端口读取数据，或用输出指令将数据写入指定的端口，不需要其他用于应答的联络信号。对于方式 0，输出信号都可以被锁存，输入 B 口、C 口不能锁存，使用时应注意。

(2)方式 1—选通输入/输出(Strobe Input/Output)方式。

该方式下，A 口和 B 口作为数据口，均可工作于输入或输出方式。而且这两个 8 位数据口的输入、输出数据都能锁存，但它们必须在联络信号控制下才能完成I/O 操作。端口 C 的 6 根线用来产生或接收这些联络信号。

选通输入/输出方式又可分以下几种情况。

①选通输入方式。

若 A 口和 B 口都工作于选通输入方式，则它们的端口状态、联络信号的组态如图 3-43 所示。

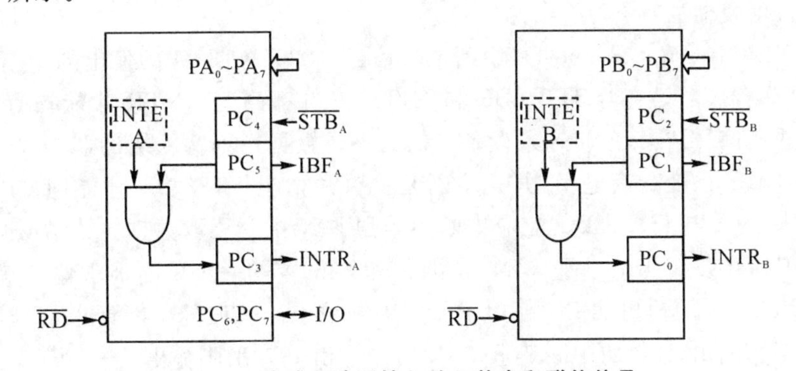

图 3-43 方式 1 选通输入端口状态和联络信号

当 A 口工作于方式 1，并作选通输入端口时，端口 C 的 PC_4、PC_5 和 PC_3 用作端口 A 的状态和控制线；当 B 口工作于方式 1，并作输入端口时，端口 C 的 PC_2、PC_1

和 PC_0 用作端口 B 的状态和控制线;端口 C 还余下两位 PC_6、PC_7,它们仍可用作基本输入输出,由方式控制字的 D_3 位决定传送方向。这时各控制联络信号介绍如下:

$\overline{STB}$(Strobe):选通信号,低电平有效,由外部输入。当该信号有效时,8255A 将外部设备通过端口数据线 $PA_0 \sim PA_7$(对于 A 口)或 $PB_0 \sim PB_7$(对于 B 口)输入的数据送到所选端口的输入缓冲器中。端口 A 的选通信号 $\overline{STB_A}$ 从 PC_4 引入,端口 B 的选通信号 $\overline{STB_B}$ 由 PC_2 引入。

IBF(Input Buffer Full):输入缓冲器满信号,高电平有效。当它有效时,表示输入设备送来的数据已传送到 8255A 的输入缓冲器中,即缓冲器已满,8255A 不能再接收别的数据。此信号一般供 CPU 查询用。IBF 由 $\overline{STB}$ 信号所置位,而由读信号的后沿(上升沿)将其复位,复位后表示输入缓冲器已空,又允许外设将一个新数据送到 8255A。PC_5 作端口 A 的输入缓冲器满信号 IBF_A,PC_1 作 B 口的输入缓冲器满信号 IBF_B。

INTE(Interrupt Enable):中断允许信号。此信号用于控制 8255A 是否能向 CPU 发中断请求,它没有外部引出脚。在 A 组和 B 组的控制电路中,分别设有中断请求触发器 INTE A 和 INTE B,只有用软件才能使这两个触发器置 1 或清 0。其中 INTE A 由置位/复位控制字中的 PC_4 位控制,INTE B 由 PC_2 控制。当对 8255A 写入置位复位控制字使 PC_4 置 1 时,INTE A 被置 1,表示允许 A 口中断;若使 PC_4 清 0,则禁止 A 口发中断请求,也就是使 A 口处于中断屏蔽状态。同样,可以通过编程 PC_2 控制 INTE B,允许或禁止 B 口中断。需要注意的是,由于两个触发器无外部引出脚,因此 PC_4 或 PC_2 脚上出现高电平或低电平信号时,并不会改变中断允许触发器的状态。

INTR(Interrupt Request):中断请求信号。8255A 向 CPU 发出的中断请求信号,高电平有效。只有当 $\overline{STB}$、IBF 和 INTE 三者都高时,INTR 才能被置为高电平。当选通信号结束,已将输入设备提供的一个数据送到输入缓冲器中,输入缓冲器满信号 IBF 已变成高电平,并且中断是允许的情况下,8255A 才能向 CPU 发出中断请求信号 INTR。CPU 响应中断后,可用 IN 指令读取数据。读信号 $\overline{RD}$ 的下降沿将 INTR 复位为低电平。INTR 通常和 8259A 的一个中断请求输入端 IR_i 相连,通过 8259A 的输出端 INT 向 CPU 发中断请求。A 口的中断请求信号 $INTR_A$ 由 PC_3 引脚输出,B 口的中断请求信号 $INTR_B$ 由 PC_0 引脚输出。

方式 1　选通输入时序如图 3-44 所示,对于 8255A,选通信号的宽度 t_{ST} 最小为 500ns,t_{SIB}、t_{SIT}、t_{RIB} 最大为 300ns,t_{RIT} 最大为 400ns。

根据时序图,分析其工作过程如下。

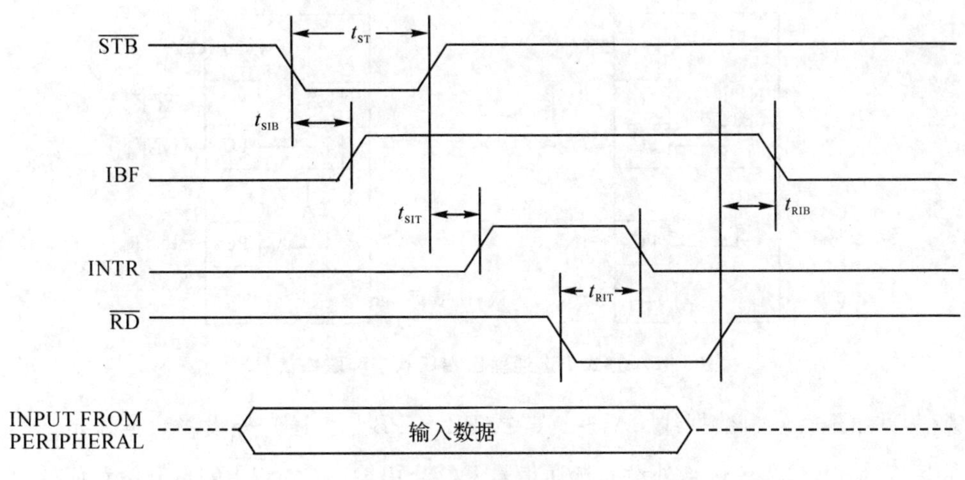

图 3-44　方式 1 选通输入时序

a)当外设把一个数据送到端口数据线 $PA_0 \sim PA_7$(对于 A 口)或 $PB_0 \sim PB_7$(对于 B 口)后,就向 8255A 发出负脉冲选通信号$\overline{STB}$,外设的输入数据锁存到 8255A 的输入锁存器中。

b)选通信号发出后,经 t_{SIB}时间,IBF 有效,作为对输入设备的回答信号,通知外设输入缓冲器已满,不要再送新的数据过来。

c)选通信号结束后,经 t_{SIT}时间,若$\overline{STB}$、IBF 和 INTE 三者同时为高电平,使 INTR 有效。该信号可向 CPU 发中断请求,CPU 响应后,通过执行中断服务程序中的 IN 指令,使读信号$\overline{RD}$有效。

d)读信号有效后,经 t_{RIT}时间后,使 INTR 变低,清除中断。

e)读信号结束后,数据已读入累加器,经 t_{RIB}时间,IBF 变低,表示输入缓冲器已空,一次数据输入的过程结束,通知外设可以再送一个新的数据来。

②选通输出方式。

如果 A 口和 B 口都工作于选通输出方式,则它们的端口状态、联络信号的组态如图 3-45 所示。

当 A 口工作于方式 1,并作选通输出端口时,端口 C 的 PC_3、PC_6 和 PC_7 用作端口 A 的联络控制信号;当 B 口工作于方式 1,并作选通输出端口时,端口 C 的 PC_2、PC_1 和 PC_0 用作端口 B 的联络控制信号;端口 C 还余下两位 PC_4、PC_5,它们仍可用作基本输入输出,由方式控制字的 D_3 位决定传送方向。

这时,各控制联络信号介绍如下:

$\overline{OBF}$(Output Buffer Full):输出缓冲器满信号,输出,低电平有效。当它为低电平时,表示 CPU 已将数据写到 8255A 的指定输出端口,即数据已被输出锁存器

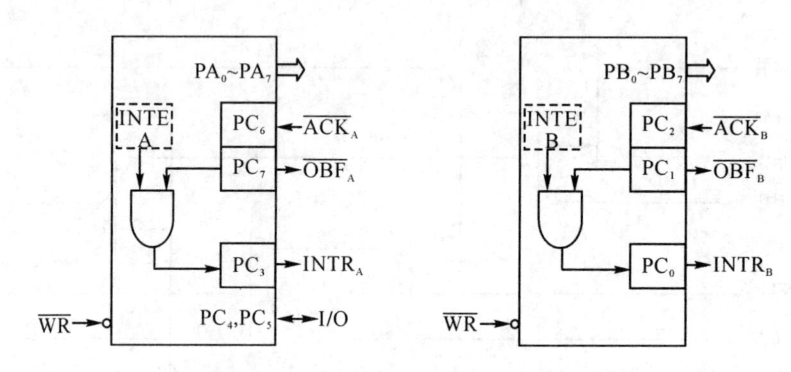

图 3-45　方式 1 选通输出端口状态和联络信号

锁存，并出现在端口数据线 $PA_0 \sim PA_7$ 或 $PB_0 \sim PB_7$ 上，通知外设将数据取走。实际上，它是由 8255A 送给外设的选通信号。$\overline{OBF}$由输出命令$\overline{WR}$的上升沿置成低电平，而外设应答信号$\overline{ACK}$将其恢复成高电平。PC_7 被指定作 A 口的输出缓冲器满信号$\overline{OBF_A}$，PC_1 作 B 口的输出缓冲器满信号$\overline{OBF_B}$。

$\overline{ACK}$(Acknowledgment)：外设的应答信号，低电平有效，由外设送给 8255A。当它为低电平时，表示 CPU 输出到 8255A A 口或 B 口的数据已被外设接收。PC_6 被指定用作 A 口的应答信号$\overline{ACK_A}$，PC_2 为 B 口的应答信号$\overline{ACK_B}$。

INTE(Interrupt Enable)：中断允许信号。与 A 口、B 口均工作于选通输入方式时的 INTE 信号一样，INTE 为 1 时，端口处于中断允许状态；INTE 为 0 时，端口处于中断屏蔽状态。A 口的中断允许信号 INTE A 由 PC_6 控制，B 口的中断允许信号 INTE B 则由 PC_2 控制，它们均由置位/复位控制字将其置为 1 或清为 0，以决定中断是允许还是被屏蔽。

INTR(Interrupt Request)：中断请求信号，高电平有效。在中断允许的情况下，当输出设备已收到 CPU 输出的数据之后，该信号变高，可用于向 CPU 提出中断请求，要求 CPU 再输出一个数据给外设。只有当$\overline{ACK}$、$\overline{OBF}$和 INTE 都为 1 时，才能使 INTR 置 1。写信号将 INTR 复位为低电平。INTR 通常与 8259A 的某一个中断输入引脚 IR_i 相连，通过 8259A 向 CPU 发中断请求。PC_3 引脚被指定用作 A 口的中断请求信号 $INTR_A$，PC_0 为 B 口的中断请求信号 $INTR_B$。

方式 1 选通输出时序如图 3-46 所示，t_{WIT}、t_{AOB}、t_{AIT} 的最大时间分别为 850ns、350ns、350ns。

根据时序图，分析其工作过程如下：

a)当 8255A 的输出缓冲器空，且中断是允许的情况下，可向 CPU 发中断请求。CPU 响应中断，转入中断服务程序，用 OUT 指令将 CPU 中的数据输出到 8255A

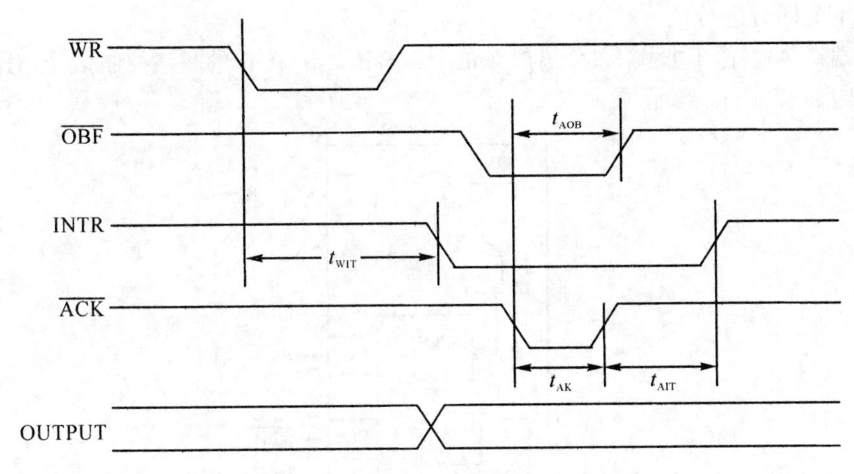

图 3-46 方式 1 选通输出时序

的输出缓冲器中，$\overline{WR}$信号变低。

b)经 t_{WIT} 时间后清除中断请求信号 INTR。

c)此外，$\overline{WR}$信号的后沿使$\overline{OBF}$有效，通知外设从 8255A 输出缓冲器中取走数据。

d)外设收到这个数据后，发回应答信号$\overline{ACK}$。

e)$\overline{ACK}$有效之后，再经 t_{AOB} 时间，$\overline{OBF}$无效，表示输出缓冲器已空。

f)$\overline{ACK}$回到高电平后，经 t_{AIT} 时间，INTR 变高，向 CPU 发出中断请求，要求 CPU 送新的数据过来。数据传送的过程又将按上面的顺序重复进行。

③选通输入/输出方式组合。

8255A 工作于方式 1 时，还允许对 A 口和 B 口分别进行定义，一个为输入，另一个为输出。

如果将 A 口定义为方式 1 输入口，而将 B 口定义为方式 1 输出口，则 C 端口的 PC_0～PC_5 作状态和控制信号，C 口余下的两位 PC_6 和 PC_7 可作基本输入/输出用，由控制字的 D_3 位决定传送方向。

如果将 A 口定义为方式 1 输出口，而将 B 口定义为方式 1 输入口，这时，C 端口的 PC_6、PC_7、PC_0～PC_3 作状态和控制信号，C 口余下的两位 PC_4 和 PC_5 可作基本输入/输出用，由控制字的 D_3 位决定传送方向。

(3)方式 2—双向总线(Bidirectional Bus)方式。

只有 A 口可以工作于方式 2，在这种工作方式下，CPU 与外设交换数据时，可在单一的 8 位端口数据线 PA_0～PA_7 上进行，既可以通过 A 口把数据传到外设，也可以从 A 口接收外设送过来的数据，而且输入和输出数据均能锁存，但输入和输出过程不能同时进行。

端口 A 工作于方式 2 时，端口 C 的 PC_3～PC_7 作 A 口的联络控制信号，对应关系如图 3-47 所示。

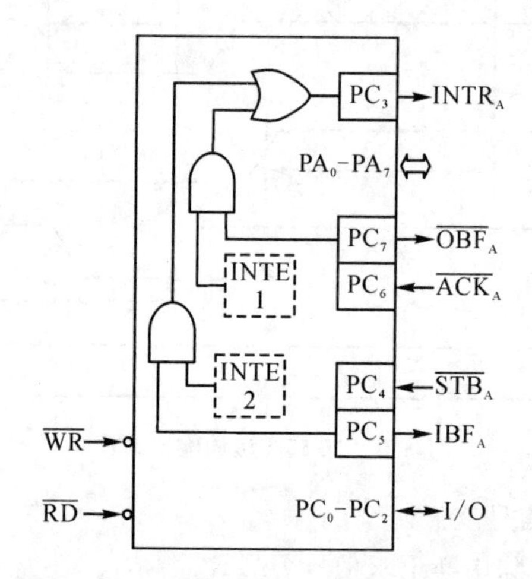

图 3-47　A 口方式 2 时端口状态和联络信号

$INTR_A$(Interrupt Request)：中断请求信号，高电平有效。$INTR_A$ 变成有效的条件与方式 1 相同。无论是输入还是输出，当一个动作完成、而要进入下一个动作时，8255A 都通过这一引脚向 CPU 发出中断请求信号。因此 CPU 响应中断时，必须通过查询 $\overline{OBF}_A$ 和 IBF_A 的状态，才能确定是输入过程引起的中断还是输出过程引起的中断。

$\overline{STB}_A$：外设供给 8255A 的选通输入信号，低电平有效。当它有效时，将外设送到 8255A 的数据置入输入锁存器。

IBF_A：输入缓冲器满信号，高电平有效。当它有效时，表示外设已有一个新的数据送到输入缓冲器中，等待 CPU 取走。IBF_A 可作为供 CPU 查询的信号。

$\overline{OBF}_A$：输出缓冲器满信号，低电平有效。8255A 送给外设的状态信号，当它有效时，表示 CPU 已经将一个数据写入 8255A 的端口 A，通知外设将数据取走。

$\overline{ACK}_A$：外设对 $\overline{OBF}_A$ 的应答信号，低电平有效。当 CPU 将数据写入端口 A，$\overline{OBF}_A$ 变为有效后，输出数据并不能出现在端口 PA_0～PA_7 数据线上。只有当外设发出有效的 $\overline{ACK}_A$ 信号后，才能使端口 A 的三态缓冲器开启，输出锁存器中的数据到 PA_0～PA_7 上。当 $\overline{ACK}_A$ 无效时，输出缓冲器处于高阻状态。

INTE1 和 INTE2：分别为端口 A 的输出中断允许信号和输入中断允许信号。它们必须用软件方法进行设置，设置方法与方式 1 相同。INTE1 由软件对 PC_6 的设置来决定，$PC_6=1$，则 INTE1 为 1；$PC_6=0$，则 INTE1 为 0。INTE2 由软件通过对 PC_4 的设置来决定，$PC_4=1$，INTE2 为 1；$PC_4=0$，则 INTE2 为 0。

A 口方式 2 的时序如图 3-48 所示，在理解该时序时，可以将方式 2 看成是方式 1 输出和方式 1 输入的结合。

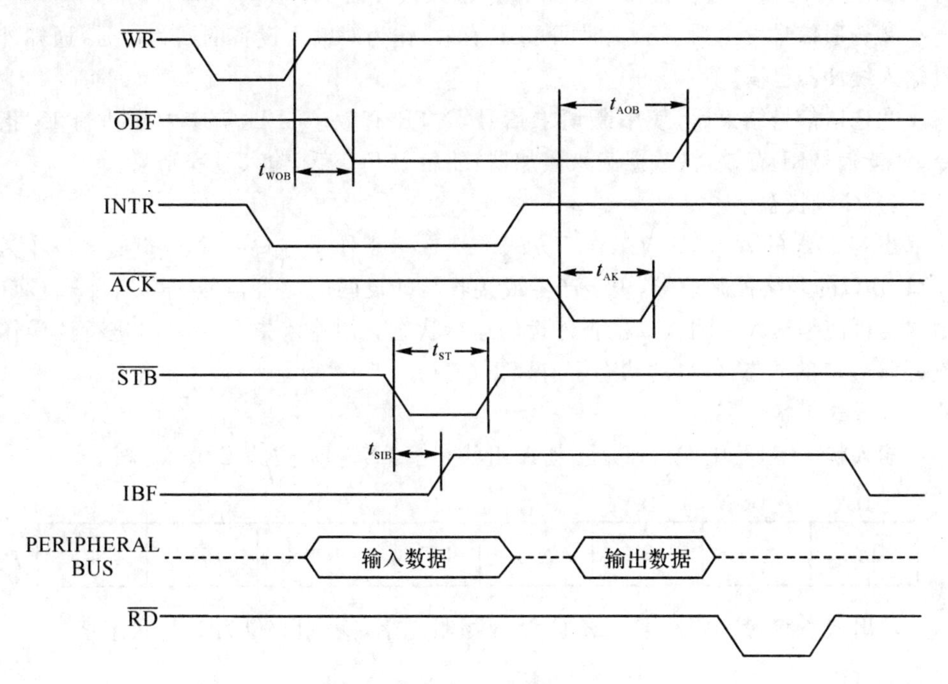

图 3-48　A 口方式 2 的时序

时序图中，画出了一个数据输出和一个数据输入的时序，实际上，当端口 A 工作在方式 2 时，输入过程和输出过程的顺序是任意的，输入或输出数据的次数也是任意的。分析图 3-48 所示时序的工作过程如下：

输出过程：

①CPU 响应中断，用 OUT 指令向 8255A 的端口 A 写入一个数据时，$\overline{WR}$信号有效。

②$\overline{WR}$信号有效后，清除中断请求信号 INTR，撤销中断请求。

③$\overline{WR}$信号的后沿经 t_{WOB}时间后，使$\overline{OBF}$有效，通知外设从 8255A 输出缓冲器中取走数据。

④外设收到这个信号后，发回应答信号$\overline{ACK}$，它开启 8255A 的输出锁存器，使输出数据出现在 PA_0～PA_7 上。

⑤$\overline{ACK}$有效之后，还使$\overline{OBF}$无效，表示缓冲器已空，可以开始下一个数据传送

过程。

输入过程：

①当外设把一个数据送到端口数据线 $PA_0 \sim PA_7$ 后，就向 8255A 发出选通信号$\overline{STB}$，外设的输入数据锁存到 8255A 的输入锁存器中。

②选通信号发出后，经 t_{SIB}时间，IBF 有效，作为对输入设备的回答信号，通知外设输入缓冲器已满。

③选通信号结束后，使中断请求信号 INTR 有效。CPU 响应中断执行 IN 指令，使读信号$\overline{RD}$有效，将数据读入累加器，随后 IBF 变低，输入过程结束。

(4)C 口状态字。

当 8255A 的 A 口、B 口工作于方式 1 或 A 口工作于方式 2 时，C 口有多位作为 A 口、B 口的联络控制信号，用于产生或接收与外设间的应答信号，这时，读取 C 口的内容可使编程人员测试或检查外设的运行状态。用输入指令对 C 口进行读操作就可取 C 口的状态，C 口的状态字有以下格式。

①方式 1 状态字。

输入状态字，其中 $D_5 \sim D_3$ 位为 A 组状态字，$D_2 \sim D_0$ 位为 B 组状态字

D_7	D_6	D_5	D_4	D_3	D_2	D_1	D_0
I/O	I/O	IBF_A	INTE A	$INTR_A$	INTE B	IBF_B	$INTR_B$

输出状态字，其中 D_7、D_6、D_3 位为 A 组状态字，$D_2 \sim D_0$ 位为 B 组状态字

D_7	D_6	D_5	D_4	D_3	D_2	D_1	D_0
$\overline{OBF}_A$	INTE A	I/O	I/O	$INTR_A$	INTE B	$\overline{OBF}_B$	$INTR_B$

②方式 2 状态字。

$D_7 \sim D_3$ 位为 A 组状态字，$D_2 \sim D_0$ 位为 B 组所用，当 B 口工作于方式 1 时，这几位作 B 口状态字；当 B 口工作于方式 0 时，这几位不是状态位，而是作基本输入输出用。

D_7	D_6	D_5	D_4	D_3	D_2	D_1	D_0
$\overline{OBF}_A$	INTE 1	IBF_A	INTE 2	$INTR_A$	×	×	×

五、实验步骤

(1)确认从 PC 机引出的两根扁平电缆已经连接在 TD-PIT＋实验仪上。

(2)关 TD-PIT＋实验仪电源，实验内容 1 和实验内容 3 参考图 3-49 所示连接实验线路，实验内容 2 参考图 3-50 所示连接实验线路，接线完成后打开实验仪电源。

(3)在 Windows 环境下运行 TdPit 软件,单击工具栏端口资源按钮或运行 CHECK 程序,查看 I/O 空间始地址。

(4)单击"文件\新建"命令,根据查出的地址和实验内容编写实验程序。实验内容 1 中的十字路口的红、绿、黄灯的安排如表 3-11 所示,编程可参考如图 3-51 所示的实验流程框图;实验内容 2 可参考如图 3-52 所示的程序流程框图编写程序;实验内容 3 可参考如图 3-53 所示的程序流程框图编写程序,输完源程序后保存。

(5)单击工具栏上的编译按钮,编译源程序,在屏幕下方的信息栏窗口显示编译信息,若有语法错误,双击错误提示信息行,系统将自动定位到出错的源程序行,并用红色箭头指示。逐一修改出错的指令后,再存盘、编译,直到没有错误为止。

(6)单击工具栏连接按钮,在屏幕下方的信息栏窗口显示链接信息。

(7)调试程序:

①单击工具栏上的调试按钮,进入 Turbo Debug 调试窗口;

②执行"View\Cpu"命令,再在代码显示区右击,执行快捷菜单中"Mixed Both"命令,使其变为"Mixed No";

③按 F8 单步执行,当执行完 MOV DS,AX 后,再单击"View\Cpu"命令,使屏幕下方的数据显示区为数据段 DS 的内容;

④继续按 F8 单步执行,观察调试过程中,指令执行后各寄存器及数据区的内容变化;若要调试子程序,请在子程序调用的行按 F7 键,跟踪到子程序调试;

⑤也可执行到光标处:将光标移到所需的行并单击,使之成为蓝底白字的光带,再按 F4 键,观察执行到当前位置时各寄存器及数据区的内容。

(8)按 F9 或单击工具栏上的连续运行按钮,连续执行程序,观察实验内容 1、3 的指示灯是否正确。若是实验内容 2,应先拨动开关使 K0~K7 为 0 电平(抢答信号清零),再拨动开关使 K8 为 1 电平(1:表示抢答开始,0:表示没准备好,不能抢答),然后再拨动 K0~K7 中任一开关为 1 电平,观察显示器显示的组号是否正确。注意实验内容 2 在每次抢答开始前,8 路抢答信号应先清零。

表 3-11　十字路口三色交通灯控制对应表

东、西方向						南、北方向					
PA_7	PA_6	PA_4	PA_3	PA_1	PA_0	PB_7	PB_6	PB_4	PB_3	PB_1	PB_0
D_{15}	D_{14}	D_{12}	D_{11}	D_9	D_8	D_7	D_6	D_4	D_3	D_1	D_0
红	红	黄	黄	绿	绿	红	红	黄	黄	绿	绿

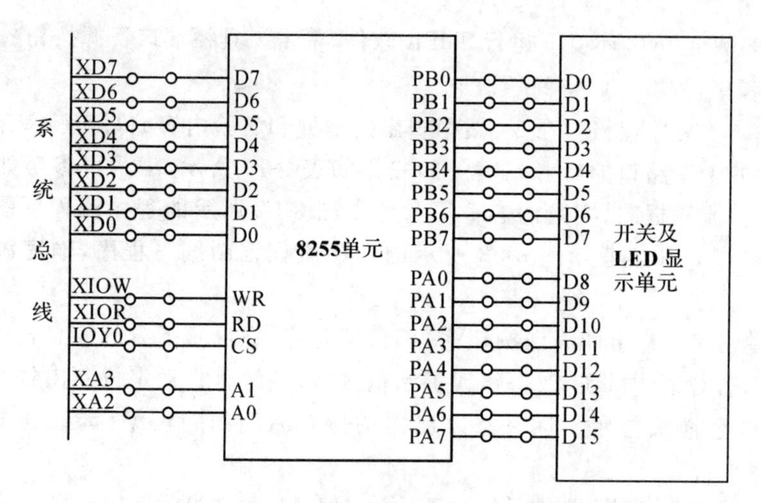

图 3-49　交通灯实验、流水灯显示实验接线图

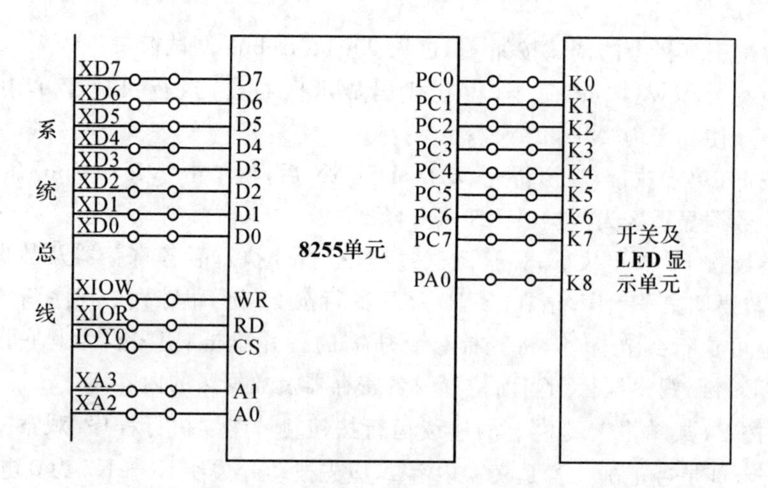

图 3-50　模拟竞赛抢答器实验接线图

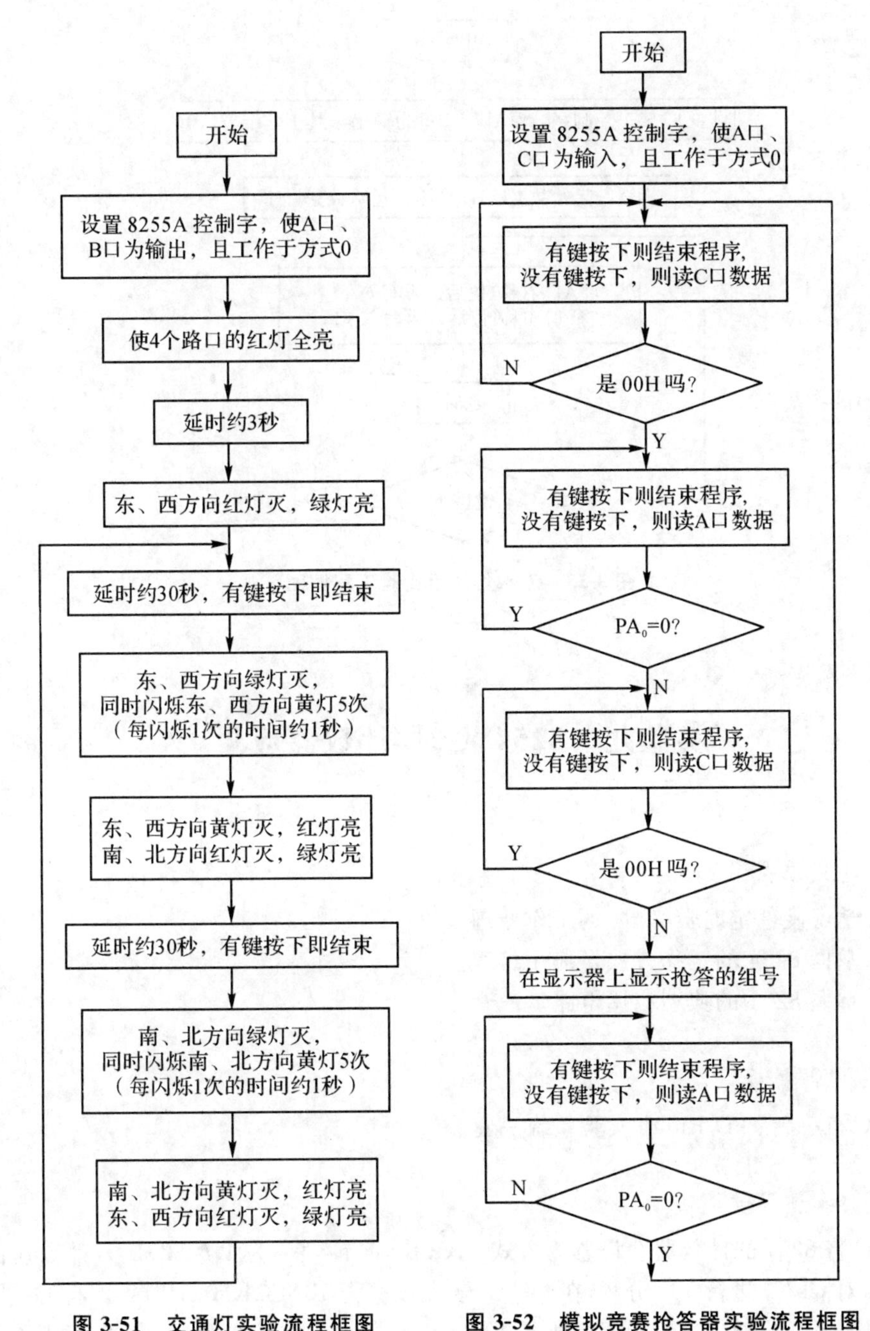

图 3-51　交通灯实验流程框图

图 3-52　模拟竞赛抢答器实验流程框图

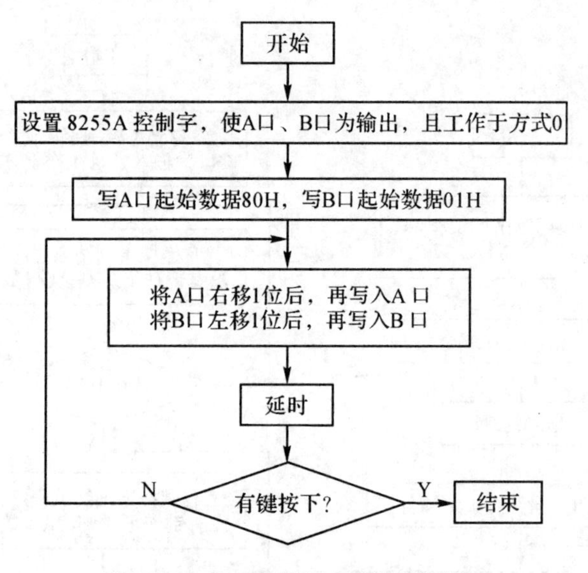

图 3-53　流水灯显示实验流程框图

实验九　8254 定时/计数器应用

一、实验目的

1. 学习硬件定时器 8254 的工作原理。
2. 掌握 8254 的工作方式及应用编程。
3. 掌握 8254 的典型应用电路。

二、实验设备

PC 机一台、TD-PIT+实验系统一套。

三、实验内容

(1)将 8254 的计数器 2 设置为方式 3,CLK2 时钟频率为 1.8432MHz,计数初值为 100,对 CLK2 进行 100 分频,在 OUT2 输出频率为 18.432KHz 的时钟。将 OUT2 连接到计数器 0 的 CLK0,设置计数器 0 也工作在方式 3,计数初值为 18432,相当于是 18432 分频,则在 OUT0 得到 1Hz 的输出方波,用发光二极管观察。

(2)在内容 1 的基础上,将 OUT0 连接到 8259A 中的 IR7,作为向 8259A 发出中断请求的信号，通过中断处理程序实现每秒钟在屏幕上显示1个“7”，直到按键盘任意键退出实验。

(3)将8254的计数器0设置为方式3，计数值为十进制，用微动开关KK1作为CLK0时钟，OUT0连接INTR，每当KK1按动5次后产生一次计数中断请求，在屏幕上显示一个字符“5”，当按键盘任意键时退出实验。

(4)将8254的计数器0设置为方式2，用系统总线上CLK作为CLK0时钟，计数值为87A2H，OUT0输出一个30Hz的脉冲信号。将OUT0连接到INTR，即每1/30秒产生一次中断。在中断处理程序中进行计数，计满30次即为1秒。用程序完成一个秒表显示，每计时60秒自动归零，直到按键盘任意键退出实验。

四、实验原理

在微型计算机系统中，经常要用到定时功能。例如：需要按一定的时间间隔对动态RAM进行刷新；此外，扬声器的发声也由定时器来驱动。在计算机实时控制和处理系统中，按一定的采样周期对处理对象进行采样，或定时检测某些参数，或定时对外部事件进行计数等等，都需要定时信号。

实现定时功能主要有三种方法：软件定时、不可编程的硬件定时、可编程的硬件定时。三种方法各有优缺点，适用于不同的应用场合。8254是Intel公司生产的可编程硬件定时器，是8253的改进型，比8253具有更优良的性能。8254具有以下基本功能：

(1)有3个独立的16位计数器；

(2)每个计数器可按二进制或十进制(BCD)计数；

(3)每个计数器可编程工作于6种不同的工作方式；

(4)8254每个计数器允许的最高计数频率为10MHz(8253为2MHz)；

(5)8254有读回命令(8253没有)，除了可以读出当前计数单元的内容外，还可以读出状态寄存器的内容。

(6)计数脉冲可以是有规律的时钟信号，也可以是随机信号。

1.8254的内部结构和引脚

8254的内部结构框图和引脚如图3-54所示。

(1)数据总线缓冲器。

数据总线缓冲器是8254与系统数据总线相连接时用的接口电路，由8位双向三态缓冲器构成，CPU用输入/输出指令对8254进行读/写操作的信息，都经过这8位数据总线 $D_0 \sim D_7$ 传送，这些信息包括：CPU对8254进行初始化编程时，向它写入的控制字；CPU向某一计数器写入的计数初值；从计数器读出的计数值。

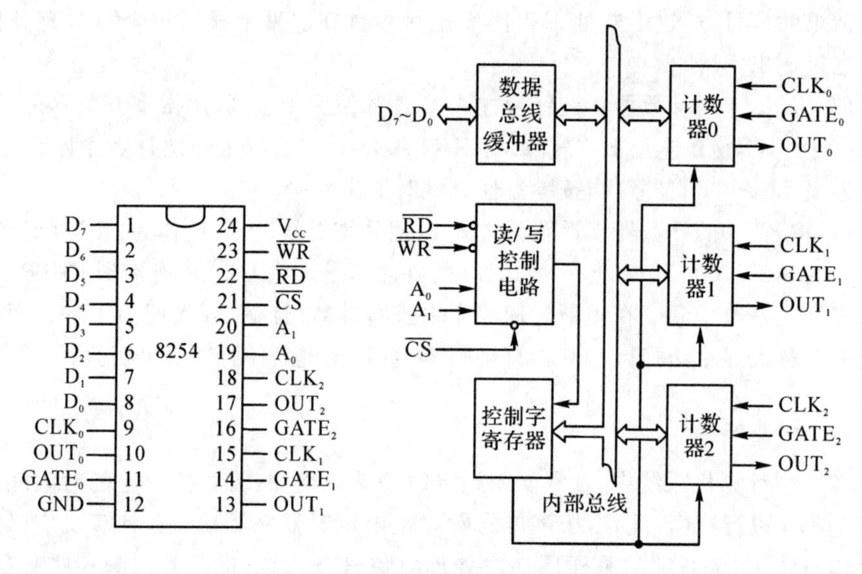

图 3-54 8254 内部结构和引脚

(2)读/写控制逻辑。

$\overline{CS}$:片选信号,低电平有效,由地址总线经译码电路产生。只有当$\overline{CS}$为低电平时,CPU 才能对 8254 进行读写操作。

$\overline{RD}$:读信号,低电平有效。当$\overline{RD}$为低电平时,表示 CPU 正在读取所选定的计数器通道中的内容。

$\overline{WR}$:写信号,低电平有效。当$\overline{WR}$为低电平时,表示 CPU 正在将计数初值写入所选中的计数通道中或者将控制字写入控制字寄存器中。

A_1A_0:端口选择信号。在 8354 内部有 3 个计数器通道(0~2)和一个控制字寄存器端口。当 $A_1A_0=00$ 时,选中通道 0;$A_1A_0=01$ 时,选中通道 1;$A_1A_0=10$ 时,选中通道 2;$A_1A_0=11$ 时,选中控制字寄存器端口。

各输入信号经组合形成的控制功能如表 3-12 所示。

表 3-12 8254 输入信号组合功能表

$\overline{CS}$	$\overline{RD}$	$\overline{WR}$	A_1	A_0	功 能
0	1	0	0	0	写定时/计数器 0
0	1	0	0	1	写定时/计数器 1
0	1	0	1	0	写定时/计数器 2
0	1	0	1	1	写控制字寄存器

续表

$\overline{CS}$	$\overline{RD}$	$\overline{WR}$	A_1	A_0	功　能
0	0	1	0	0	读定时/计数器 0
0	0	1	1	1	读定时/计数器 1
0	0	1	1	0	读定时/计数器 2
0	0	1	1	1	无操作
1	×	×	×	×	禁止使用
0	1	1	×	×	无操作

(3)计数器 0～2。

8254 内部包含 3 个完全相同的定时/计数器通道，对 3 个通道的操作完全独立。每个通道都包含一个 8 位的控制字寄存器，一个 16 位的计数初值寄存器，一个计数器执行部件(实际的计数器)和一个输出锁存器。执行部件实际上是一个 16 位的减法计数器，它的起始值就是初值寄存器的值，该值可由程序设置。输出锁存器用来锁存计数器执行部件的值，必要时 CPU 可对它执行读操作，以了解某个时刻计数器的瞬时值。计数初值寄存器、计数器执行部件和输出锁存器都是 16 位寄存器，它们均可被分成高 8 位和低 8 位两个部分，也可作为 8 位寄存器来使用。

每个通道工作时，都是对输入到 CLK 引脚上的脉冲按二进制或十进制(BCD 码)格式进行计数，计数采用倒计数法，先对计数器预置一个初值，再把初值装入实际的计数器。然后开始递减计数，每输入一个脉冲，计数器的值减 1，当计数器的值减为 0 时，便从 OUT 引脚输出一个脉冲信号。输出信号的波形主要由工作方式决定，同时还受外部 GATE 门控信号控制(它决定是否允许计数)。

当 8254 用作外部事件计数时，在 CLK 脚上所加的计数脉冲由外部事件产生，这些脉冲的间隔可以是不相等的。如果要用它作定时器，则 CLK 引脚上应输入精确的时钟脉冲。定时时间取决于计数脉冲的频率和计数器的初值，即：

定时时间＝时钟脉冲周期 T_c×预置的计数初值 n

8254 的 3 个计数器各有 3 个引脚，它们是：

CLK_0～CLK_2：计数器 0～2 的输入时钟脉冲引脚。

OUT_0～OUT_2：计数器 0～2 的输出端。

$GATE_0$～$GATE_2$：计数器 0～2 的门控脉冲输入端。

2. 8254 的工作方式

8254 的每个通道都有 6 种不同的工作方式，下面分别进行介绍。

(1)方式 0—计数结束中断方式(Interrupt on Terminal Count)。

方式 0 的波形如图 3-55 所示。它是典型的事件计数用法，当计数单元计至 0 时，OUT 信号由低变高，可用作中断请求信号。

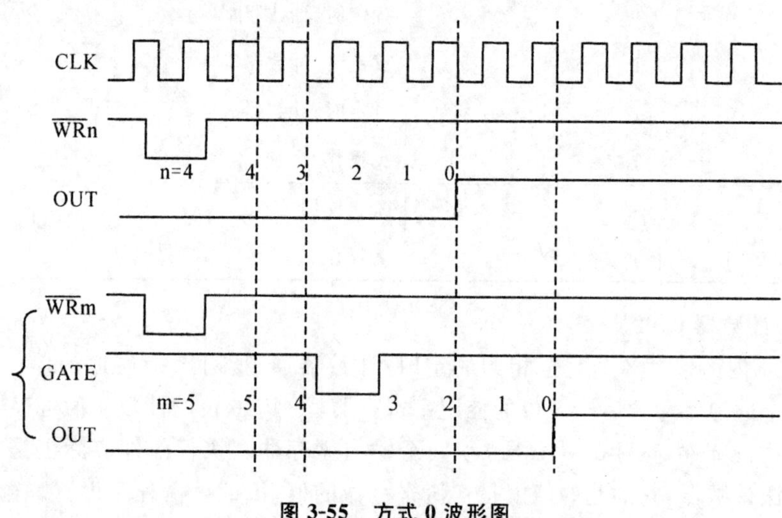

图 3-55　方式 0 波形图

方式 0 的工作过程如下：

①当对 8254 的任一个通道写入方式控制字，并选定工作于方式 0 时，该通道的输出端 OUT 立即变为低电平。

②要使 8254 能够进行计数，门控信号 GATE 必须为高电平。

③若 CPU 利用输出指令向计数通道写入初值 n(＝4)时，WRn 变成低电平。在 WRn 的上升沿时，n 被写入 8254 内部的计数器初值寄存器。在 WRn 上升沿后的下一个时钟脉冲的下降沿时，才把 n 装入通道内的实际计数器中，开始进行减 1 计数(从写入计数器初值到开始减 1 计数之间，有一个时钟脉冲的延迟)。

④每从 CLK 引脚输入一个脉冲，计数器就减 1。总共经过 n＋1 个脉冲后，计数器减为 0，表示计数计到终点，计数过程结束，这时 OUT 引脚由低电平变成高电平(由低到高的正跳变信号，可以接到 8259A 的中断请求输入端，向 CPU 发中断请求信号)。

⑤OUT 引脚上的高电平信号，一直保持到对该计数器装入新的计数值，或设置新的工作方式为止。

⑥在计数的过程中，如果 GATE 变为低电平，则暂停减 1 计数，计数器保持 GATE 有效时的值不变，OUT 仍为低电平。待 GATE 回到高电平后，又继续往下计数。

⑦按方式 0 进行计数时，计数器只计一遍。当计数器计到 0 时，不会再装入初

值重新开始计数，其输出将保持高电平。若重新写入一个新的计数初值，OUT 立即变成低电平，计数器按照新的计数值开始计数。

(2)方式 1—可编程单稳态输出方式(Programmable One-short)。

方式 1 的波形如图 3-56 所示。该方式由外部门控脉冲(硬件)启动计数，相当于一个可编程的单稳态电路。

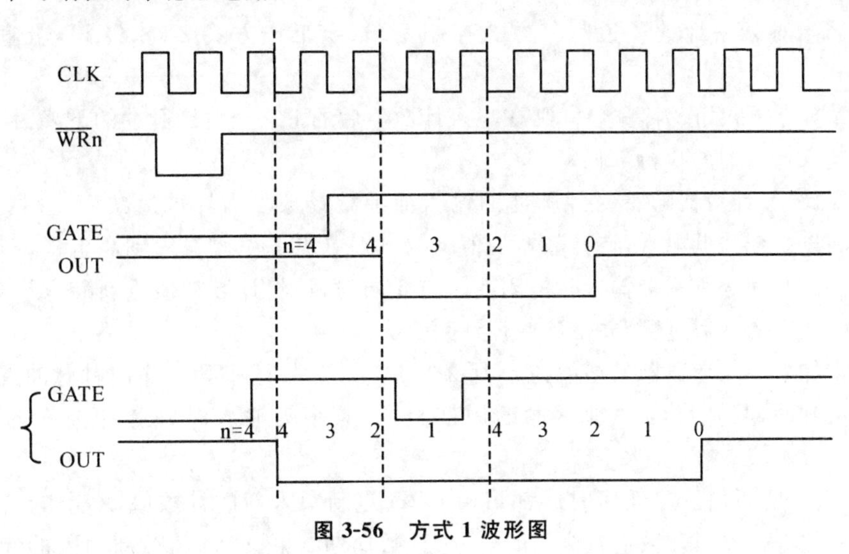

图 3-56　方式 1 波形图

方式 1 的工作过程如下：

①当 8254 的方式控制字设定某计数器工作于方式 1 时，该计数器的输出 OUT 立即变为高电平。

②在 CPU 装入计数值 n 后，无论 GATE 是高电平还是低电平，都不进行减 1 计数，必须等到 GATE 由低电平向高电平跳变，形成一个上升沿后，才能在下一个时钟脉冲的下降沿，将 n 装入计数器的执行部件，同时，输出端 OUT 由高电平向低电平跳变。

③以后，每来一个时钟脉冲，计数器就开始减 1 操作。

④当计数器的值减为 0 时，输出端 OUT 产生由低到高的正跳变。这样，就可在 OUT 引脚上得到一个负的单脉冲，单脉冲的宽度可由程序来控制，它等于时钟脉冲的宽度乘以计数值 n。

⑤在计数过程中，若 GATE 产生负跳变，不会影响计数过程的进行。但若在计数器回 0 前，GATE 又产生从低到高的正跳变，则 8254 又将初值 n 装入计数器执行部件，重新开始计数，其结果会使输出的单脉冲宽度加宽。

因此，只要计数器没有回 0，利用 GATE 的上升沿可以多次触发计数器从 n 开始重新计数，直到计数器减为 0 时，OUT 才回到高电平。

(3)方式 2—比率发生器(Rate Generator)。

方式 2 的波形如图 3-57 所示。方式 2 也叫 n 分频方式。该方式的特点是计数器有“自动装载初值”功能,即计数值减到规定的数值后,计数初值将会自动地重新装入计数器,所以能够输出固定频率的脉冲。

方式 2 的工作过程如下:

①当对某一计数通道写入方式控制字,选定工作方式 2 时,OUT 端输出高电平。

②如果 GATE 为高电平,则在写入计数值后的下一个时钟脉冲的下降沿,将计数值装入计数器的执行部件。

③此后,计数器随着时钟脉冲的输入而递减计数。当计数值减为 1 时,OUT 端由高电平变为低电平,待计数器的值减为 0 时,OUT 引脚又回到高电平,即低电平的持续时间等于一个输入时钟周期。与此同时,还将计数初值重新装入计数器,开始一个新的计数过程,并由此循环计数。

④如果装入计数器的初值为 n,那么在 OUT 引脚上,每隔 n 个时钟脉冲就产生一个负脉冲,其宽度与时钟脉冲的周期相同,频率为输入时钟脉冲频率的 n 分之一。

⑤在操作过程中,任何时候都可由 CPU 重新写入新的计数值,不影响当前计数过程的进行。当计数值减为 0 时,一个计数周期结束,8254 将按新写入的计数值 n 进行计数。

⑥在计数过程中,当 GATE 变为低电平时,使 OUT 变为高电平,禁止计数;当 GATE 从低电平变为高电平,GATE 端产生上升沿,则在下一个时钟脉冲时,把预置的计数初值装入计数器,从初值开始递减计数,并循环进行。需要产生连续的负脉冲序列信号时,可使 8254 工作于方式 2。

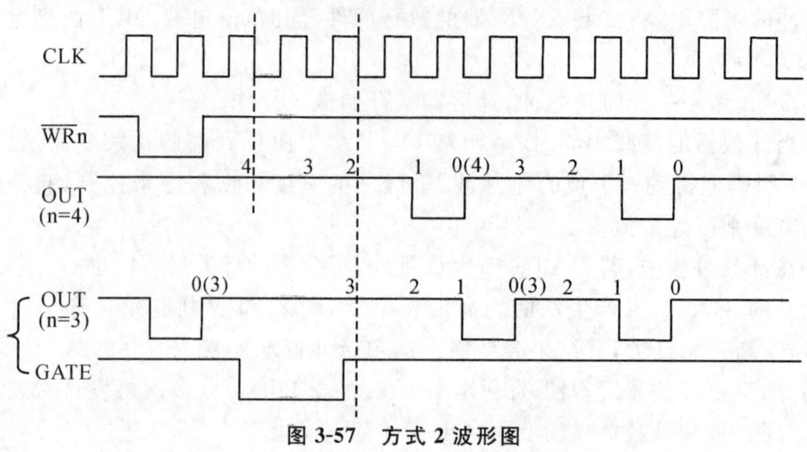

图 3-57 方式 2 波形图

(4)方式3—方波发生器(Square Wave Generator)。

方式3的波形如图3-58所示。此方式具有“自动装载初值”功能,其典型用法是作为波特率发生器。方式3和方式2的工作相类似,但从输出端得到的不是序列负脉冲,而是对称的方波或基本对称的矩形波。

方式3的工作过程如下:

①当设定某计数器工作于方式3时,该计数器的OUT端输出变为高电平。

②如果GATE为高电平,则在写入计数值后的下一个时钟脉冲的下降沿,将计数值装入计数器的执行部件,并开始计数。

③如果写入计数器的初值为偶数,则当8254进行计数时,每输入一个时钟脉冲,均使计数值减2。当计数值减为0时,OUT输出引脚由高电平变成低电平,同时自动重新装入计数初值,继续进行计数。当计数值减为0时,OUT引脚又回到高电平,同时再一次将计数初值装入计数器,开始下一轮循环计数。

④如果写入计数器的初值为奇数,则当输出端OUT为高电平时,第一个时钟脉冲使计数器减1,以后每来一个时钟脉冲,都使计数器减2,当计数值减为0时,输出端OUT由高电平变为低电平,同时自动重新装入计数初值继续进行计数。这时第一个时钟脉冲使计数器减3,以后每个时钟脉冲都使计数器减2,计数值减为0时,OUT端又回到高电平,并重新装入计数初值后,开始下一轮循环计数。

⑤在计数过程中,若GATE变成低电平时,就迫使OUT变为高电平,并禁止计数,当GATE回到高电平时,重新从初值n开始进行计数。

⑥如果希望改变输出方波的速率,CPU可在任何时候重新装入新的计数初值,在下一个计数周期就可按新的计数值计数,从而改变方波的速率。

⑦从OUT端输出的方波频率都等于时钟脉冲的频率除以计数初值。

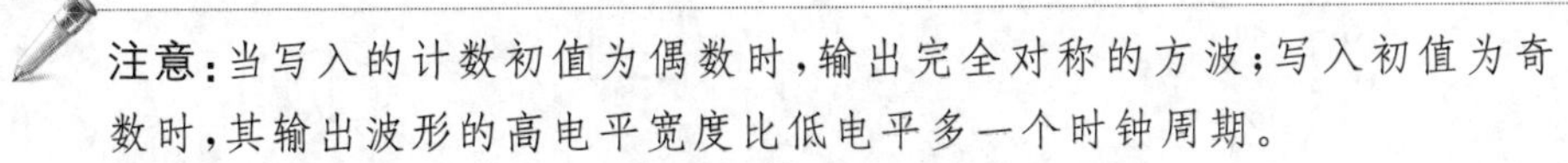

注意:当写入的计数初值为偶数时,输出完全对称的方波;写入初值为奇数时,其输出波形的高电平宽度比低电平多一个时钟周期。

(5)方式4—软件触发选通(Software Triggered Strobe)。

方式4的波形如图3-59所示。与方式0十分相似。其工作过程如下:

①当设定某计数器工作于方式4时,该计数器的OUT端输出变为高电平。

②如果GATE为高电平,那么,在写入计数初值后的下一个时钟脉冲的下降沿,将自动把计数初值装入计数器的执行部件,并开始计数。

③当计数值减为0时,OUT端输出变为低电平,经过一个时钟周期后,又回到高电平,形成一个负脉冲。

④用这种方法装入的计数初值n仅一次有效,若要继续进行计数,必须重新装

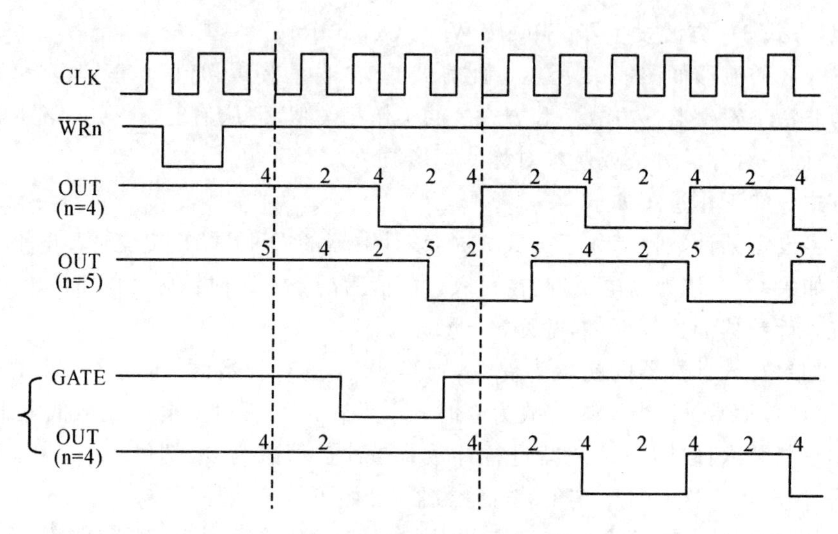

图 3-58 方式 3 波形图

入计数初值。

⑤若在计数过程中写入一个新的计数值，则在现行计数周期内不受影响，但当计数值回 0 后，将按新的计数初值进行计数，同样也只计一次。

⑥如果在计数的过程中 GATE 变为低电平，则停止计数，当 GATE 变为高电平后，又重新将初值装入计数器，从初值开始计数，直至计数器的值减为 0 时，从 OUT 端输出一个负脉冲。

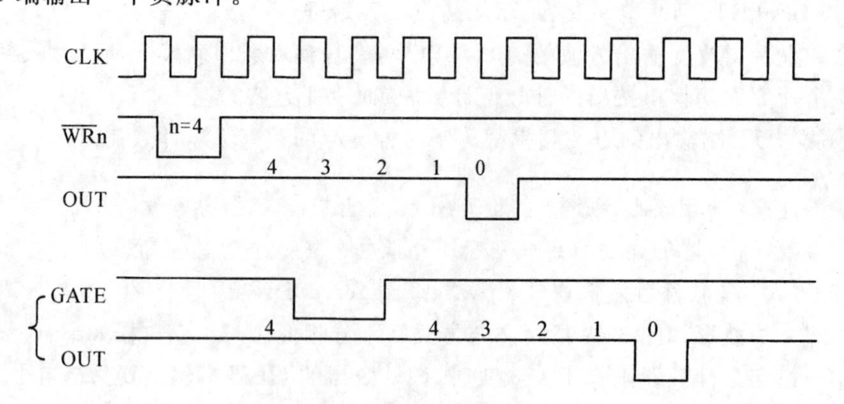

图 3-59 方式 4 波形图

(6)方式 5—硬件触发选通（Hardware Triggered Strobe）。

方式 5 的波形如图 3-60 所示，与方式 1 十分相似。

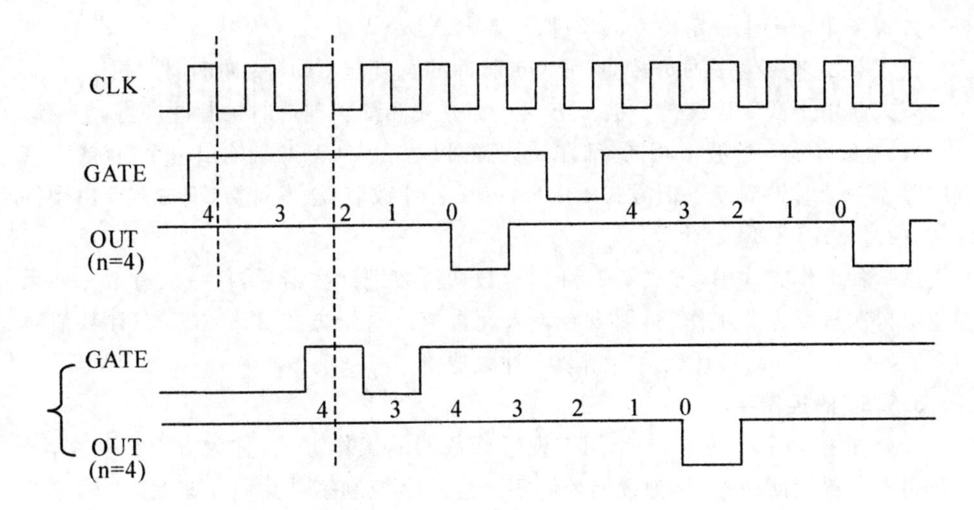

图 3-60　方式 5 波形图

方式 5 的工作过程如下：

①当设定某计数器工作于方式 5 时，该计数器的 OUT 端输出高电平。

②当装入计数值 n 后，不管 GATE 是高电平还是低电平，减 1 计数器都不会工作。一定要等到 GATE 从低到高的正跳变信号后，才能在下一个时钟脉冲的下降沿把计数初值装入计数器的执行部件，然后开始减 1 计数。

③当计数器的值减为 0 时，输出端 OUT 产生一个宽度为一个时钟周期的负脉冲，然后 OUT 又回到高电平。

④计数器回 0 后，8254 又自动将计数值 n 装入执行部件，但并不开始计数，要等到 GATE 端输入正跳变信号后，才又开始减 1 计数。

⑤计数器在计数过程中，不受门控信号 GATE 电平的影响，但在计数未回 0 时，GATE 的上升沿却能多次触发计数器，使它重新从计数初值 n 开始计数，直到计数值减为 0 时，才输出一个负脉冲。

⑥如果在计数过程中写入新的计数值，但没有触发脉冲，则计数过程不受影响。当计数器的值减为 0 后，GATE 端又输入正跳变触发脉冲时，将按新写入的初值进行计数。

由上面各种方式讨论可知，6 种工作方式各有特点，适用于不同的应用场合，现将各种工作方式概括如下：

方式 0 在写入控制字后，输出端即变低，计数结束后，输出端由低变高，常用该输出信号作为中断源。也可实现定时或对外部事件进行计数。其余 5 种方式写入控制字后，输出均变高。

方式1用来产生一定宽度的单脉冲。

方式2用来产生序列负脉冲，每个负脉冲的宽度与CLK脉冲的周期相同。

方式3用于产生连续的方波。方式2和方式3都实现对时钟脉冲进行n分频。

方式4、方式5的波形相同，都在计数器回0后，从OUT端输出一个负脉冲，其宽度等于一个时钟周期。但方式4由软件(设置计数值)触发计数，而方式5由硬件(门控信号GATE)触发计数。

这6种工作方式中，方式0、1和4，计数初值装进计数器后，仅一次有效。如果要通道再次按此方式工作，必须重新装入计数值。对于方式2、3和5，在计数值减到0后，8254会自动将计数值重新装入计数器。

3. 8254的控制字

8254的控制字有两个：一个用来设置计数器的工作方式，称为方式控制字；另一个用来设置读回命令，称为读回控制字。这两个控制字共用一个地址，由标志位来区分。

(1)方式控制字。

方式控制字格式如图3-61所示。当$D_0=0$时，计数初值被认为二进制数，减1计数器按二进制规律减1，初值范围是0001H～10000H，其中10000H(十进制65536)用0000H代替。当$D_0=1$时，计数初值被认为十进制数，减1计数器按十进制规律减1，初值范围是0001～10000，其中10000(十进制10000)用0000H代替。

D_5D_4(RW_1、RW_0)为读/写操作位，用来定义对选中通道的计数器的读/写操作方式，当CPU向8254的某个16位寄存器装入计数初值或从8254的某个16位寄存器读取数据时，也可以只读写它的低8位或者高8位。$D_5D_4=00$，把通道中当前数据寄存器的值送到16位锁存器中，供CPU读取；$D_5D_4=01$，表示只读/写低8位字节数据，当只写入低8位时，高8位自动置为0；$D_5D_4=10$，表示只读/写高8位字节数据，当只写入高8位时，低8位自动置为0；$D_5D_4=11$，表示允许读/写16位数据，由于8254的数据线只有8位，一次只能传送8位数据，所以先读/写计数器低字节，后读/写计数器高字节。

(2)读回控制字。

读回控制字格式如图3-62所示。读回控制字的D_7D_6必须为11，D_0位必须为0。$D_5=0$锁存计数值，以便CPU读取。$D_4=0$将状态信息锁存到状态寄存器。D_3～D_1为计数器选择，不论是锁存计数值还是锁存状态信息，都不影响计数。读出命令能同时锁存几个计数器的计数值/状态信息，当CPU读取某一计数器的计数值/状态信息时，该计数器自动解锁，但其他计数器不受影响。

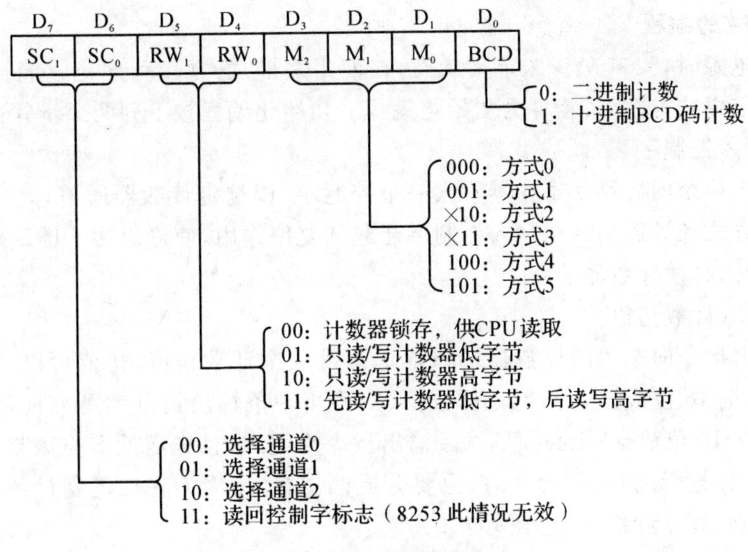

图 3-61　8254 控制字格式

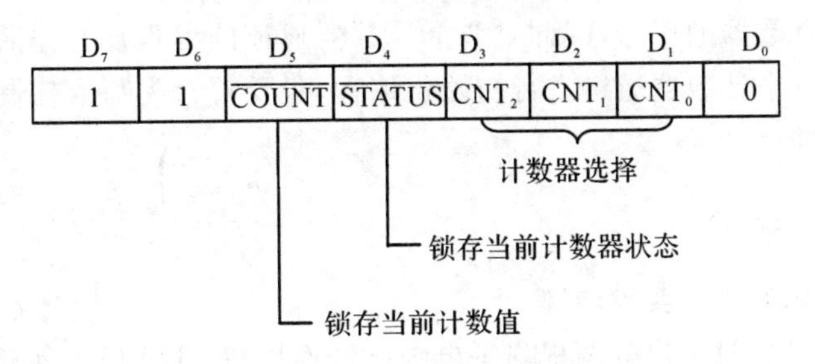

图 3-62　8254 读回控制字格式

(3)状态字。

状态字格式如图 3-63 所示。D_5～D_0 的意义与方式控制字的对应位意义相同，D_7 表示 OUT 引脚的输出状态，$D_7=1$ 表示 OUT 引脚为高电平，$D_7=0$ 表示 OUT 引脚为低电平。D_6 表示计数初值是否已装入减 1 计数器，$D_6=0$ 表示已装入，可以读取计数器。

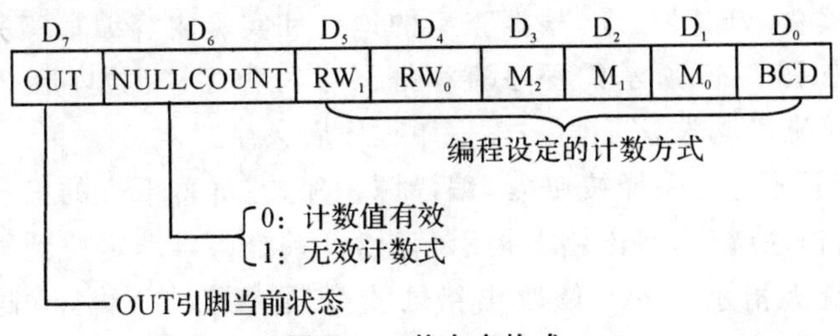

图 3-63　状态字格式

4. 8254 的编程

接通电源时,8254 处于未定义状态,在使用之前,必须用程序把它们初始化为所需的特定模式,这个过程称为初始化编程。初始化编程按下列两个步骤进行:

(1)写入控制字。

用输出指令向控制字寄存器写入一个控制字,以选定计数器通道,规定该计数器的工作方式和计数格式。写入控制字还起到复位作用,使输出端 OUT 变为规定的初始状态,并使计数器清 0。

(2)写入计数初值。

用输出指令向选中的计数器端口地址写入一个计数初值,初值可以是 8 位数据,也可以是 16 位数据。若是 8 位数据,只要用一条输出指令就可完成初值的设置。如果是 16 位数据,则必须用两条输出指令来完成,且先送低 8 位数据,后送高 8 位数据。注意,计数初值为 0 时,也要分成两次写入,因为在二进制计数时,它表示 65536;在 BCD 计数时,它表示 10000。

由于 3 个计数器分别具有独立的编程地址,而控制字寄存器本身的内容又确定了所控制的计数器的序号,因此对 3 个计数器通道的编程没有先后顺序的规定,可任意选择某一个计数器通道进行初始化编程,只要符合先写入控制字,后写入计数初值的规定即可。

五、实验步骤

1. 内容 1、内容 2 的实验步骤

(1)确认从 PC 机引出的两根扁平电缆已经连接在 TD-PIT+实验仪上。

(2)关 TD-PIT+实验仪电源,实验内容 1 和实验内容 2 参考图 3-64 所示连接实验线路,实验内容 1 将 OUT0 引脚连接到开关及 LED 显示单元的 D0 引脚,实验内容 2 将 OUT0 引脚连接到 8259 单元的 IR7 引脚,接线完成后打开实验仪电源。

(3)在 Windows 环境下运行 TdPit 软件,单击工具栏端口资源按钮或运行 CHECK 程序,查看 I/O 空间始地址。

(4)单击"文件\新建"命令,根据查出的地址和实验内容编写实验程序。实验内容 1 可参考如图 3-65 所示的程序流程框图编写程序;实验内容 2 可参考如图 3-66所示的程序流程框图编写程序;输完源程序后保存。

(5)单击工具栏上的编译按钮,编译源程序,在屏幕下方的信息栏窗口显示编译信息,若有语法错误,双击错误提示信息行,系统将自动定位到出错的源程序行,并用红色箭头指示。逐一修改出错的指令后,再存盘、编译,直到没有错误为止。

(6)单击工具栏上的链接按钮,在屏幕下方的信息栏窗口显示链接信息。

(7)调试程序。

①单击工具栏上的调试按钮,进入 Turbo Debug 调试窗口;

②执行"View\Cpu"命令,再在代码显示区右击,执行快捷菜单中"Mixed Both"命令,使其变为"Mixed No";

③按 F8 单步执行,当执行完 MOV DS,AX 后,再单击"View\Cpu"命令,使屏幕下方的数据显示区为数据段 DS 的内容;

④继续按 F8 单步执行,观察调试过程中,指令执行后各寄存器及数据区的内容变化;若要调试子程序,请在子程序调用的行按 F7 键,跟踪到子程序调试;

⑤也可执行到光标处:将光标移到所需的行并单击,使之成为蓝底白字的光带,再按 F4 键,观察执行到当前位置时各寄存器及数据区的内容。

(8)按 F9 或单击工具栏上的连续运行按钮,连续执行程序,观察发光二极管显示是否正常,或屏幕上显示的内容及出现字符的速度是否正确。

2. 内容 3、内容 4 的实验步骤

由于使用了 INTR 中断,所以必须在纯 DOS 环境下调试并运行程序。

(1)确认从 PC 机引出的两根扁平电缆已经连接在 TD-PIT+实验仪上。

(2)关 TD-PIT+实验仪电源,参考图 3-67 所示连接实验线路,实验内容 3 将 CLK0 引脚连接到单次脉冲单元的 KK1+引脚,实验内容 4 将 CLK0 引脚连接到总线区 CLK 引脚,接线完成后打开实验仪电源。

(3)启动纯 DOS 环境,进入 TDDEBUG 软件所在目录,运行 CHECK 程序,查看 INTR 对应的中断号、初始化命令字寄存器 ICW 和操作命令字寄存器 OCW 的地址、打开屏蔽的命令字、中断矢量地址、PCI 卡中断控制寄存器 INTCSR 的地址。

(4)运行 TDDEBUG 软件,使用 ALT+E 选择 Edit 菜单项进入程序编辑环境。实验内容 3 可参考图 3-68 所示的流程框图编写程序;实验内容 4 可参考图 3-69 所示的流程框图编写程序;输完源程序后保存。

(5)程序编写完后保存退出,使用 Compile 菜单中的 Compile 命令和 Link 命令对实验程序进行编译、链接。

(6)编译输出信息表示无误后,使用 ALT+R 进入 Rmrun 菜单项,通过 Run 命令运行程序。做实验内容 4 时,按动 KK1+按键,观察是否每按键 5 次,在屏幕上显示一个字符"5"。做实验内容 5 时,观察是否在屏幕上显示计时秒表。

(7)做实验内容 4 时,改变计数值,从而实现不同要求的计数。

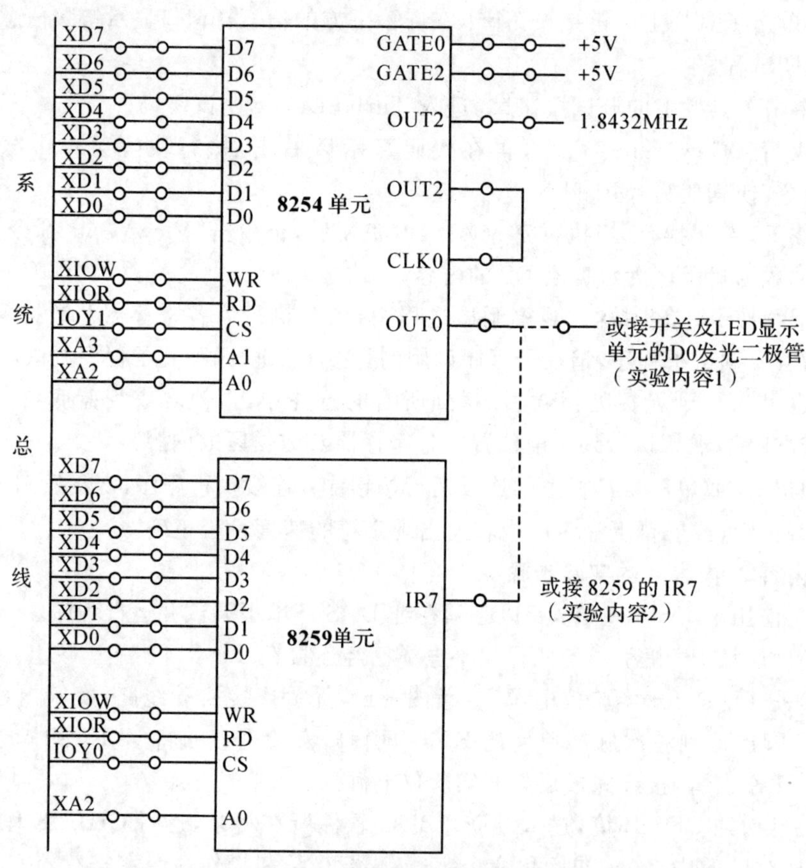

图 3-64　内容 1、内容 2 接线图

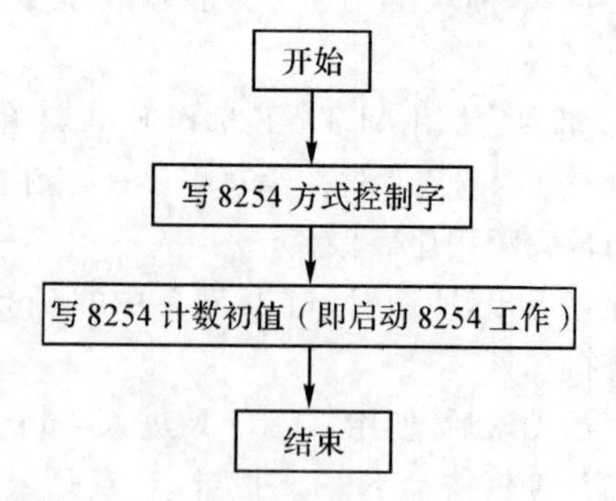

图 3-65　内容 1 程序流程框图

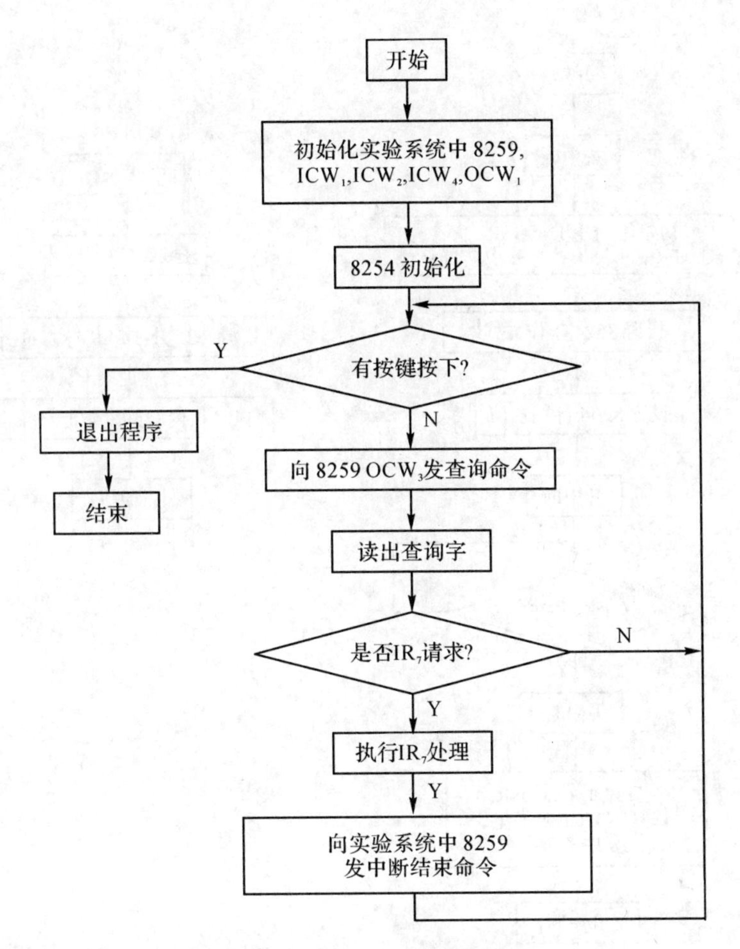

图 3-66　内容 2 程序流程框图

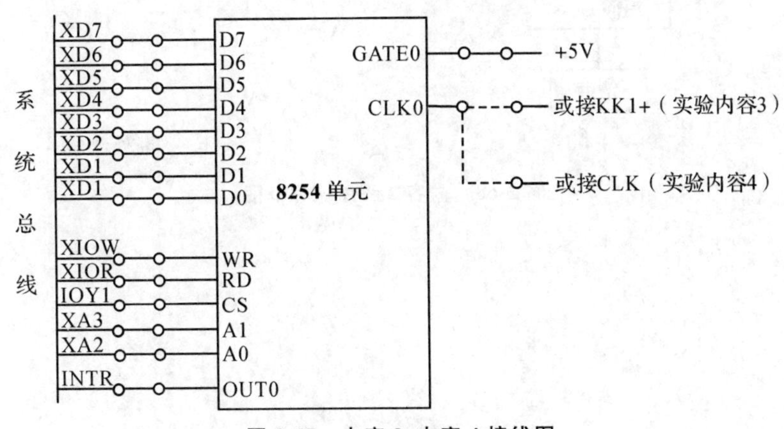

图 3-67　内容 3、内容 4 接线图

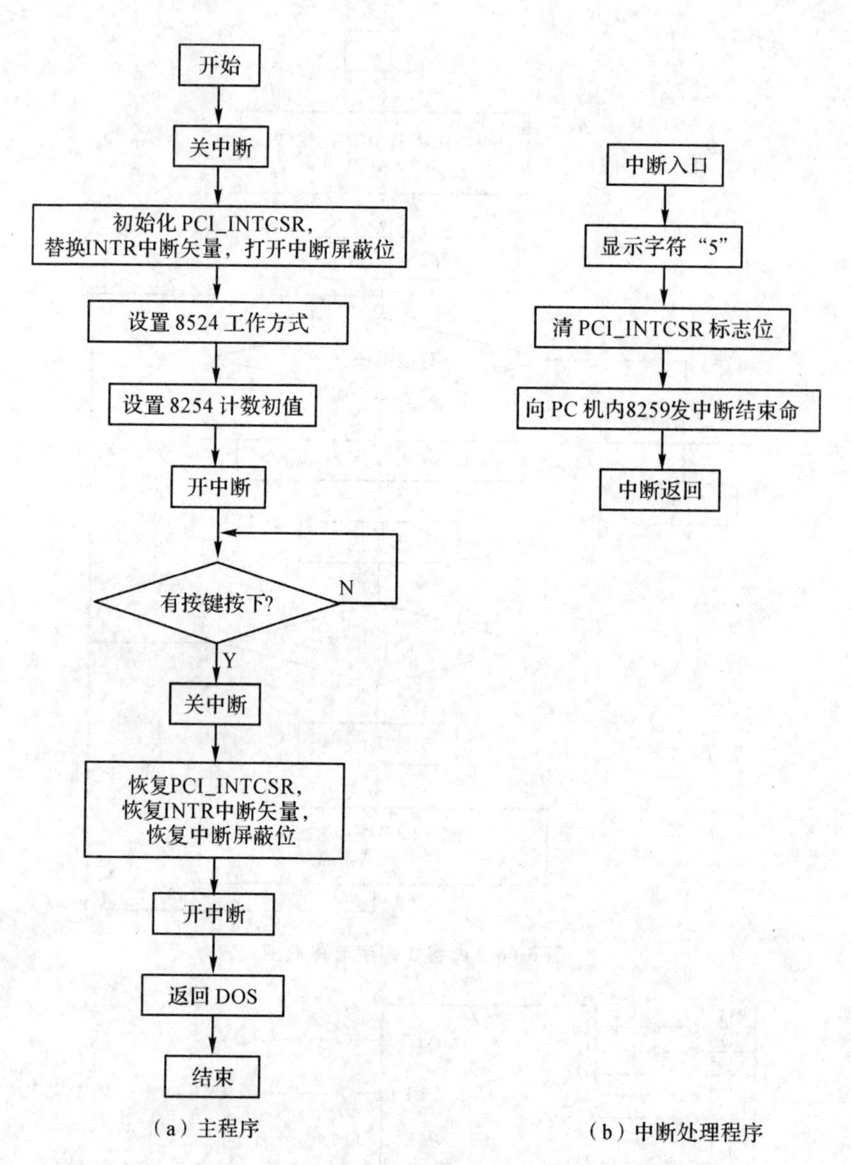

图 3-68　内容 3 程序流程框图

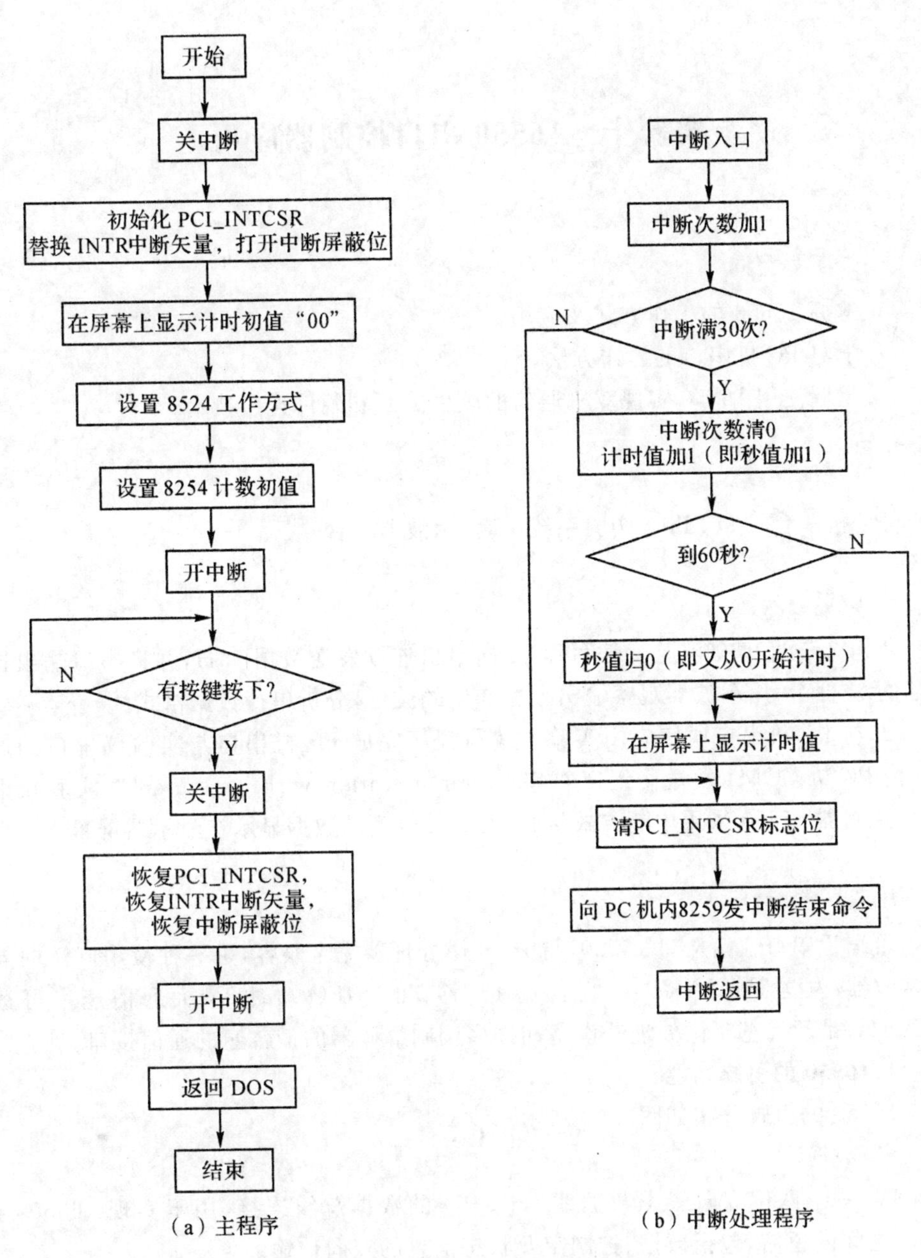

（a）主程序

（b）中断处理程序

图 3-69　内容 4 程序流程框图

实验十　16550 串口控制器应用

一、实验目的

1. 掌握 16550 的工作方式及应用。

2. 学习 PC 机串口的操作方法。

3. 掌握使用 16550 实现双机通信的软件编制和硬件连接技术。

二、实验设备

PC 机一台、TD-PIT＋实验系统一套、示波器一台。

三、实验内容

1. 串行通信基础实验。编写程序，向串口连续发送数据 55H，并将串口输出连接到示波器上，用示波器观察输出数据产生的波形，分析串行数据格式。

2. 与 PC 机串口通信应用实验。编写程序完成 PC 机串口与实验仪串口的通信，由 PC 机 COM1 发送一组字符串“Communication with computer!”，实验仪上串口控制器 16550 采用中断方式接收，并将接收到的数据显示在显示器屏幕上。

四、实验原理

可编程串口通信接口 16550，与 Intel 微处理器完全兼容，是一种使用广泛的异步接收器/发送器（UART）。它内置 16 字节的 FIFO 缓冲，最大通信速率可达 115kb/s，是现代基于微处理器设备和许多调制解调器的最普遍的通信接口。

1. 16550 的引脚功能

16550 的引脚分布如图 3-70 所示。

(1)数据线。

D_0～D_7：八位双向三态数据线，与 CPU 的数据总线连接，用于实现 16550 与 CPU 之间的通信，包括数据、控制字及状态信息的双向传输。

(2)读/写控制逻辑线。

RD、$\overline{RD}$：读控制信号（两者可任意用一个），用于控制 16550 内部寄存器中读出数据或状态信息。

WR、$\overline{WR}$：写控制信号（两者可任意用一个），用于控制向 16550 内部的寄存器

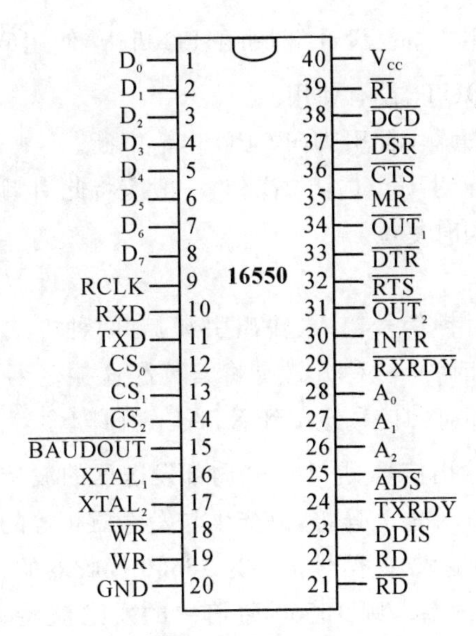

图 3-70　16550 引脚图

写入命令字或数据。

DDIS:禁止驱动器输出信号。当 DDIS=0,表明 CPU 正在从 16550 那里读取数据。其余时候均为高电平,禁止挂在 CPU 与 16550 之间的数据线上的收发器与 16550 通信。

(3)地址线。

CS_0、CS_1、$\overline{CS_2}$:片选信号,只有当 CS_0、CS_1 为高电平,$\overline{CS_2}$ 为低电平时,16550 芯片才会接受 CPU 的访问,才能作为通用异步接收器/发送器使用。

$A_0 \sim A_2$:片内寄存器选择信号,用于选择要访问的 16550 的内部寄存器中的某一个。

$\overline{ADS}$:地址选通信号,低电平有效,用于锁存三个片选信号和 $A_2 \sim A_0$ 的输入状态,以保证在读写操作期间地址的稳定。若在对 16550 读写过程中,$A_2 \sim A_0$ 稳定(例如用在 Intel 微处理器上),$\overline{ADS}$可直接接地。

(4)中断控制和复位信号。

16550 具有中断控制和优先级处理能力。当采用中断方式工作,在满足一定条件时,如发送保持寄存器空或接收数据有效都会在 INTR 引脚产生高电平有效的中断请求信号,以便通知 CPU 进行中断处理。除此之外,16550 还允许 Modem 状态中断和线路状态中断。

$\overline{OUT_1}$、$\overline{OUT_2}$:用户自定义的输出信号,可由用户编程来改变这两个引脚输出电平。作什么用途，由用户自己设计，例如在 PC 机中，使用$\overline{OUT_2}$来控制中断请求信号 INTR 的输出，而$\overline{OUT_1}$没有使用。

INTR：中断请求信号，由此引脚向 CPU 申请中断。

MR：复位信号，用于对 16550 复位操作，一般应将此引脚连接到系统RESET信号上，使 16550 与系统同时复位。

(5)时钟信号。

$XTAL_1$、$XTAL_2$：时钟信号输入、输出引脚，有两种方式可以通过这两个引脚产生 16550 的内部基准时钟，一种方式是将石英晶体振荡器直接连接在这两个引脚之间，另一种是将外部时钟信号连接到 $XTAL_1$ 引脚上。

$\overline{BAUDOUT}$：波特输出信号，是 16550 内部发送器的波特率发生器产生的发送时钟信号，它通常与 RCLK 输入连接，以产生与发送器相等的时钟。

RCLK：接收器时钟输入，此信号将作为 16550 接收器的基准时钟信号，一般将其与$\overline{BAUDOUT}$连接在一起，则 16550 通信中的发送波特率与接收波特率是相同的。

(6)数据就绪信号。

$\overline{RXRDY}$：接收器准备就绪信号，输出，用于 DMA 传送。

$\overline{TXRDY}$：发送器准备就绪信号，输出，用于 DMA 传送。

(7)Modem 控制逻辑。

$\overline{RTS}$：请求发送，输出，表明 16550 希望发送数据给 Modem。

$\overline{CTS}$：允许发送，输入，是对$\overline{RTS}$的应答信号，表明 Modem 已作好接收数据的准备，16550 可以发送数据。

$\overline{DTR}$：数据终端准备好，输出，通知 Modem，表明 16550 已准备就绪。

$\overline{DSR}$：数据通信装置准备好，输入，是对$\overline{DTR}$的应答信号，表明 Modem 已准备就绪。

$\overline{DCD}$：载波检测，输入，表明 Modem 已收到数据载波信号。

$\overline{RI}$：振铃指示，输入，表明 Modem 已收到电话线上的振铃信号。

(8)串行数据输入/输出线。

RXD、TXD：串行数据信号，RXD 用于接收串行数据，TXD 用于发送串行数据。

2. 16550 的内部结构

与大多数 UART 芯片一样，16550 内部结构可分为数据发送器、数据接收器和控制器三大部分，分别承担各自的功能。其中接收器和发送器两个部分完全相互独立，使得 16550 可以工作在单工、半双工或全双工方式下。16550 的内部结构如图 3-71 所示。

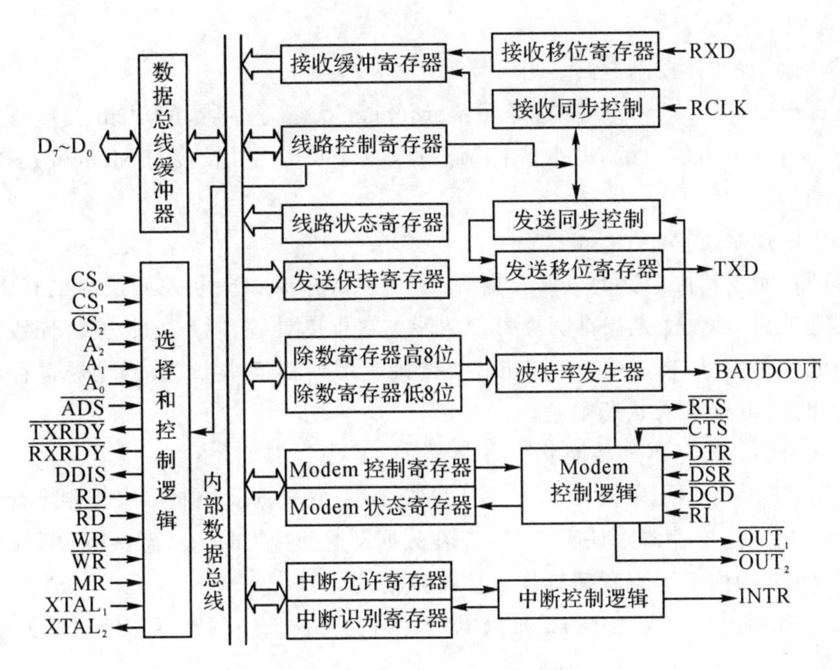

图 3-71　16550 内部逻辑结构

(1)数据发送器:由发送保持寄存器、发送移位寄存器和发送同步控制电路三部分组成。当发送保持寄存器为空时,将可以接收 CPU 送来的并行数据;然后在发送时钟$\overline{\text{BAUDOUT}}$的控制下,将数据送至发送移位寄存器;与此同时,16550 按照通信协议规定的通信格式,加入起始位、校验位和停止位,由移位寄存器将并行数据转换为串行数据,经串行数据输出引脚 TXD 依次发送出去。

(2)数据接收器:由接收缓冲寄存器、接收移位寄存器和接收同步控制电路组合而成。对经由 RXD 引脚输入的串行数据进行移位接收。当接收数据时,在接收时钟信号 RCLK 的控制下,按通信协议规定的数据格式,自动删除起始位、校验位和停止位,把按位输入的串行数据转换成并行数据。当接收完一个数据后,把刚转换后的并行数据送到接收缓冲寄存器。

(3)控制器:16550 的内部控制器完成对芯片自身工作状况的控制,主要有以下几个部分:

①波特率发生器控制电路。

由波特率发生器、分频系数寄存器(亦称除数寄存器)组成,用于产生串行通信时所需要的波特率时钟信号。分频系数与波特率的关系可由下式表示:

$$分频系数=基准时钟频率/(波特率\times16)$$

分频系数也叫除数,式中除以 16 是因为接收或发送的时钟频率为相应波持率的 16 倍。

②调制/解调器控制电路。

这部分电路由 Modem 控制寄存器、Modem 状态寄存器、Modem 控制逻辑电路组成。对外可提供一组 Modem 控制信号，使得 16550 可直接与 Modem 连接，实现远程通信。

③中断控制逻辑。

中断控制逻辑由中断允许寄存器、中断识别寄存器和中断控制逻辑电路组成，用来实现中断申请、优先权排队等管理功能。它可以处理 4 级中断，按优先级次序从高到低依次为：接收数据出错中断、数据接收缓冲器满中断、数据发送寄存器清空中断和 Modem 输入状态中断。

④线路控制寄存器和线路状态寄存器。

线路控制寄存器用来接收 CPU 写入的控制字，并根据此控制字来控制串行通信的数据格式；状态寄存器则是反映 16550 在数据发送和接收时的状态，供 CPU 读取。

3. 16550 的内部可编程寄存器及控制字格式

表 3-13 列出了 PC 机三条地址线的每种组合与被选中的寄存器的对应关系。

表 3-13　由 A_0、A_1、A_2 选择的寄存器

DLAB	A_2	A_1	A_0	寄存器	缩写	COM1 口地址
0	0	0	0	接收缓冲寄存器(读)，发送保持寄存器(写)	RBR，THR	03F8H
0	0	0	1	中断允许寄存器	IER	03F9H
×	0	1	0	中断识别寄存器(读)，FIFO 控制寄存器(写)	IIR，FCR	03FAH
×	0	1	1	线路控制寄存器	LCR	03FBH
×	1	0	0	Modem 控制寄存器	MCR	03FCH
×	1	0	1	线路状态寄存器	LSR	03FDH
×	1	1	0	Modem 状态寄存器	MSR	03FEH
×	1	1	1	暂存器		03FFH
1	0	0	0	波特率除数寄存器(低字节)	DL	03F8H
1	0	0	1	波特率除数寄存器(高字节)	DH	03F9H

由于 16550 内部有 11 个可寻址访问的功能寄存器，但只用 $A_2 \sim A_0$ 来寻址，因此必然有两个寄存器共用一个端口地址的情况，对它们的区分是由 DLAB 位(除数

锁存器访问)和读、写信号来实现的。表中 DLAB 是通信线控制寄存器的最高位(D_7),×表示取值任意(0 或 1 均可)。按照其用途,可以将寄存器分为如下 5 组。

(1)通信控制和状态寄存器。

①线路控制寄存器(LCR)。

格式:

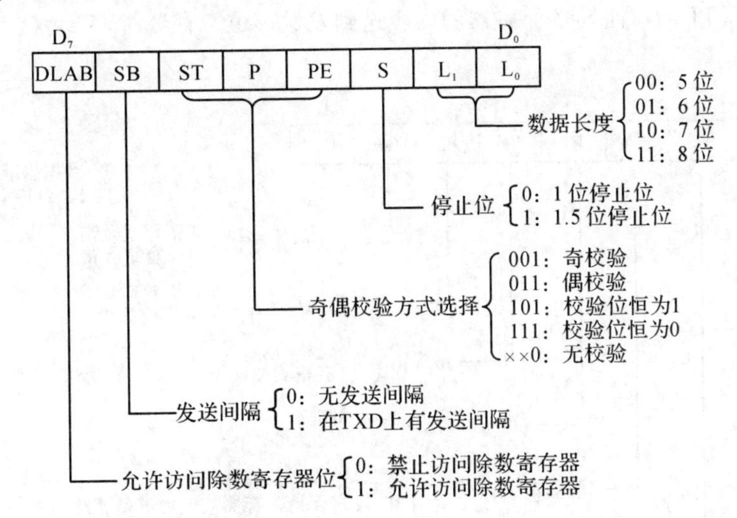

LCR 用来设置串行通信的数据格式,其中最高位 D_7 即为表 3-13 中的 DLAB 寻址位,DLAB=1,寻址除数寄存器;DLAB=0,寻址接收缓冲寄存器、发送保持寄存器、中断允许寄存器。CPU 可以对 LCR 进行写入操作(初始化编程),也可以读出其内容。

D_2 位 S,用来选择停止位的位数。如果其值为 0,则使用 1 位停止位。如果其值为 1,对于 5 位数据位来说,则要使用 1.5 位停止位;对于 6 位、7 位、8 位数据位来说,则要使用 2 位停止位。

D_6 位 SB,用来发送一个间隔符。如果其值为 1,则在 TXD 引脚发送一个间隔符。一次间隔定义至少 2 帧逻辑 0 数据。间隔符发送的定时操作,是由系统软件负责。为结束间隔,要将线路控制寄存器的位 6 设置成 0 电平。

②线路状态寄存器(LSR)。

LSR 为 CPU 提供串行通信的状态,如:数据接收缓冲器是否准备好,数据发送寄存器是否空,以及接收是否发生错误等。LSR 中若某位为 1,则表示出现了该位对应的状态。

D_0 位 DR 表示数据是否就绪。DR=0,数据未准备就绪;DR=1,FIFO 内有数据。

D_1 位 OE,表示接收数据重叠错,是指接收缓冲器的输入数据还没取走,又接收到新的数据,从而造成数据丢失。

D_5 位 TH，指示在发送保持寄存器中是否有数据。当 16550 发送时，首先将数据送入发送保持寄存器，然后再经发送移位寄存器一位一位发送出去。当 TH＝1 时，指示数据已经从发送保持寄存器送到发送移位寄存器，即发送保持寄存器为空时，才可接收新的数据。

D_6 位 TE，指示发送移位寄存器是否已经将数据送到发送线上，当没有可发送的数据时，TE＝1；而发送保持器的内容送到发送移位寄存器时，TE＝0。

格式：

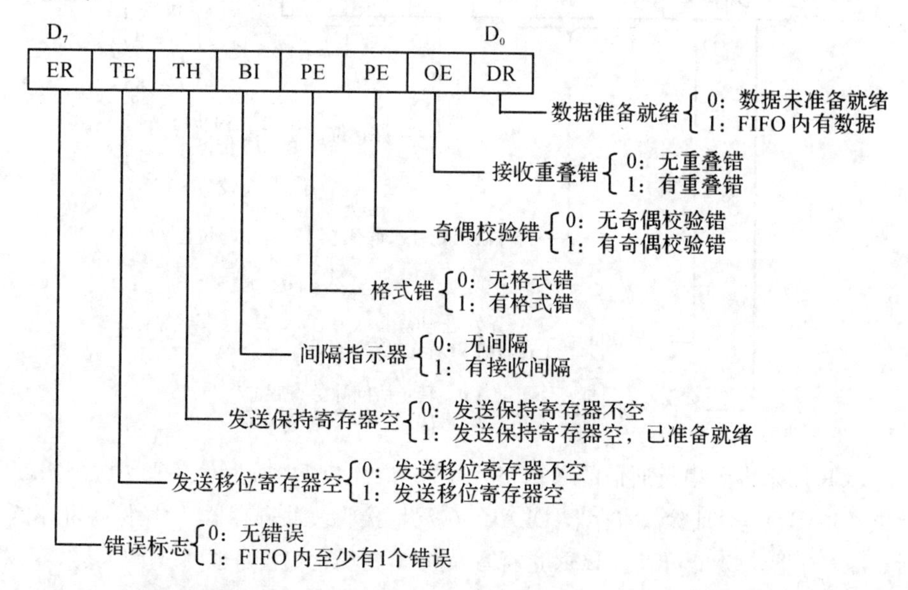

(2)波特率除数寄存器。

这是一个 16 位的除数寄存器，占用两个端口地址，该寄存器用于对输入 16550 的基准时钟进行分频，以产生串行通信接收或发送时的移位时钟。CPU 写入到此寄存器的除数值便是分频系数。除数值的大小与基准时钟和所需的波特率直接相关，表 3-14 给出了 16550 以 18.432MHz 为基准时钟时，几种常用波特率所需的除数值。实际上，表中的除数值即分频系数，可以用公式：除数值＝基准时钟频率/(波特率×16)，直接计算出来。

表 3-14　常用波特率与除数寄存器的设置

波特率	除数值	对应除数寄存器的值	
		高字节	低字节
2400	480	01H	E0H
4800	240	00H	F0H

续表

波特率	除数值	对应除数寄存器的值	
		高字节	低字节
9600	120	00H	78H
19200	60	00H	3CH
38400	30	00H	1EH
57600	20	00H	14H
115200	10	00H	0AH

(3)Modem 控制和状态寄存器。

①Modem 控制寄存器 MCR。

格式：

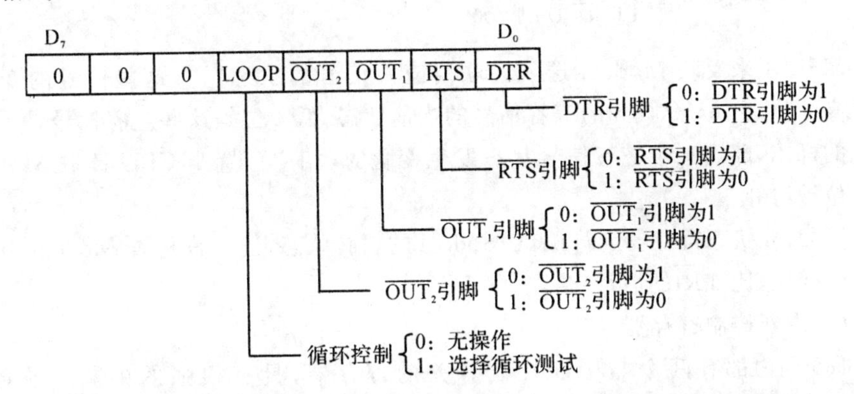

MCR 用来设置与 Modem 连接的联络信号，写入 MCR 的控制字有三方面作用：

决定连接到 Modem 的通信联络信号$\overline{DTR}$、$\overline{RTS}$是否为有效状态，例如使 $D_0=1$，则 16550 的$\overline{DTR}$引脚将输出低电平。

决定通用输出信号$\overline{OUT_1}$、$\overline{OUT_2}$ 的输出电平。若使 $D_3=1$，则 16550 的$\overline{OUT_2}$引脚输出低电平。

决定 16550 是否工作在自诊断测试方式。当 $D_4=1$ 时，发送移位寄存器的输出在芯片内部被回送到接收移位寄存器，发送的串行数据立即在内部被接收，以此来测试 16550 工作是否正常。一般情况下，应设置 $D_4=0$，则 16550 为正常接收/发送方式。

②Modem 状态寄存器 MSR。

格式：

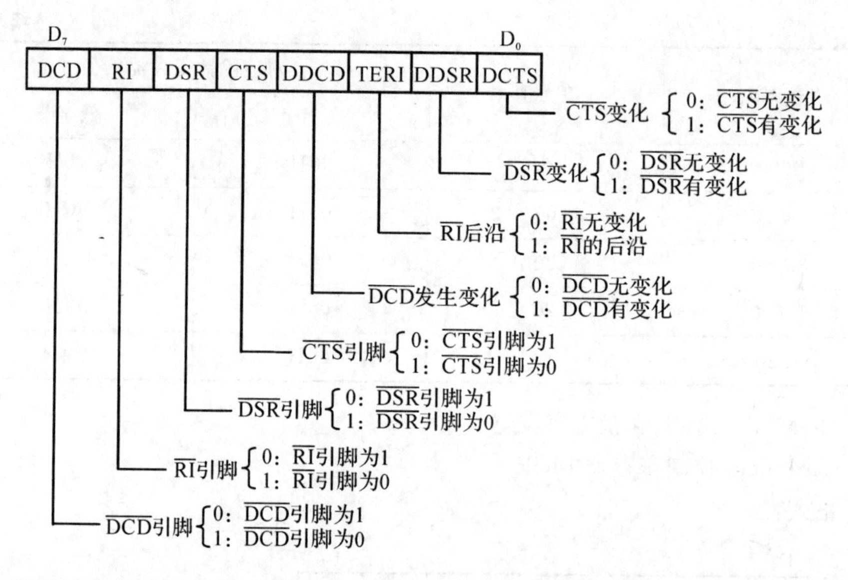

MSR 用来反映 Modem 送入的联络应答信号的状态以及这些信号的变化信息。高 4 位是 16550 收到的应答信号的当前状态，低 4 位是这些应答信号是否发生变化的标志，即当某个应答信号状态发生变化时，相应位置 1，CPU 读取 MSR 后，低 4 位被清 0。

Modem 状态寄存器允许测试 Modem 的引脚状态，还允许检查 Modem 引脚是否发生变化，比如$\overline{RI}$的后沿。

(4)中断控制寄存器。

16550 内部有两个与中断控制有关的寄存器，具有很强的中断控制能力。16550 支持四级中断，这四级中断按优先权从高到低顺序排列依次为：接收出错中断、接收缓冲器满中断、发送保持器空中断、Modem 状态发生变化中断。四个中断源共用一条中断请求线 INTR 向 CPU 申请中断。

①中断允许寄存器 IER。

格式：

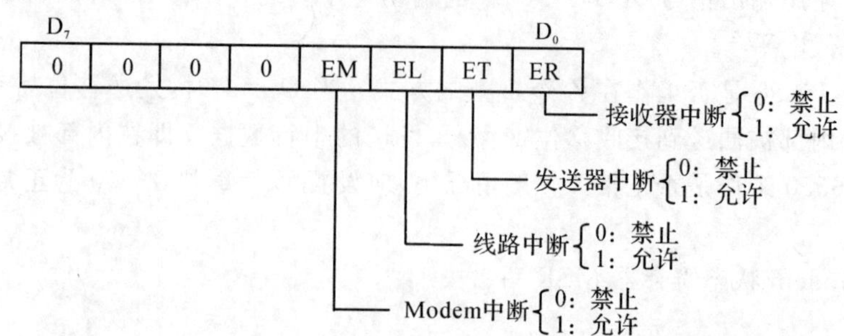

IER 寄存器的低 4 位用来控制 16550 的 4 种中断是否被开放，若低 4 位中某位为 1，则对应的中断被允许；某位为 0，则对应的中断请求被禁止。

②中断识别寄存器 IIR。

格式：

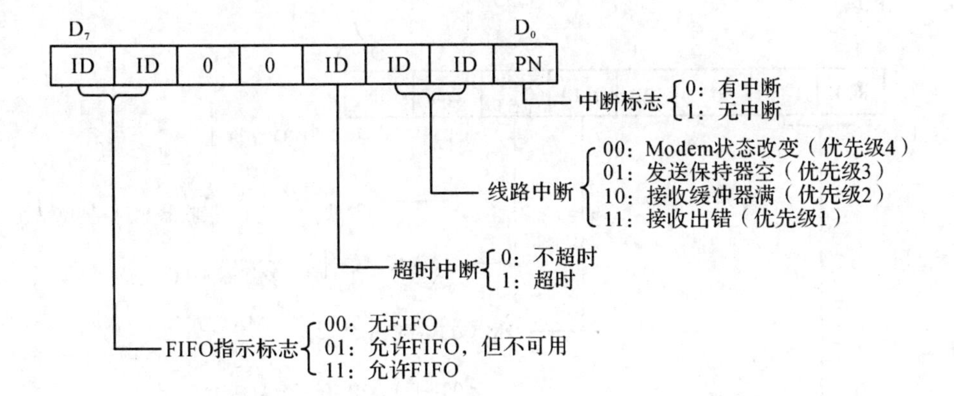

由于 16550 内部的 4 级中断源共用一条 INTR 申请线向 CPU 申请中断，因此 CPU 响应以后，必须要辨别是哪一级中断。IIR 为此提供了请求中断的类型及其优先级，CPU 可通过查 IIR 寄存器来辨别中断类型，从而转移到相应的中断服务程序进行处理。例如，若某一时刻，16550 内部的接收缓冲器和发送保持器同时申请中断，则反映在 IIR 中的值为 04H。

(5)数据接收/发送寄存器。

这一组寄存器用来作为串行数据接收/发送的缓冲装置。其中发送保持寄存器 THR 与接收缓冲寄存器 RBR 共用一个 I/O 口地址，但 THR 为只写寄存器，CPU 只能对其写入要发送的数据，RBR 为只读寄存器，CPU 只能从中读出接收到的数据。同样的，下面要介绍的 FIFO 控制寄存器 FCR 虽然也与前面介绍的中断识别寄存器 IIR 共用一个 I/O 口地址，但 IIR 为只读寄存器，而 FCR 为只写寄存器，因此 CPU 对它们进行访问时不会发生混乱。

①发送保持寄存器 THR。

THR 用来保存 CPU 送来的并行数据，并转送到发送移位寄存器，将此并行数据转换成串行数据，再加上起始位、校验位和停止位，从 TXD 引脚串行输出。

②接收缓冲寄存器 RBR。

从 RXD 引脚输入的串行数据被送到接收移位寄存器，去掉起始位、校验位和停止位以后，转换成并行数据并存入 RBR 中，等待 CPU 来接收。

③FIFO 控制寄存器 FCR。

16550的一个主要优点是它具有内部接收器和发送器FIFO存储器，每个FIFO存储器均为16字节，这种先进先出的接收/发送缓冲器装置，使得16550大大地降低了对CPU响应串行数据接收/发送中断的速度要求，适合于高速串行通信系统中使用。FCR则用于对发送器和接收器的FIFO的控制。

格式：

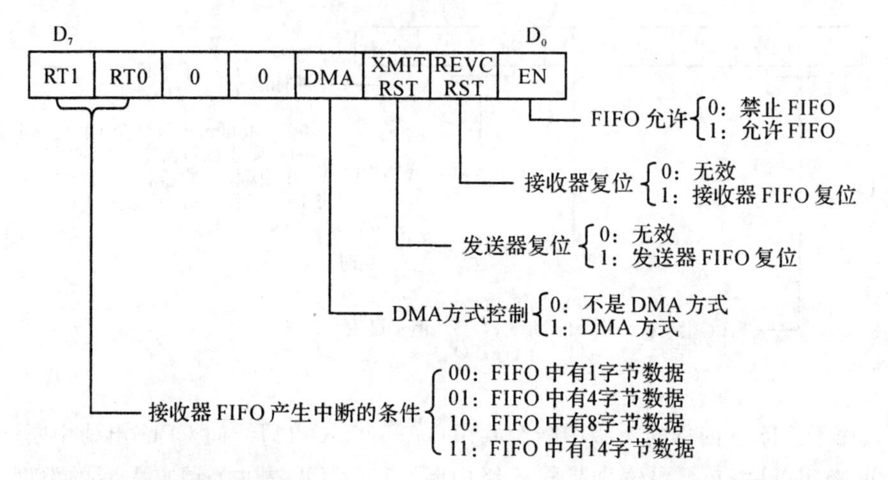

4. 16550的初始化编程

(1)初始化编程。

在使用16550进行串行数据通信以前，必须要对其进行初始化编程，主要步骤归纳如下：

①设置除数寄存器。根据基准时钟频率和通信波特率设置除数寄存器，需要注意的是：为了能对除数寄存器写入，要先使线路控制寄存器的最高位DLAB置“1”。

②设置线路控制寄存器。确定异步通信的字符格式，将DLAB位置“0”，以便接下来能对中断允许寄存器初始化，以及在串行数据传送中能对接收缓冲寄存器和发送保持寄存器进行操作。

③设置FIFO控制寄存器。

④设置中断允许寄存器。确定CPU与16550进行数据传送时，是否采用中断传送方式。

⑤设置Modem控制寄存器。

例：设16550的端口地址为3F8H～3FFH(即为PC机的COM1串行口地址)，欲使16550以9600波特率进行串行通信，字符格式为7个数据位、2个停止位、奇校验方式，允许所有中断，则相应的初始化程序为：

```
MOV    DX,03FBH         ;DX指向16550的线路控制寄存器地址
MOV    AL,80H           ;置DLAB=1
OUT    DX,AL
MOV    DX,03F8H         ;除数寄存器(低字节)地址
MOV    AL,78H           ;对应波特率为9600的除数为0078H
OUT    DX,AL            ;送除数低字节
INC    DX               ;指向除数寄存器(高字节)地址
MOV    AL,0
OUT    DX,AL            ;送除数高字节
MOV    AL,0EH           ;线路控制寄存器控制字:0→DLAB;7位数据
MOV    DX,03FBH         ;奇校验,2个停止位
OUT    DX,AL
MOV    DX,03FAH         ;DX指向FIFO控制寄存器
MOV    AL,87H           ;FIFO控制字:允许FIFO并清除接收器和发送器
                        ;FIFO,设置接收器FIFO中有8个字节时申请中断
OUT    DX,AL
MOV    DX,03F9H         ;指向中断允许寄存器地址
MOV    AL,0FH           ;中断允许控制字:允许所有的中断
OUT    DX,AL
MOV    DX,03FCH         ;指向Modem控制寄存器
MOV    AL,0BH           ;Modem控制字:使OUT2、DTR、RTS输出
OUT    DX,AL            ;均为有效(低电平)
```

以中断方式发送或接收数据,还必须设置8259A中断控制器,使对应的中断请求允许,同时还要设置发送或接收中断服务程序的入口地址(中断向量),使得编程较为复杂。在有些场合,可以使16550工作在查询方式,即向16550的中断允许寄存器送入00H,禁止所有中断。

(2)查询方式通信。

采用查询方式发送或接收字符时,必须查询线路状态寄存器的状态,以决定是否可以发送或接收数据,以及接收过程中是否发生了错误等。

①查询方式发送。

下面的程序为从COM1串行口发送一个字节的子程序,设待发送的字符已在CL中。

```
SEND:  MOV    DX,03FDH      ;DX指向16550的线路状态寄存器LSR地址
       IN     AL,DX         ;读LSR的状态
       TEST   AL,20H        ;发送保持寄存器空?
```

```
        JZ      SEND            ;不空,继续等待
        MOV     DX,03F8H        ;DX 指向 16550 的发送保持寄存器 THR 地址
        MOV     AL,CL           ;取待发送数据送 AL
        OUT     DX,AL           ;发送
        RET
```

若要发送一批数据,可多次调用该发送字符子程序,每次调用之前,把待发送字符预先送入 CL 中。

②查询方式接收。

下面的程序为从 COM1 串行口接收一个字符的子程序,接收的字符暂存于AL 中。

```
RECV:   MOV     DX,03FDH        ;DX 指向 16550 的线路状态寄存器 LSR 地址
        IN      AL,DX           ;读 LSR 的状态
        TEST    AL,0EH          ;测试有无错误
        JNZ     ERROR           ;有错误,转出错处理
        TEST    AL,01H          ;已收到字符否?
        JZ      RECV            ;未收到,继续等待
        MOV     DX,03F8H        ;DX 指向 16550 的接收寄存器 RBR 地址
        IN      AL,DX           ;接收字符
        RET
ERROR:...                       ;出错处理
```

同理,若要接收一批数据,可多次调用该接收字符子程序。为了避免由于线路干扰或故障造成通信错误,使接收程序陷入死循环,可以设定一个最大接收时间,只要超时即退出接收程序。

五、实验步骤

1.串行通信基础实验

本实验串行传输的数据格式可设定如下:传输波特率 9600,每个字节有一个逻辑“0”的起始位,8 位数据位,1 位逻辑“1”的停止位,如图 3-72 所示。具体实验步骤如下:

(1)确认从 PC 机引出的两根扁平电缆已经连接在 TD-PIT+实验仪上。

(2)关 TD-PIT+实验仪电源,参考图 3-73 所示连接实验线路,接线完成后打开实验仪电源。

(3)在 Windows 环境下运行 TdPit 软件,单击工具栏端口资源按钮或运行 CHECK 程序,查看 I/O 空间始地址。

(4)单击“文件\新建”命令，根据查出的地址和实验内容编写实验程序，连续向发送寄存器写 55H，也可参考图 3-74 所示的程序流程框图编写程序，输完源程序后保存。

(5)单击工具栏上的编译按钮，编译源程序，在屏幕下方的信息栏窗口显示编译信息，若有语法错误，双击错误提示信息行，系统将自动定位到出错的源程序行，并用红色箭头指示。逐一修改出错的指令后，再存盘、编译，直到没有错误为止。

(6)单击工具栏上的链接按钮，在屏幕下方的信息栏窗口显示链接信息。

(7)调试程序：

①单击工具栏上的调试按钮，进入 Turbo Debug 调试窗口；

②执行“View\Cpu”命令，再在代码显示区右击，执行快捷菜单中“Mixed Both”命令，使其变为“Mixed No”；

③按 F8 单步执行，当执行完 MOV DS,AX 后，再单击“View\Cpu”命令，使屏幕下方的数据显示区为数据段 DS 的内容；

④继续按 F8 单步执行，观察调试过程中，指令执行后各寄存器及数据区的内容变化；

⑤也可执行到光标处：将光标移到所需的行并单击，使之成为蓝底白字的光带，再按 F4 键，观察执行到当前位置时各寄存器及数据区的内容。

(8)按 F9 或单击工具栏上的连续运行按钮，连续执行程序，在示波器上观察波形是否正确。

(9)改变发送的数据，再仔细观察波形。

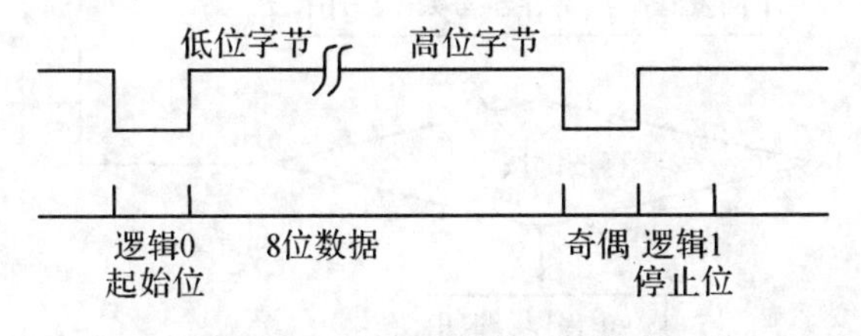

图 3-72　串行传输的数据格式

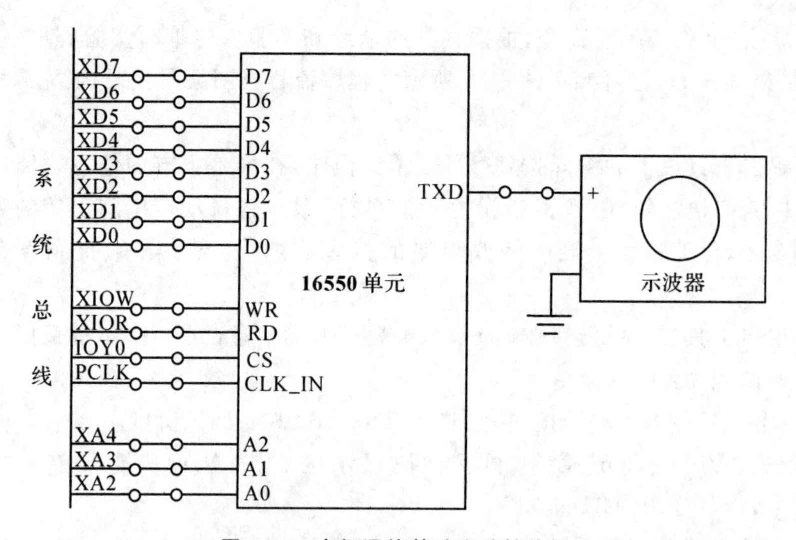

图 3-73 串行通信基础实验接线图

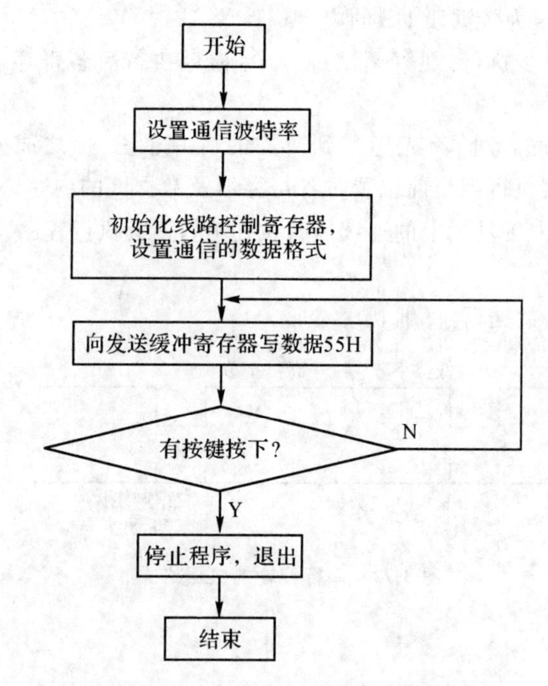

图 3-74 串行通信基础实验流程框图

2. 与 PC 串口通信应用实验

用串行电缆将 PC 机的 COM1 与实验仪的串口连接起来，分别对两个串口进行设置，实现数据通信。PC 中集成的串口控制器完全与 16550 兼容，其寄存器设置方式与前面所述完全一致。PC 机 COM1 的端口地址如表 3-13 所示。实验步骤如下：

(1)确认从 PC 机引出的两根扁平电缆已经连接在 TD-PIT+实验仪上。

(2)关 TD-PIT+实验仪电源，参考图 3-75 所示连接实验线路，接线完成后打开实验仪电源。

(3)启动纯 DOS 环境，进入 TDDEBUG 软件所在目录，运行 CHECK 程序，查看 INTR 对应的中断号、初始化命令字寄存器 ICW 和操作命令字寄存器 OCW 命令字的地址、打开屏蔽的命令字、中断矢量地址、PCI 卡中断控制寄存器 INTCSR 的地址。

(4)运行 TDDEBUG 软件，使用 ALT+E 选择 Edit 菜单项进入程序编辑环境。根据实验要求编写实验程序(按照保护模式程序结构编写)，也可参考如图 3-76 所示的流程框图编写程序。

(5)程序编写完后保存退出，使用 Compile 菜单中的 Compile 命令和 Link 命令对实验程序进行编译、链接。

(6)编译输出信息表示无误后，使用 ALT+R 进入 Rmrun 菜单项，通过 Run 命令运行程序，观察屏幕数据显示，判断接收的数据是否正确。

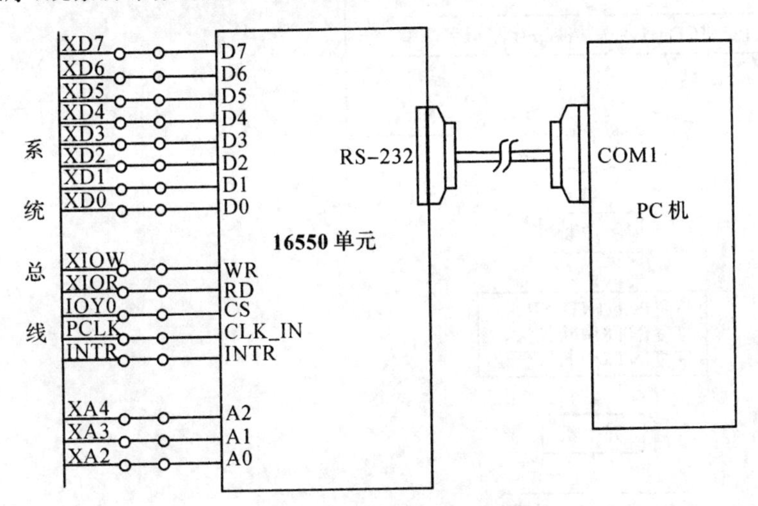

图 3-75 与 PC 机串口通信实验接线图

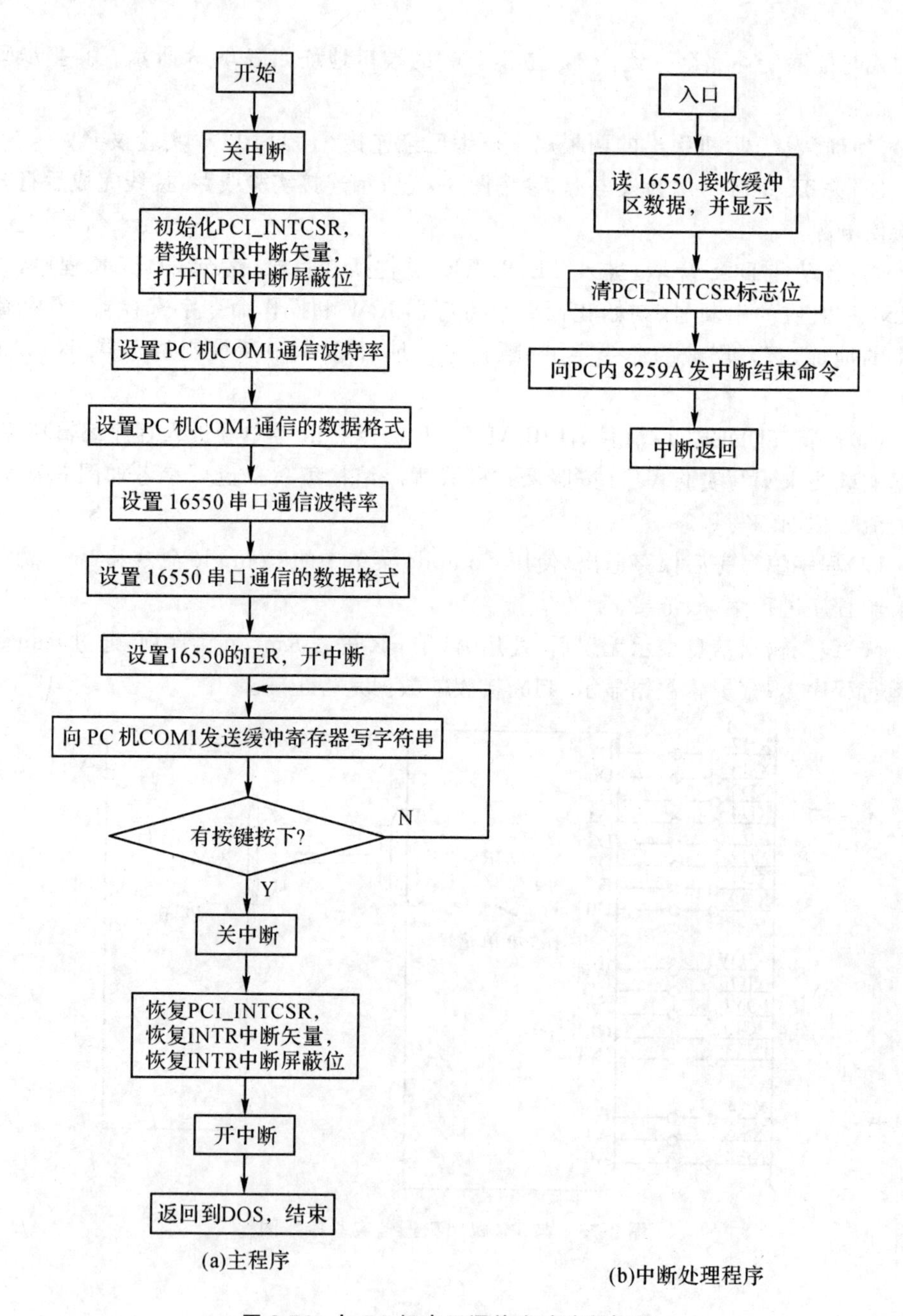

图 3-76　与PC机串口通信实验流程框图

实验十一　电子发声设计实验

一、实验目的

1. 掌握电子发声原理。

2. 掌握 PC 机主板扬声器的接口电路。

3. 学习用 8254 定时/计数器使扬声器发声的编程方法。

二、实验设备

PC 机一台、TD-PIT＋实验系统一套。

三、实验内容

根据下面提供的乐曲《友谊地久天长》的频率表和时间表，编写实验程序控制 8254，使其输出连接到扬声器上能发出相应的乐曲。

```
FREQ_LIST  DW  371,495,495,495,624,556,495,556,624        ;频率表
           DW  495,495,624,742,833,833,833,742,624
           DW  624,495,556,495,556,624,495,416,416,371
           DW  495,833,742,624,624,495,556,495,556,833
           DW  742,624,624,742,833,990,742,624,624,495
           DW  556,495,556,624,495,416,416,371,495,0
TIME_LIST  DB  4， 6， 2， 4， 4， 6， 2， 4， 4           ;时间表
           DB  6， 2， 4， 4， 12， 1， 3， 6， 2
           DB  4， 4， 6， 2， 4， 4， 6， 2， 4， 4
           DB  12， 4， 6， 2， 4， 4， 6， 2， 4， 4
           DB  6， 2， 4， 4， 12， 4， 6， 2， 4， 4
           DB  6， 2， 4， 4， 6， 2， 4， 4， 12
```

提示：

(1)频率表是将曲谱中的音符对应的频率值依次记录下来(B 调、2/4 拍)，时间表是将各个音符发音的相对时间记录下来(由曲谱中节拍得出)。

(2)频率表和时间表是一一对应的，频率表的最后一项为 0，作为重复的标志。

(3)根据频率表中的频率算出对应的计数初值，然后依次写入 8254 的计数器。

(4)将时间表中对应的时间值带入延时程序来得到音符演奏时间(需根据 PC 机的 CPU 频率调整)。

四、实验原理

一个音符对应一个频率,将对应一个音符频率的方波输出到扬声器上,就可以发出这个音符的声音。音符与频率对照关系如表 3-15 所示。将一段乐曲的音符对应频率的方波依次送到扬声器,就可以发出这段乐曲的声音。

表 3-15　音符与频率对照表(单位:Hz)

音调＼音符	1̣	2̣	3̣	4̣	5̣	6̣	7̣
A	221	248	278	294	330	371	416
B	248	278	312	330	371	416	467
C	131	147	165	175	196	221	248
D	147	165	185	196	221	248	278
E	165	185	208	221	248	278	312
F	175	196	221	234	262	294	330
G	196	221	248	262	294	330	371
音调＼音符	1	2	3	4	5	6	7
A	441	495	556	589	661	742	833
B	495	556	624	661	742	833	935
C	262	294	330	350	393	441	495
D	294	330	371	393	441	495	556
E	330	371	416	441	495	556	624
F	350	393	441	467	525	589	661
G	393	441	495	525	589	661	742
音调＼音符	1̇	2̇	3̇	4̇	5̇	6̇	7̇
A	882	990	1112	1178	1322	1484	1665
B	990	1112	1248	1322	1484	1665	1869

续表

音调 \ 音符	$\dot{1}$	$\dot{2}$	$\dot{3}$	$\dot{4}$	$\dot{5}$	$\dot{6}$	$\dot{7}$
C	525	589	661	700	786	882	990
D	589	661	742	786	882	990	1112
E	661	742	833	882	990	1112	1248
F	700	786	882	935	1049	1178	1322
G	786	882	990	1049	1178	1322	1484

利用 8254 的方式 3—“方波发生器”,将相应频率的计数初值写入计数器,就可产生对应频率的方波。计数初值的计算如下:

计数初值＝输入时钟频率÷输出频率

例如输入时钟采用系统总线上 CLK(1.041667MHz),要得到 800Hz 的频率,计数初值即为 1041667/800。对于每一个音符的演奏时间,可以通过软件延时来处理。首先确定单位延时时间程序(这个要根据 PC 机的 CPU 频率做相应的调整)。然后确定每个音符演奏需要几个单位时间,将这个值送入 DL 中,调用 DELAY 可。

```
;单位延时时间
DELAY PROC
D0: MOV CX, 200H
D1: MOV AX, 0FFFFH
D2: DEC AX
    JNZ D2
    LOOP D1
RET
DELAY ENDP
```

```
;N 个单位延时时间 (N 送至 DL)
DELAY PROC
D0: MOV CX, 200H
D1: MOV AX, 0FFFFH
D2: DEC AX
    JNZ D2
    LOOP D1
    DEC DL
    JNZ D0
    RET
DELAY ENDP
```

五、实验步骤

(1)确认从 PC 机引出的两根扁平电缆已经连接在 TD-PIT＋实验仪上。

(2)关 TD-PIT＋实验仪电源,参考图 3-77 所示连接实验线路,接线完成后打开实验仪电源。

(3)在 Windows 环境下运行 TdPit 软件,单击工具栏端口资源按钮或运行 CHECK 程序,查看 I/O 空间始地址。

(4)单击“文件\新建”命令，根据查出的地址和实验内容编写实验程序，也可参考如图 3-78 所示的流程框图编写程序；输完源程序后保存。

(5)单击工具栏上的编译按钮，编译源程序，在屏幕下方的信息栏窗口显示编译信息，若有语法错误，双击错误提示信息行，系统将自动定位到出错的源程序行，并用红色箭头指示。逐一修改出错的指令后，再存盘、编译，直到没有错误为止。

(6)单击工具栏上的链接按钮，在屏幕下方的信息栏窗口显示链接信息。

(7)调试程序：

①单击工具栏上的调试按钮，进入 Turbo Debug 调试窗口；

②执行“View\Cpu”命令，再在代码显示区右击，执行快捷菜单中“Mixed Both”命令，使其变为“Mixed No”；

③按 F8 单步执行，当执行完 MOV DS,AX 后，再单击“View\Cpu”命令，使屏幕下方的数据显示区为数据段 DS 的内容；

④继续按 F8 单步执行，观察调试过程中，指令执行后各寄存器及数据区的内容变化；若要调试子程序，请在子程序调用的行按 F7 键，跟踪到子程序调试；

⑤也可执行到光标处：将光标移到所需的行并单击，使之成为蓝底白字的光带，再按 F4 键，观察执行到当前位置时各寄存器及数据区的内容。

(8)按 F9 或单击工具栏上的连续运行按钮，连续执行程序，听扬声器发出的音乐是否正确。

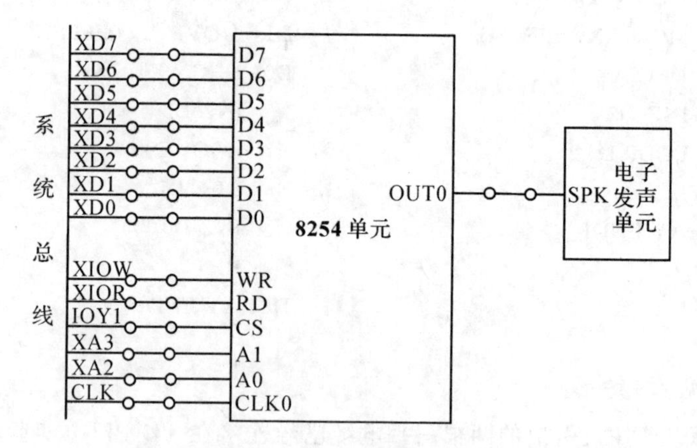

图 3-77　电子发声实验接线图

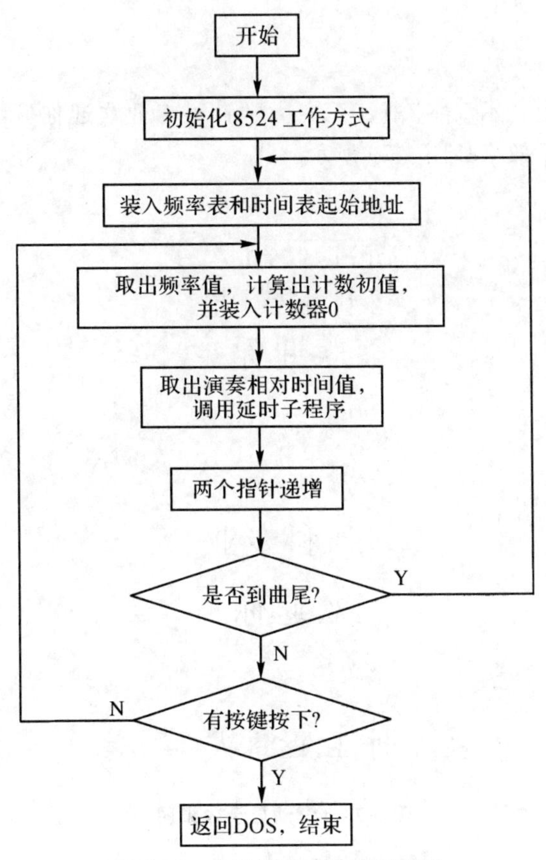

图3-78　电子发声实验流程框图

实验十二　图形LCD显示设计

一、实验目的

1. 学习液晶显示器的基本工作原理。
2. 学习图形LCD的编程操作方法。
3. 掌握用8255A控制图形LCD的显示。

二、实验设备

PC机一台、TD-PIT+实验系统一套、选配LCD一块。

三、实验内容

要求在LCD上显示汉字"浙江工商大学计科专业欢迎你!",并在屏幕上从下至上滚动显示,显示效果如图3-79所示。

浙江工商大学
计科专业
欢迎你!

计科专业
欢迎你!

浙江工商大学

图3-79 滚动显示效果图

四、实验说明

1. MSC-G12864型LCD简介

实验平台上为MSC-G12864型128×64点阵的STN图形液晶显示器提供了连接接口。这种LCD由两块显示模块组成,每块64×64,各自有片选信号,其引脚排列如表3-16所示,内部结构如图3-80所示。这种图形点阵液晶显示器,主要由行驱动器/列驱动器及128(列)×64(行)全点阵液晶显示器组成,可完成图形显示,也可以显示8×4个16×16点阵的汉字。

表3-16 MSC-G12864型LCD引脚

引脚号	引脚名称	LEVEL	引脚功能描述
1	CS1	H	KS0108B(1)芯片选择信号
2	CS2	H	KS0108B(2)芯片选择信号

续表

引脚号	引脚名称	LEVEL	引脚功能描述
3	VSS	0V	电源地
4	VDD	5.0V	电源电压
5	VO	———	液晶显示器驱动电压
6	RS	H/L	H:表示读写数据,L:表示写指令或读状态
7	R/W	H/L	读写信号,H:读模式,L:写模式
8	E	H,H→L	使能信号,读时应为 H,写时应为 H→L 下降沿
9	DB0	H/L	数据位 0
10	DB1	H/L	数据位 1
11	DB2	H/L	数据位 2
12	DB3	H/L	数据位 3
13	DB4	H/L	数据位 4
14	DB5	H/L	数据位 5
15	DB6	H/L	数据位 6
16	DB7	H/L	数据位 7
17	SLA	4.2V	侧光照明正极
18	SLK	0V	侧光照明负极

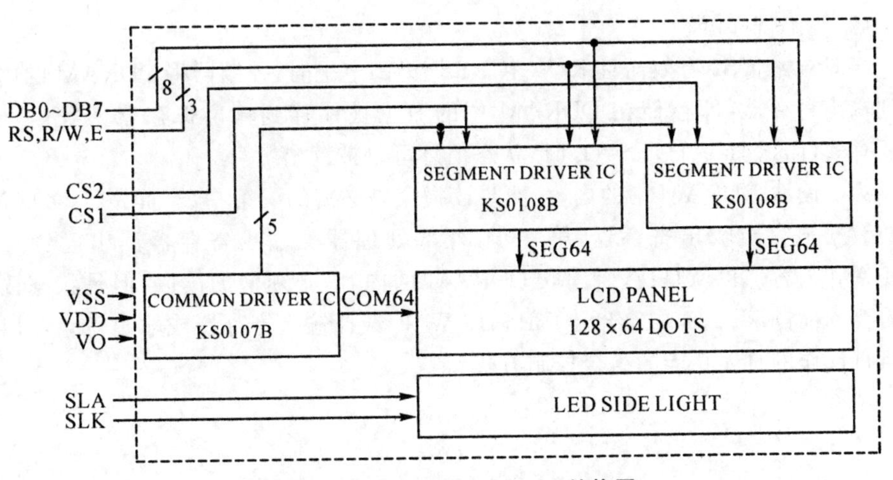

图 3-80 MSC-G12864 型 LCD 结构图

MSC-G12864 型 LCD 的主要技术参数和性能如下：

(1)模块体积：78×70×13(mm^3)；视域：62×44(mm^2)

(2)电源：VDD：+5V；电流：2.62mA

(3)全屏幕点阵，行列点阵数：128(列)×64(行)点

(4)点距离：0.44×0.60(mm)；点大小：0.39×0.55(mm)

(5)与 CPU 接口采用 8 位数据总线并行输入输出

(6)占空比 1/64

(7)7 个外部操作指令

(8)工作温度：－10℃～＋55℃，存储温度：－20℃～＋60℃

2. MSC-G12864 内部模块

MSC-G12864 型 LCD 包含多个模块，与编程操作、控制相关的单元介绍如下：

(1)I/O 缓冲器。

液晶显示模块的输入、输出缓冲器由片选信号控制。如果 CS1 或 CS2 无效，那么输入输出的数据或指令不会被执行，因此内部状态也不会改变，但是不管 CS1 或 CS2 是否处在有效状态，复位操作都可以执行。

(2)输入寄存器。

输入寄存器提供了与外部交换信息的输入接口，可与各种微处理器相连接。输入寄存器用于保存写入 DDRAM(Display Data RAM，显示数据存储器)之前的临时数据。当 CS1 或 CS2 有效时，由 R/W 和 RS 选择输入寄存器，从外部处理器送来的数据被写进输入寄存器，并再将它写进 DDRAM。注意：在 E 信号的下降沿将输入数据锁存，并且在内部操作时序下自动写入 DDRAM。

(3)输出寄存器。

当 CS1 或 CS2 有效而且 R/W 和 RS 均为高电平时，控制器将 DDRAM 的内容送到输出寄存器，即存储在 DDRAM 中的数据被锁存到输出寄存器。当 CS1 或 CS2 有效，而 R/W=H，RS=L 时，状态信息可以被读出。

为了读取 DDRAM 中的内容，两步读指令是必需的。第一步，首先将 DDRAM 里的数据锁存至输出寄存器，第二步，外部处理器从输出寄存器读出已锁存的 DDRAM 内容。也就是说，要读取 DDRAM 的内容，必须辅助读取，但是状态读取不需要辅助读取。表 3-17 给出了 RS、R/W、E 选择输入寄存器或输出寄存器以及所执行操作的具体功能的组合控制方式。

表 3-17 控制信号组合表

RS	R/W	E	功能
0	0	1→0,下降沿	写指令
0	1	1	读状态字
1	0	1→0,下降沿	写数据(从输入寄存器到 DDRAM)
1	1	1	读数据(从 DDRAM 到输出寄存器)

(4)复位状态标志。

当复位状态标志 RESET 为高电平时,表示液晶显示模块正在执行内部初始化操作,具体为:关闭显示器,显示器初始行寄存器置 0。此时液晶显示模块不接收任何指令,只有状态读取被允许。当复位状态标志为低电平时,表示可以正常使用。复位状态标志位出现在状态字的 DB4 位。

(5)忙状态标志。

忙状态标志位表示控制器 KS0108B 是否正在执行内部操作,控制器的"忙"状态标志会出现在状态字的 DB7 位。当忙状态(DB7 处于高电平)时,液晶显示模块不能接收新的控制指令或数据,只有 DB7 处于低电平时,液晶显示模块才能接收新的控制指令或数据。需要特别提醒的是:LCD 是一种慢速执行器件,在进行写入命令或数据等操作前要先查询它是否准备就绪。

(6)显示状态的开、关控制。

该液晶显示模块带有一个控制 LCD 是否显示的触发器。当该触发器复位时,各列驱动会不受控制的全部输出,以至于不能显示所需信息,即 LCD 处于关状态;当该触发器置位时,各列驱动根据 DDRAM 的内容控制驱动输出,从而显示所需信息,即 LCD 处于开状态。显示状态的开、关控制可以由外部控制指令改变,当前显示状态会出现在状态字的 DB5 位,当 DB5 位为低电平时,即表示 LCD 处于开状态。

(7)显示数据 RAM(DDRAM)。

该液晶显示模块带有 1024 字节的 DDRAM,它储存着液晶显示器的显示数据。RAM 单元的每一位对应于显示屏上的某一个点,如某位为"1",则与该位对应的 LCD 液晶屏上的那一点为亮。控制器 KS0108B 的显示 RAM 是按字节寻址的,因此为了使 LCD 显示屏的定位与 KS0108B 的寻址相统一,我们将整个显示屏划分为左右两个半屏,这样每半屏是 64×64 个像素点,我们再把横向上的 64 个像素点编为 0~63 列,把纵向上的 64 个像素点分成 8 页,每页 8 行,这样每列的某一页的 8 行像索就对应了一个显示 RAM 单元,设置每个显示 RAM 单元的数据就可以控制整个显示屏的显示信息。DDRAM 与地址和显示位置的关系如表 3-19 所示。

(8)X 地址寄存器。

X 地址寄存器(X 页寄存器)的内容用于确定内部 DDRAM 的页地址,X 地址寄存器用 3 位表示,它没有记数功能,地址的设定只能通过外部指令设置。

(9)Y 地址计数器。

Y 地址计数器的内容用于确定内部显示 RAM 的列地址,Y 地址计数器用 6 位表示,地址的设定可通过指令设置。Y 地址计数器具有循环记数功能,数据总线上的显示数据写入后,Y 地址自动加 1,Y 地址从 0 到 63。

XY 地址计数器实际上是作为 DDRAM 的地址指针,X 地址计数器为 DDRAM 的页指针,Y 地址计数器为 DDRAM 的 Y 地址指针。

(10)显示起始行寄存器(Z 地址计数器)。

Z 地址计数器用于确定液晶显示屏的起始显示行位置,即 DDRAM 的数据从哪一行开始显示在屏幕的第一行。Z 地址计数器是一个 6 位计数器,此计数器具备循环记数功能,当一行扫描完成,此地址计数器自动加 1,指向下一行扫描数据,复位后 Z 地址计数器为 0。

Z 地址计数器可以用外部设置指令中的 DB0～DB5 预置,循环改变 Z 地址计数器的内容可以用来实现液晶显示器的滚屏操作。此模块的 DDRAM 共 64 行,屏幕可以循环滚动显示 64 行。

3. MSC-G12864 操作指令

MSC-G12864 型 LCD 的指令格式如表 3-18 所示。

表 3-18　MSC-G12864 型 LCD 的指令格式表

指令	RS	R/W	DB7	DB6	DB5	DB4	DB3	DB2	DB1	DB0	功能
显示 ON/OFF	0	0	0	0	1	1	1	1	1	D	控制显示的开关,D=0:关;D=1:开
设置 Y 地址	0	0	0	1	Y 地址(0～63)						设置 Y 地址到 Y 地址计数器
设置 X 地址(页地址)	0	0	1	0	1	1	1	X:0～7			设置 X 地址到 X 地址寄存器 即:设置 DDRAM 中的页地址
显示起始行	0	0	1	1	显示起始行(0～63)						指定显示屏顶端从 DDRAM 中哪一行开始显示数据(Z 地址计数器)
读状态	0	1	BUSY	0	ON/OFF	RESET	0	0	0	0	RESET　0:正常 1:复位 ON/OFF　0:显示关 1:显示开 BUSY　0:就绪 1:在操作中

续表

指令	RS	R/W	DB7	DB6	DB5	DB4	DB3	DB2	DB1	DB0	功能
写显示数据	1	0	写入数据								将数据线上的数据 DB7～DB0 写入数据存储器 DDRAM 中
读显示数据	1	1	读出数据								从数据存储器 DDRAM 中读出数据到数据线上

(1)显示开关控制。

代码形式	RS	R/W	DB7	DB6	DB5	DB4	DB3	DB2	DB1	DB0
	0	0	0	0	1	1	1	1	1	D

D=1:开显示,即 DDRAM 的内容可显示在屏幕上,显示器可以进行各种显示操作。

D=0:关显示,即不能对显示器进行各种显示操作。

(2)设置 Y 地址。

代码形式	RS	R/W	DB7	DB6	DB5	DB4	DB3	DB2	DB1	DB0
	0	0	0	1	A5	A4	A3	A2	A1	A0

此指令的作用是将 A5～A0 送入 Y 地址计数器,作为 DDRAM 的 Y 地址指针。在对 DDRAM 进行读写操作后,Y 地址指针自动加 1,指向下一个 DDRAM 单元。DDRAM 地址如表 3-19 所示。

表 3-19　DDRAM 地址表

	CS2=1					CS1=1					
Y=	0	1	……	62	63	0	1	……	62	63	行号
X=0	DB0 ↓ DB7	DB0 ↓ DB7	DB0 ↓ DB7	DB0 ↓ DB7	DB0 ↓ DB7	DB0 ↓ DB7	DB0 ↓ DB7	DB0 ↓ DB7	DB0 ↓ DB7	DB0 ↓ DB7	0 ↓ 7
↓	DB0 ↓ DB7	DB0 ↓ DB7	DB0 ↓ DB7	DB0 ↓ DB7	DB0 ↓ DB7	DB0 ↓ DB7	DB0 ↓ DB7	DB0 ↓ DB7	DB0 ↓ DB7	DB0 ↓ DB7	8 ↓ 55
X=7	DB0 ↓ DB7	DB0 ↓ DB7	DB0 ↓ DB7	DB0 ↓ DB7	DB0 ↓ DB7	DB0 ↓ DB7	DB0 ↓ DB7	DB0 ↓ DB7	DB0 ↓ DB7	DB0 ↓ DB7	56 ↓ 63

(3)设置页地址。

代码形式	RS	R/W	DB7	DB6	DB5	DB4	DB3	DB2	DB1	DB0
	0	0	1	0	1	1	1	A2	A1	A0

所谓页地址就是DDRAM的行地址，8行为一页，模块共64行即8页，A2～A0表示0～7页。读写数据对地址没有影响，页地址由本指令或复位信号改变，复位后页地址为0。页地址与DDRAM的对应关系如表3-19所示。

(4)设置显示起始行(设置Z地址)。

代码形式	RS	R/W	DB7	DB6	DB5	DB4	DB3	DB2	DB1	DB0
	0	0	1	1	A5	A4	A3	A2	A1	A0

A5～A0表示起始行的地址，这6位地址自动送入Z地址计数器，其值可以是0～63的任意一个。

例如：选择A5～A0是62，则起始行与DDRAM行的对应关系如下：

DDRAM行：62 63 0 1 2 3 ·····················

屏幕显示行：1 2 3 4 5 6 ·····················

(5)读状态。

代码形式	RS	R/W	DB7	DB6	DB5	DB4	DB3	DB2	DB1	DB0
	0	1	BUSY	0	ON/OFF	RESET	0	0	0	0

当R/W=1、RS=0时，在E信号为"H"的作用下，状态信息输出到数据总线DB7～DB0的相应位。

BUSY：BUSY=1表示模块正在进行内部操作，此时模块不接受任何外部指令和数据。BUSY=0时，模块为准备就绪状态，随时可接受外部指令和数据。

ON/OFF：ON/OFF=1表示显示开；ON/OFF=0表示显示关。

RESET：RESET=1表示内部正在初始化，此时不接受任何指令和数据；RESET=0表示可以正常使用。

(6)写显示数据。

代码形式	RS	R/W	DB7	DB6	DB5	DB4	DB3	DB2	DB1	DB0
	1	0	D7	D6	D5	D4	D3	D2	D1	D0

D7～D0为显示数据，此指令把D7～D0写入相应的数据存储器DDRAM中，Y地址指针自动加1。

(7)读显示数据。

代码形式	RS	R/W	DB7	DB6	DB5	DB4	DB3	DB2	DB1	DB0
	1	1	D7	D6	D5	D4	D3	D2	D1	D0

此指令从数据存储器 DDRAM 中读出数据到数据总线 DB7～DB0，Y 地址指针自动加 1。

4.汉字的字模点阵提取

汉字的字模点阵数据可以通过取字模软件得到，也可参考“LED 点阵的滚动显示实验”的字模提取方法。

五、实验步骤

(1)确认从 PC 机引出的两根扁平电缆已经连接在 TD-PIT＋实验仪上，确认选配的 LCD 模块已插在实验仪上。

(2)关 TD-PIT＋实验仪电源，参考图 3-81 所示连接实验线路，接线完成后打开实验仪电源(已连接好的 LCD 模块的电路如图 3-82 所示)。

(3)在 Windows 环境下运行 TdPit 软件，单击工具栏端口资源按钮或运行 CHECK 程序，查看 I/O 空间始地址。

(4)单击“文件\新建”命令，根据查出的地址和实验内容编写实验程序，也可参考如图 3-83 所示的实验流程框图编写实验程序；输完源程序后保存。

(5)单击工具栏上的编译按钮，编译源程序，在屏幕下方的信息栏窗口显示编译信息，若有语法错误，双击错误提示信息行，系统将自动定位到出错的源程序行，并用红色箭头指示。逐一修改出错的指令后，再存盘、编译，直到没有错误为止。

(6)单击工具栏上的链接按钮，在屏幕下方的信息栏窗口显示链接信息。

(7)调试程序：

①单击工具栏上的调试按钮，进入 Turbo Debug 调试窗口；

②执行“View\Cpu”命令，再在代码显示区右击，执行快捷菜单中“Mixed Both”命令，使其变为“Mixed No”；

③按 F8 单步执行，当执行完 MOV DS，AX 后，再单击“View\Cpu”命令，使屏幕下方的数据显示区为数据段 DS 的内容；

④继续按 F8 单步执行，观察调试过程中，指令执行后各寄存器及数据区的内容变化；若要调试子程序，请在子程序调用的行按 F7 键，跟踪到子程序调试；

⑤也可执行到光标处：将光标移到所需的行并单击，使之成为蓝底白字的光

带，再按 F4 键，观察执行到当前位置时各寄存器及数据区的内容。

(8)按 F9 或单击工具栏上的连续运行按钮，连续执行程序，观察 LCD 屏幕上显示是否正确。

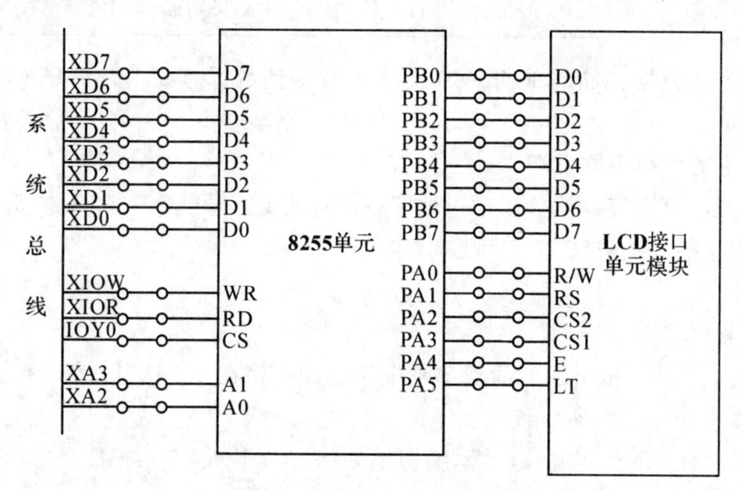

图 3-81　图形 LCD 显示实验接线图

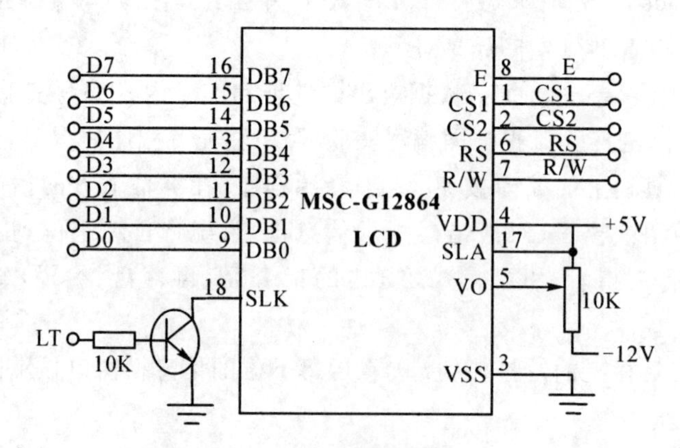

图 3-82　LCD 模块的电路图

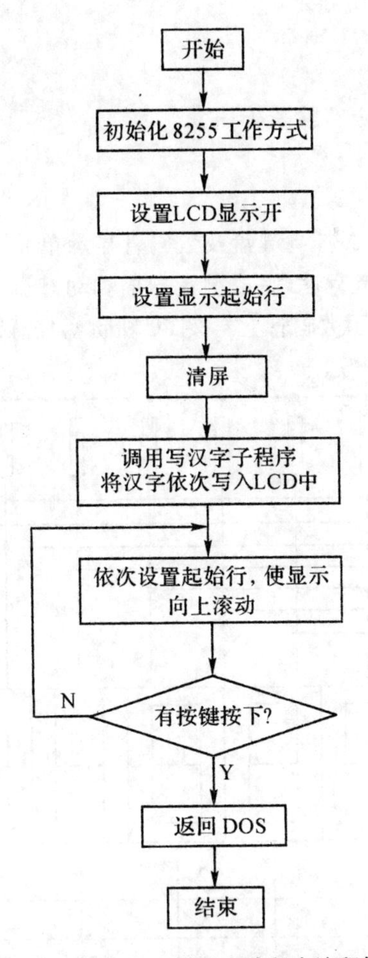

图 3-83 图形 LCD 显示实验程序流程框图

实验十三 键盘扫描及数码管动态显示

一、实验目的

1. 学习阵列键盘接口电路及扫描原理。
2. 掌握利用 8255A 完成按键扫描。
3. 掌握动态显示的原理及编程方法。

二、实验设备

PC 机一台、TD-PIT+实验系统一套。

三、实验内容

用并行扩展芯片 8255A 控制键盘及数码管显示单元,其电路原理及键值定义如图 3-84 所示,通过编写实验程序,完成键盘扫描和动态显示功能,将最新读到的六次按键值稳定显示在六只共阴数码管上。按 PC 机键盘任意键结束实验程序的运行。

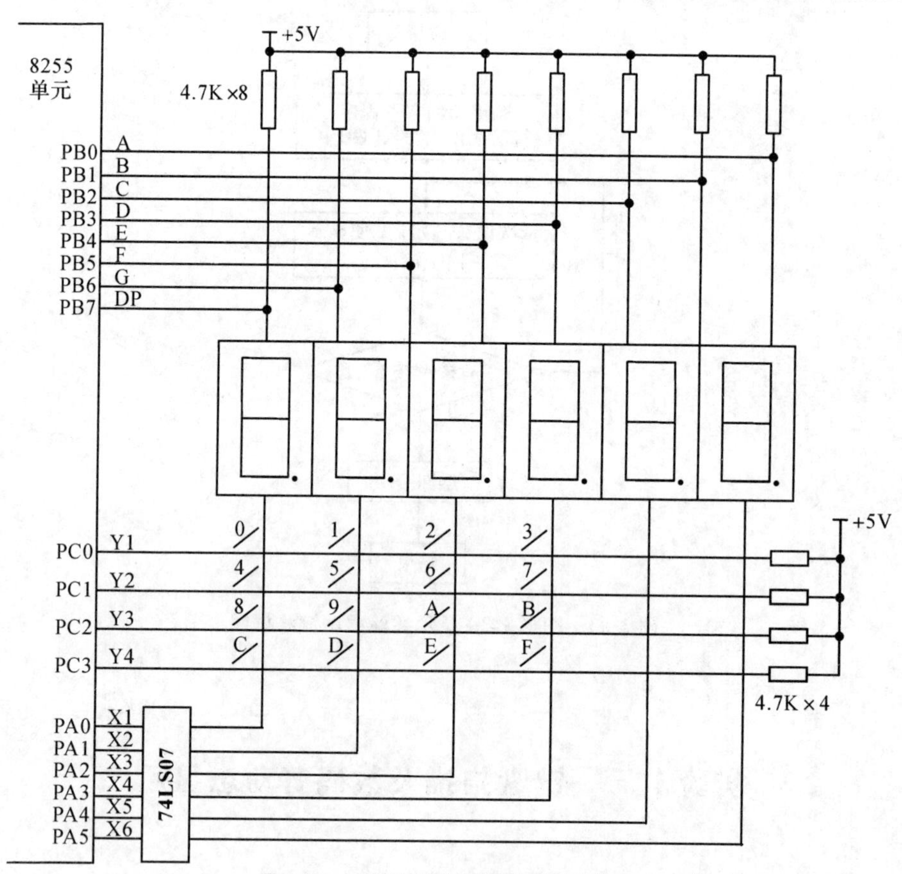

图 3-84 键盘及数码管显示单元电路

四、实验原理

1. 键盘扫描

在微机控制系统中,键盘是最常用的外设。可以用来制造键盘的按键开关有好多种，最常用的有机械式、薄膜式、电容式和霍尔效应式等 4 种。机械式开关较便宜，但压键时会产生触点抖动，即在触点可靠地接通前会通断多次，而且长期使用后可靠性会降低。薄膜式开关可做成很薄的密封单元，不易受外界潮气或环境污染，常用于微波炉、医疗仪器或电子秤等设备的按键。电容式开关没有抖动问题，但需要特制电路来测电容的变化，平均寿命约为 2000 万次。霍尔效应按键是另一种无机械触点的开关，具有很好的密封性，平均寿命高达 1 亿次甚至更高，但开关机制复杂，价格昂贵。

一般计算机上用的键盘都是机械式开关，按键被排成行和列的矩阵，本实验就是用 16 个机械式开关按 4 行×4 列排列的矩阵构成 16 个十六进制数字键 0～F，其接口电路如图 3-84 所示，端口 A 作输出（注意 PA0～PA3 为复用信号，既是键盘的列扫描信号，又是数码管的独立公共端），端口 C 作输入，矩阵的 4 条行线接到输入端口 C 的 PC0～PC3，4 条列线连到输出端口 A 的 PA0～PA3。用程序能改变这 4 条列线上的电平，这样，用输入指令读取 C 口状态，即可得到某一时刻键盘的行电平信号。

在无键压下时，由于行线经上拉电阻接到＋5V，行线被置成高电平。压下某一键后，该键所在的行线和列线接通。这时，如果向被压下键所在的列线上输出一个低电平信号，则对应的行线也呈现低电平。当从 C 口读取行线信号时，便能检测到该行线上的低电平。这样，根据读入的行状态和输出的列信息中低电平的位置，便能确定哪个键被压下了。

识别键盘上哪个键被压下的过程称为键盘扫描，主要包含以下几步：

（1）检测是否所有键都松开了，若没有则反复检测。

（2）当所有键都松开了，再检测是否有键压下，若无键压下刚反复检测。

（3）若有键压下，则要消除键抖动，确认有键压下。

（4）对压下的键进行编码，将该键的行列信号转换成十六进制码，由此确定哪个键被压下了。如出现多个键被压下的情况，只有在其他键均释放后，仅剩一个键闭合时，才把此键当作本次压下的键。

（5）该键释放后，再回到（2）。

在开始一次扫描时，应先确认上一次压下的键是否已松开。即先向所有键盘列线（PA0～PA3）输出低电平，再读入各行线的电平，只有当所有的行线均为 1 电平，表示以前压下的键都已释放了。

检测矩阵键盘中是否有键压下的一种简单方法是，从输出口 A 控制的键盘列线（PA0～PA3）输出 0 电平，再通过 C 口的低 4 位读取行值，若其中有 0 电平，便是有键压下了。

当检测到有键压下后，必须消除键抖动。常用方法是在检测到有键压下后，延长一定时间（通常为 20ms 左右），再检查该键是否仍被压着。若是，才认定该键确实被按下了，而不是干扰。

确认有键压下后，再确定被压下键所在的行列号。为获取行列信息，先从 A 口输出一个低电平到一列线上，再从 C 口读入各行的值，若没有一行为低电平，说明压下的键不在此列。于是，再向下一列输出一个低电平，再检测各行线上是否有低电平。依次对每一列重复这个过程，直至查到某一行线上出现低电平为止。被置成低电平的列和读到低电平的行，便是被压下键所在的行列值。

已知被压下的键所在的行号(0～3)和列号(0～3)后，就能得到该键的扫描码。例如，位于 0 行、0 列的键值，就是数字 0 键；位于 1 行、2 列的键值，就是数字 6 键。可将这些编码值列成表，放在数据段中，用查表方式来确定按下的键值；也可通过每一行的起始键值加列号的方式来确定按下的键值。

2. 动态显示

(1)八段 LED 数码管。

在专用的微机控制系统、测量系统及智能化仪器仪表中，为缩小体积和降低成本，往往采用简易的数字显示装置来指示系统的状态和报告运行的结果，常用简易的显示装置有八段 LED 数码管和液晶显示器。数码管的段码表示和电路原理如图 3-85 所示。

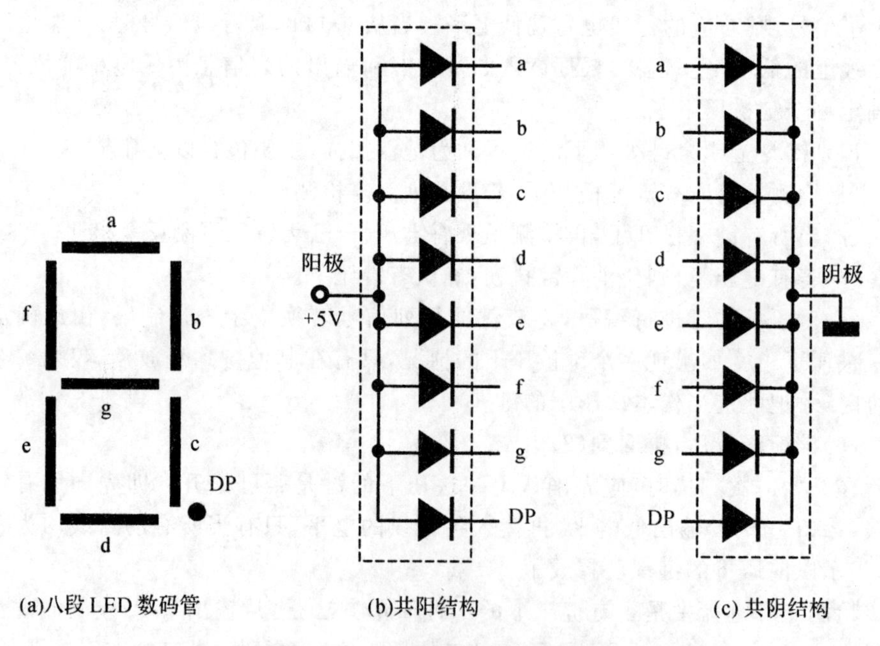

(a)八段 LED 数码管 (b)共阳结构 (c) 共阴结构

图 3-85 八段数码管的电路原理

共阳结构的 LED 数码管中，各 LED 二极管的阳极被连在一起，使用时要将它与＋5V 相连，而把各段的阴极连到器件的相应引脚上。当要点亮某一笔划段时，只要将相应的引脚(阴极)接低电平，其余段接高电平即可。共阴结构的 LED 数码管,阴极连在一起后接地,各阳极段接到器件的引脚上,要想点亮某一段时,只要将相应引脚接高电平,共阴数码管显示笔划码如表 3-20 所示,共阳数码管显示笔画码为共阴数码管显示笔画码的按位取反值。

LED 数码管的一个段发光时,通过该段的平均电流约为 10mA～20mA。计算机输出的 TTL 电平信号不能直接提供这么大的电流,所以必须用驱动电路对 TTL 电平的控制信号进行驱动。驱动器可以用三极管设计,也可用现成的集成电路驱动器,如 DM7404 等。

表 3-20　共阴数码管显示笔画码

符号	7 段码. gfedcba	笔画码	符号	7 段码. gfedcba	笔画码
’0’	00111111	3FH	’8’	01111111	7FH
’1’	00000110	06H	’9’	01101111	6FH
’2’	01011011	5BH	’A’	01110111	77H
’3’	01001111	4FH	’b’	01111100	7CH
’4’	01100110	66H	’C’	00111001	39H
’5’	01101101	6DH	’d’	01011110	5EH
’6’	01111101	7DH	’E’	01111001	79H
’7’	00000111	07H	’F’	01110001	71H

(2)动态显示。

用数码管显示信息时,由于每个数码管至少需要 8 个 I/O 口,如果用到多个数码管,则需要太多的 I/O 口,而在实际控制系统中,I/O 口是有限的,在实际应用中,一般采用动态显示的方式解决此问题。

动态显示原理是,每个时刻只有一只数码管显示,每只数码管每次显示的时间合适,多个数码管按一定的顺序交替显示,因视觉暂留作用而造成一种连续的视觉印象,使人看到多个数码管同时稳定显示的效果。

根据图 3-84 的电路图,在编程时,通过 B 口输出笔画码(决定要显示什么数字)、A 口输出位选信号(决定要在哪只数码管上显示),选中其中一个数码管显示所需要的内容,延时一段时间后,再选中另一个数码管显示另一个所需要的内容,如此高速循环,交替变化,便能同时看到六只数码管内容。注意在这个动态显示程序中,每个数码管每次显示的延时时间长短是非常重要的,如果延时时间过长,则会出现闪烁现象或跑马灯现象;如果延时时间太短,则会出现显示较暗,并且有重影现象,在程序调试时应根据实际情况调整延时时间。

五、实验步骤

(1)确认从 PC 机引出的两根扁平电缆已经连接在 TD-PIT+实验仪上。

(2)关 TD-PIT+实验仪电源,参考图 3-86 所示连接实验线路,接线完成后打开实验仪电源。

(3)在 Windows 环境下运行 TdPit 软件,单击工具栏端口资源按钮或运行 CHECK 程序,查看 I/O 空间始地址。

(4)单击"文件\新建"命令,根据查出的地址和实验内容编写实验程序,也可参考图 3-87 和图 3-88 所示的程序流程框图编写实验程序;输完源程序后保存。

(5)单击工具栏上的编译按钮,编译源程序,在屏幕下方的信息栏窗口显示编译信息,若有语法错误,双击错误提示信息行,系统将自动定位到出错的源程序行,并用红色箭头指示。逐一修改出错的指令后,再存盘、编译,直到没有错误为止。

(6)单击工具栏上的链接按钮,在屏幕下方的信息栏窗口显示链接信息。

(7)调试程序:

①单击工具栏上的调试按钮,进入 Turbo Debug 调试窗口;

②执行"View\Cpu"命令,再在代码显示区右击,执行快捷菜单中"Mixed Both"命令,使其变为"Mixed No";

③按 F8 单步执行,当执行完 MOV DS,AX 后,再单击"View\Cpu"命令,使屏幕下方的数据显示区为数据段 DS 的内容;

④继续按 F8 单步执行,观察调试过程中,指令执行后各寄存器及数据区的内容变化;若要调试子程序,请在子程序调用的行按 F7 键,跟踪到子程序调试;

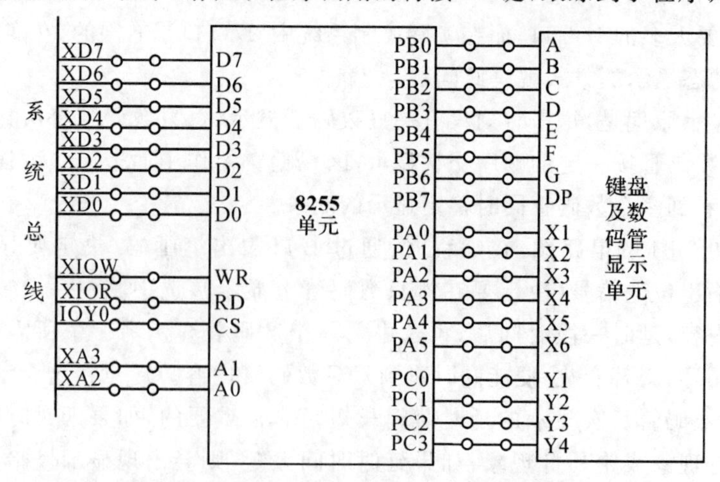

图 3-86 键盘扫描及数码管显示实验接线图

⑤也可执行到光标处：将光标移到所需的行并单击，使之成为蓝底白字的光带，再按 F4 键，观察执行到当前位置时各寄存器及数据区的内容。

(8)按 F9 或单击工具栏上的连续运行按钮RUN，连续执行程序，观察按键值和数码管显示是否正确。

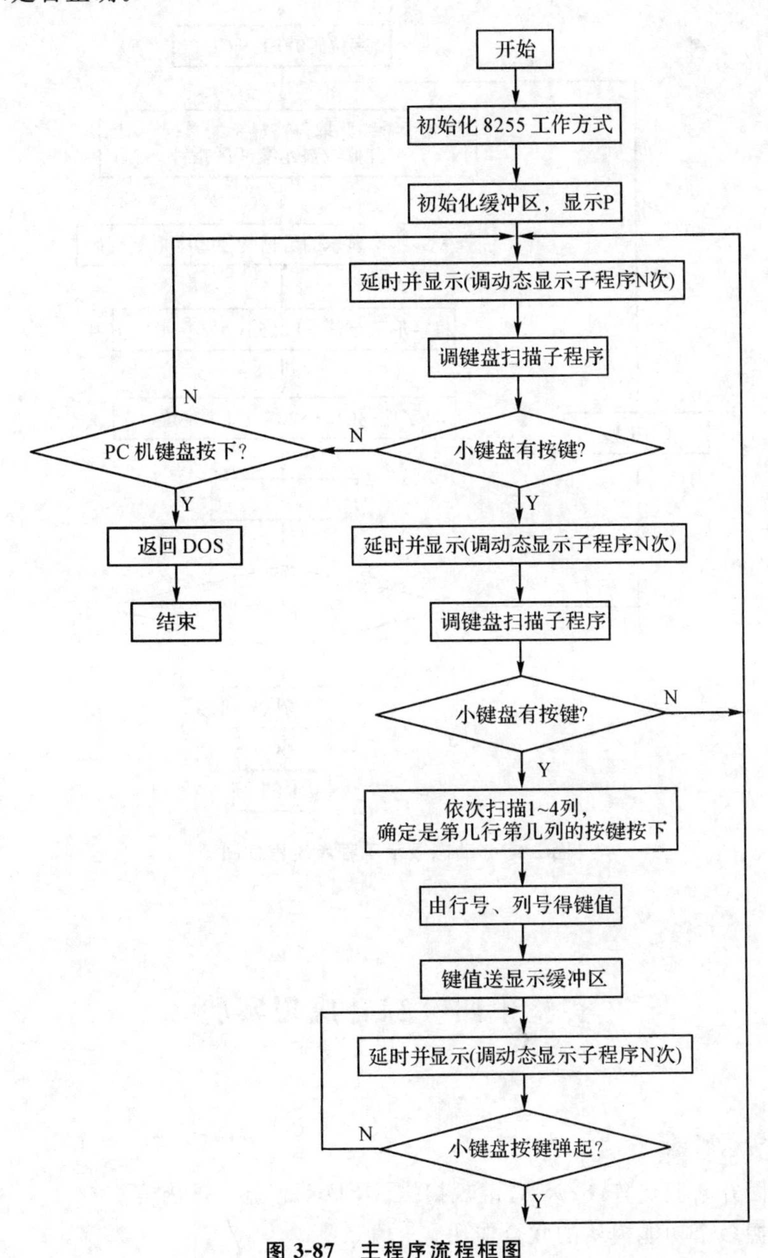

图 3-87　主程序流程框图

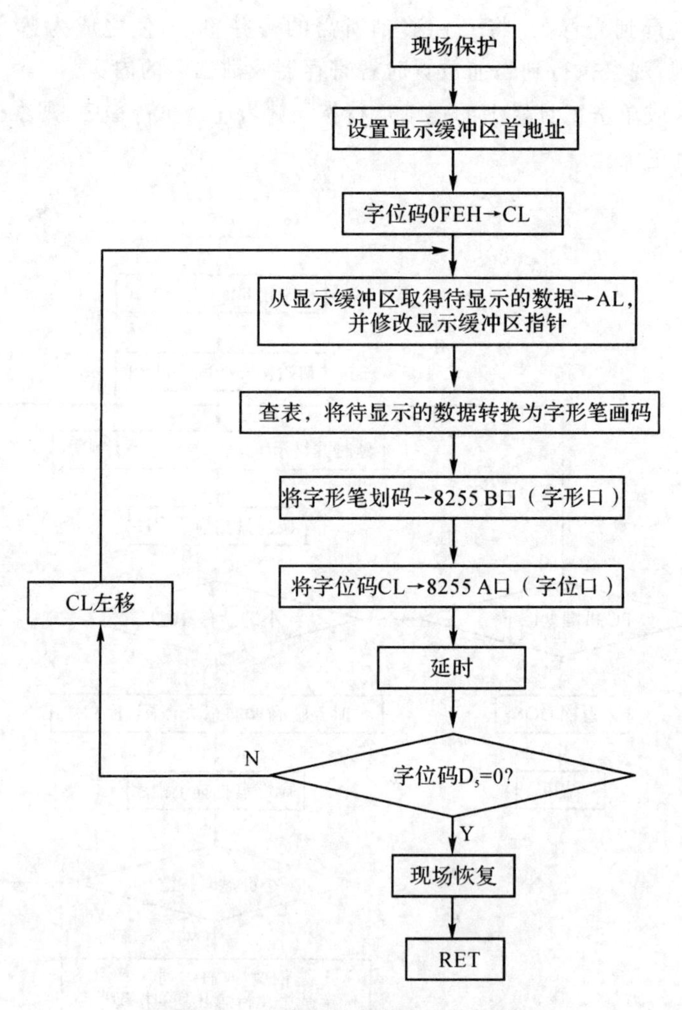

图 3-88 动态显示子程序流程框图

实验十四 综合应用实验

一、实验目的

1. 巩固并掌握点阵、8255A、键盘扫描、LED 动态显示等内容。

2. 掌握多个功能模块的联合应用。

二、实验设备

PC机一台、TD-PIT+实验系统一套。

三、实验内容

根据前面所学的单个接口模块的实验，完成本实验线路的连接，并独立编写、调试实验程序，要求如下：

首先在TD-PIT+实验仪的点阵上以字幕游走的方式从下向上显示0、1……F一遍；然后扫描实验仪的键盘，当键值为0～D时，在LED点阵上稳定显示其键值，直到按键值改变；当键值为E时，LED点阵显示的内容不变，步进电机按A－AB－B－BC－C－CD－D－DA－A……的相序转动640拍后停止转动；当键值为F时，结束本实验。

四、实验报告

要求如下：

1. 有完整的实验原理图或实验接线图，并分析各接口模块的地址。
2. 有详细的实验步骤。
3. 实验结果记录、分析。
4. 主要的程序流程框图。
5. 完整的实验程序。
6. 心得体会。

实验十五　操作控制器设计

一、实验目的

1. 综合应用8255A、步进电机、键盘扫描、LED动态显示等内容。
2. 学会键盘控制多功能系统的设计。

二、实验设备

PC机一台、TD-PIT+实验系统一套。

三、实验内容

应用实验装置中的8255A、步进电机、键盘、LED等电路构成一个简易的控制系统,完成本实验线路的连接,并独立编写、调试实验程序,具体要求如下:

首先在六只数码管的最左边初始化显示为P,其他五只数码管不显示任何内容;然后扫描实验仪的键盘,当按下键盘中的0~D键时,将最新读到的六个按键值稳定显示在六只数码管上,并根据按键值的先后顺序在对应的数码管上显示(最后按的键值显示在最右边的数码管上,六个按键中最早按的键值在最左边的数码管上显示,依次类推);当按下键盘中E键时,8只发光二极管出现跑马灯现象;当按下键盘中F键时,步进电机按A—AB—B—BC—C—CD—D—DA—A……的相序转动100拍后,结束本实验。

四、实验报告

要求如下:

1. 有完整的实验原理图或实验接线图,并分析各接口模块的地址;
2. 有详细的实验步骤;
3. 实验结果记录、分析;
4. 主要的程序流程框图;
5. 完整的实验程序;
6. 心得体会。

第四章　Linux 设备驱动程序实验

现代操作系统已不允许用户直接访问硬件来控制外部设备，而是由操作系统统一管理，这样既避免了用户操作不当引发的系统故障，又便于用户对设备的访问，使用户的应用程序更具有扩展性。

现代操作系统通常将设备抽象为一个设备文件，用户访问这些设备的方法（如打开、读、写等）和访问一个普通的文件方法类似，操作系统通过设备驱动程序来实现这一机制。设备驱动程序是操作系统内核和硬件设备之间的接口，设备驱动程序为应用程序屏蔽了硬件的细节，这样在应用程序看来，硬件设备只是一个设备文件。

Linux 操作系统中设备文件具有以下含义：

(1)一个设备文件对应一个设备，在内核中也就对应一个索引节点。应用程序通过设备文件名寻访具体的设备，而设备文件则像普通文件一样受到文件系统访问权限控制机制的保护。

(2)对文件操作的系统调用大多适用于设备文件。首先通过 open()系统调用打开设备文件，也就是建立起应用程序与目标设备的连接。之后，就可以通过 read()、write()、ioctl()等常规的文件操作对目标设备进行操作。

例如：用户打开“串口 1”的设备文件，在 linux 中对应的设备文件为/dev/ttys0。打开这个设备的方法如下：

```
fd=open("/dev/ttys0",O_RDWR|O_NOCTTY|O_NDELAY);
```

这一请求传输到虚拟文件系统 VFS，根据/dev/ttys0 设备文件对应的设备号来找到相应的驱动程序，然后调用该驱动程序提供的 open 方法去完成真正的设备打开。用户读写的过程也类似，用户通过调用 read(fd,buf,size)，从设备文件中读取数据。当然对于不同的设备，数据读取方式各不相同，这取决于具体设备的硬件结构，但对用户来说这一过程是透明的。

(3)从应用程序的角度看,设备文件逻辑上的空间是一个线性空间,从这个逻辑空间到具体设备物理空间(如磁盘的磁道、扇区)的映射则是由内核提供,并被划分为文件操作和设备驱动两个层次。

一、Linux 设备驱动程序介绍

Linux 内核中采用可加载的模块化设计(LKMs,Loadable Kernel Modules),一般情况下编译的 Linux 内核是支持可插入式模块的,也就是将最基本的核心代码编译在内核中,其他的代码可以选择编译进内核,也可以编译为内核的模块文件。如果需要某种功能,可以动态地加载模块文件,比如需要访问一个 NTFS 分区,就加载相应的 NTFS 模块文件。这种设计可以使内核文件不至于太大,但是又可以支持很多的功能。

Linux 设备驱动程序有两种编译方式,一是编译成模块方式,通过命令实现加载和卸载驱动程序,这为设备驱动程序开发和使用提供了很好的灵活性;二是直接编译到操作系统内核中,这样在 Linux 系统启动后可以立即访问。前者适用于用户自己开发的设备驱动程序,比如声卡驱动和网卡驱动等;后者主要是 Linux 最基础的驱动,如 CPU、PCI 总线、TCP/IP 协议、APM 高级电源管理、VFS 等驱动程序直接编译在内核文件中。

1. Linux 设备介绍

(1)Linux 设备分类。

在 Linux 系统中,设备驱动程序根据设备的不同分为:字符设备、块设备和网络设备。

字符设备是以字节为单位逐个进行 I/O 操作的设备,在对字符设备发出读写请求时,实际的硬件 I/O 接口紧接着就发生了变化,一般来说字符设备中的缓存是可有可无的,而且也不支持随机访问。常见的字符设备有键盘、鼠标、终端、触摸屏等。

块设备是通过 buffer、cache 进行数据块存取的设备,块设备支持随机访问,也支持文件系统访问。块设备则是利用一块系统内存作为缓冲区,当用户进程对设备进行读写请求时,驱动程序首先查看缓冲区中的内容,如果缓冲区中的数据能满足用户的要求就返回相应的数据,否则就调用相应的请求函数来进行实际的 I/O 操作。块设备主要是针对磁盘等慢速设备设计的,其目的是避免耗费过多的 CPU 时间来等待操作的完成。常见的块设备有 FLASH、内存、硬盘等。

网络设备是通过 BSD 套接口访问的接口,用于和其他宿主机交换数据,通常情况下,接口是一个硬件设备,但也可以如 loopback(回路)接口一样是虚拟设备。由于不是面向流的设备,所以网络接口不能像/dev/tty1 等字符设备那样简单地映射到文件系统的节点上。Linux 调用这些接口的方式是给它们分配一个独立的名字(如 eth0),但这个名字在文件系统中并没有对应项。内核和网络设备驱动程序之间的通信方式,与字符设备驱动程序、块设备驱动程序和内核间的通信是完全不一样的,内核不再调用 read()、write()等函数,而是调用与数据包传送相关的函数。

(2)Linux 设备文件。

Linux 内核所能识别的设备都对应一个特殊的设备文件,存放在/dev 目录下,设备文件的命名一般为设备文件类名＋数字或者字母表示的子类。例如,系统中的第一个、第二个 IDE 硬盘用/dev/hda、/dev/hdb 来表示;串口用/dev/ttys0、/dev/ttys1 来表示。

每个设备文件都对应有一个主设备号和一个次设备号,存放在文件系统树的节点中。主设备号表示该设备的种类,也标识了该设备所使用的驱动程序,一般情况下,一个主设备号对应一个驱动程序;次设备号由内核使用,标识使用同一设备驱动程序的不同硬件设备。一些典型的设备文件名信息如表 4-1 所示。

Linux 系统中使用 mknod 命令可以创建指定类型的设备文件(节点),同时为其分配相应的主设备号和次设备号。例如:创建一个主设备号 6、次设备号 0、文件名为 lp0 的字符设备文件:

```
[root@xsbase root]# mknod  /dev/lp0  c  6  0
```

表 4-1 典型的设备文件名

设备名	说 明
/dev/fd0	第一个软盘驱动器
/dev/hda	第一个 IDE 硬盘
/dev/hda1	第一个 IDE 硬盘的第一个分区
/dev/hda2	第一个 IDE 硬盘的第二个分区
/dev/hdb	第二个 IDE 硬盘
/dev/sda	第一个 SCSI/SATA/USB 硬盘
/dev/sda1	第一个 SCSI 硬盘的第一个分区
/dev/sdb	第二个 SCSI/SATA/USB 硬盘
/dev/ttys0	第一个串口
/dev/ttys1	第二个串口
/dev/lp0	第一个并行口
/dev/tty0	第一个虚拟控制台/字符终端设备

续表

设备名	说　明
/dev/dsp	数字音频,digital signal processing,例如声卡
/dev/cdrom	光驱(IDE)
/dev/usb/scanner0	USB 扫描仪

2. Linux 设备驱动程序

设备驱动程序是操作系统内核和硬件设备之间的接口。设备驱动程序主要完成以下功能:

第一,探测设备以及设备的初始化、释放;第二,把数据从内核传送到设备和从设备读取数据;第三,读取应用程序传送给设备文件的数据和回送应用程序请求的数据;第四,检测和处理设备出现的错误。

Linux 下的设备驱动程序是内核的一部分,运行在内核模式,也就是说设备驱动程序为内核提供了一个 I/O 接口,用户使用这个接口的一组标准化函数的调用实现对设备的操作,完全隐蔽了设备的工作细节。当然,Linux 设备驱动程序包含了中断处理程序和设备服务子程序。

Linux 设备驱动程序介于设备文件系统与物理设备之间的一个中间软件层。用户通过应用程序进程发出输入请求,进而调用设备文件系统,设备文件系统通过设备号找到设备驱动程序,由设备驱动程序控制物理设备进行设备的操作,如进行磁盘文件的读出和写入操作等等,设备驱动程序所处的位置层次如图 4-1 所示。

(1)三个重要的数据结构。

大部分基本的驱动程序操作涉及三个重要的内核数据结构,分别是 file_operations、file 和 inode。在编写驱动程序之前,需要对这些结构有一个基本的了解。

①文件操作结构 file_operations。

我们已经为设备定义了主、次设备号,但是还没有将驱动程序操作连接到这些编号,file_operations 结构就是用来建立这个连接的。这个结构在<linux/fs.h>中定义,用来存储驱动内核模块提供的对设备进行各种操作的函数的指针,是一个函数指针的集合。每个打开的文件和一组函数相关联(例如通过包含一个 file_operations 结构的 hello_fops 的成员)。这些操作主要用来实现系统调用,命名为 open()、read()、write()等,我们可以认为文件是一个“对象”,而操作它的函数是“方法”,如果采用面向对象编程的术语来表达就是:一个对象声明的用来操作对象的动作。

例如 hello 设备驱动程序只实现一部分的设备方法,它的 file_operations 结构初始化如下:

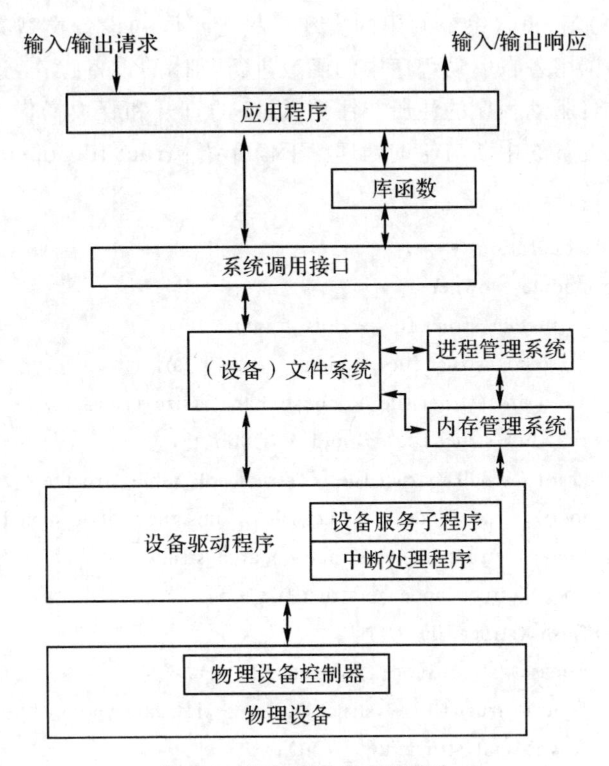

图 4-1　设备驱动程序的层次

```
struct file_operations hello_fops={
      .owner      = THIS_MODULE,
      .llseek     = hello_llseek,
      .read       = hello_read,
      .write      = hello_write,
      .ioctl      = hello_ioctl,
      .open       = hello_open,
      .release    = hello_release,
};
```

这个声明使用了标准 C 的标记式结构初始化语法，没有显式声明的结构体成员都被 gcc 初始化为 NULL。这种语法是首先推荐采用的，因为它使驱动在结构的定义发生变化时更具有可移植性，并且使代码更加紧凑易读。标记式初始化方法允许结构成员重新排序，在某些场合，将频繁被访问的成员放在相同的硬件高速缓存中，以提高其性能。

struct file_operations 文件操作结构中，包含许多操作函数的指针，如 open( )、

read( )、write( )等，负责系统调用的实现。尽管不同的设备类型有不同的操作函数，但最终都是调用各自驱动程序中的函数进行具体的设备操作，这些操作基本上可以分为四大类：驱动程序的注册与注销、设备的打开和释放操作、设备的读/写操作和控制操作、设备的中断与轮询处理。下面介绍 struct file_operations 文件操作结构的主要成员：

```
struct file_operations {
    struct module * owner;
    loff_t ( * llseek)(struct file * ,loff_t,int);
    ssize_t ( * read)(struct file * ,char * ,size_t,loff_t * );
    ssize_t ( * write)(struct file * ,const char * ,size_t,loff_t * );
    int ( * readdir)(struct file * ,void * ,filldir_t);
    unsigned int ( * poll)(struct file * ,struct poll_table_struct * );
    int ( * ioctl)(struct inode * ,struct file * ,unsigned int,unsigned long);
    int ( * mmap)(struct file * ,struct vm_area_struct * );
    int ( * open)(struct inode * ,struct file * );
    int ( * flush)(struct file * );
    int ( * release)(struct inode * ,struct file * );
    int ( * fsync)(struct file * ,struct dentry * ,int datasync);
    int ( * fasync)(int,struct file * ,int);
    int ( * lock)(struct file * ,int,struct file_lock * );
    ssize_t ( * readv)(struct file * ,const struct iovec * ,unsigned long,loff_t * );
    ssize_t ( * writev)(struct file * ,const struct iovec * ,unsigned long,loff_t * );
    ssize_t ( * sendpage)(struct file * ,struct page * ,int,size_t,loff_t * ,int);
    unsigned long ( * get_unmapped_area)(struct file * ,unsigned long,unsigned long,
            unsigned long,unsigned long);
    ……
};
```

● struct module * owner;

第一个 file_operations 成员，它根本不是一个操作，而是一个指向拥有这个结构的模块的指针，即 module 的拥有者。这个成员的作用是：在它的操作还在被使用时阻止模块被卸载。几乎所有应用中，它被简单初始化为 THIS_MODULE，一个在<linux/module. h>中定义的宏。

● int (* open)(struct inode * ,struct file *);

这个函数是对设备文件执行的第一个操作，具有初始化设备的能力，为后续的操作做准备。open()函数的主要任务是：

a)检查设备特定的错误,确定硬件设备是否处在就绪状态。

b)如果是第一次打开,则初始化硬件设备。

c)识别次设备号,验证次设备号的合法性。

d)分配所需的资源(如填写置于 filp－>private_data 里的数据结构)。

e)使用计数递增 1,防止文件关闭前模块被卸载。

● ssize_t(* read)(struct file * ,char_user * ,size_t,loff_t *);

从设备中获取数据。该函数指针被赋为 NULL 值时,将导致 read 系统调用出错并返回－EINVAL(Invalid argument,非法参数)。函数返回一个非负值,表示成功读取的字节数(返回值是一个“signed size” 数据类型,常常是目标平台上本地的整数类型)。

方法 ssize_t read(struct file * filp,char _user * buff,size_t count,loff_t * offp);参数 filp 是文件指针;参数 buff 是指向用户空间的缓冲区,这个缓冲区用于存放新读入的数据;参数 count 是请求传输的数据长度;参数 offp 是一个指向“long offset type(长偏移量类型)”对象的指针,这个对象指明用户在文件中进行存取操作的位置。read()用于从设备中读取数据。由于设备驱动程序属于内核空间,用户程序属于用户空间,两者内存映射方式不同,所以将内核数据传送到用户空间需要使用 copy_to_user 函数:

```
unsigned long copy_to_user(void * to,const void * from,unsigned long count);
```

● ssize_t (* write)(struct file * ,const char __user * ,size_t,loff_t *);

发送数据给设备。如果没有这个函数,将导致 write 系统调用出错,并返回－EINVAL,如果返回一个非负值,则返回值表示成功写入的字节数。

方法 ssize_t write (struct file * filp,const char _user * buff, size_t count, loff_t * offp);参数 buff 是指向用户空间的缓冲区,这个缓冲区用于保存要写入的数据;其他参数的含义同上面 read 函数的参数。write()用于向设备发送数据。将数据从应用程序空间传送到内核空间,需要使用 copy_from_user 函数:

```
unsigned long copy_from_user(void * to,const void * from,unsigned long count);
```

● int (* ioctl)(struct inode * ,struct file * ,unsigned int,unsigned long);

ioctl 系统调用提供了一种执行设备特定命令的方法(例如格式化软盘的一个磁道,这既不是读操作,也不是写操作)。另外,内核还能识别一部分 ioctl 命令,而不必调用 fops 表中的 ioctl。如果设备不提供 ioctl 方法,则对于任何内核未预先定义的请求,ioctl 系统调用将返回一个错误－ENOTTY(表示设备无这样的 ioctl)。

● int (* release)(struct inode * ,struct file *);

在 file 文件结构被释放时,将调用这个操作。与 open 类似,也可以将 release

设置为 NULL。

release()操作与 open()操作正好相反。当最后一个打开设备的用户进程执行 close()操作时,内核将调用驱动程序的 release()函数。release()函数的主要任务是:

a)使用计数递减 1。

b)清理未结束的输入/输出操作。

c)释放 open 分配的资源。

d)在最后一次关闭操作时关闭硬件设备。

file_operations 中其它操作或方法的简单功能介绍如表 4-2 所示。

表 4-2 file_operations 中的其他操作功能

名称	功能
llseek	重新定位读写位置。
readdir	读取目录,只用于文件系统,对设备无用。
poll	轮询函数,返回设备资源的可获取状态。
mmap	将设备内存映射到进程地址空间,通常只用于块设备。
flush	清除内容,一般只用于网络文件系统中。
fsync	刷新待处理的数据,实现内存与设备的同步,如将内存数据写入硬盘。
fasync	实现内存与设备之间的异步通信。
lock	文件锁定,用于文件共享时的互斥访问。
readv	在进行读操作前要验证地址是否可读。
writev	在进行写操作前要验证地址是否可写。
sendpage	由内核调用来发送数据。
get_unmapped_area	通常由内存管理代码进行,一般置为 NULL。

②文件对象结构 file。

struct file 结构也在<linux/fs. h>中定义,是设备驱动中第二个重要的数据结构。注意 file 与用户空间程序的 FILE 没有任何关系。FILE 在 C 库中定义,从不出现在内核代码中;而 struct file 是一个内核结构,它不会出现在用户程序中。

file 文件结构代表一个打开的文件(它不是特定给设备驱动程序的,系统中每个打开的文件在内核空间都有一个对应的 file 结构),它由内核在 open 时创建,并传递给在文件上操作的所有函数,直到该文件的所有实例都 close 后,内核才释放这个数据结构。

在内核源码中，指向 struct file 的指针常常称为 file 或者 filp(file pointer，文件指针)，为了不至于和这个结构本身相混淆，我们将一致称这个指针为 filp。这样，file 指的是结构，filp 则是指向该结构的指针。

file 文件结构有多个字段，但大部分字段对设备驱动没有用处，我们可以忽略这些字段，因为设备驱动模块并不是自己直接填充结构体 file，只是使用 file 中的数据。下面只介绍与驱动相关的几个字段：

● mode_t f_mode;

文件模式。根据 FMODE_READ 和 FMODE_WRITE 位来识别文件是否可读、可写、可读可写。用户在 read()和 write()系统调用中，没有必要对此权限进行检查，因为内核已经在你的系统调用之前做了检查。如果文件没有相应的读或写权限，那么尝试读或写都将被拒绝，驱动程序无需对此作额外的判断。

● loff_t f_pos;

表示当前的读写位置。loff_t 是一个 64 位的变量(long long 型，gcc 专用术语)。如果驱动程序需要知道文件的当前位置，可以通过读取此变量得知，但是一般不应直接对此进行更改，通过 llseek()方法可以改变文件位置。

● unsigned int f_flags;

文件标志，如 O_RDONLY、O_NONBLOCK、O_SYNC。为了检查用户请求的是否是非阻塞的操作，驱动程序需要检查 O_NONBLOCK 标志，而其他的标志很少用到。

● struct file_operations *f_op;

与文件相关的操作结构体指针。内核在执行 open 操作时对这个指针赋值，以后需要处理这个驱动有关的操作时就读取这个指针。可在需要的时候，用 C 语言面向对象编程的方法重载这个指针，改变指针所指向的文件操作结构体，当返回给调用者之后，新的操作方法就会立即生效。例如，对应主设备号 1(/dev/null、/dev/zero 等)的 open 代码，根据要打开的次设备号替换 filp－>f_op 的值，这种技巧允许相同主设备号的驱动程序实现多种操作行为，而不会增加系统调用的负担。

③索引节点结构 inode。

文件打开后，在内存建立副本，内核用唯一的索引节点 inode 描述之。它和 file 文件结构不同之处：

a)file 结构是进程使用的结构，进程每打开一个文件，就建立一个 file 结构。不同的进程打开同一个文件，建立不同的 file 结构。

b)inode 结构是内核使用的结构，文件在内存建立副本，就建立一个 inode 结构来描述。一个文件在内存里面只有一个 inode 结构对应。

inode 结构包含大量描述文件信息的字段，但从常规来说，只有如下两个字段与设备驱动有关：

dev_t i_rdev：表示设备文件的 inode 节点，该字段包含实际的设备号。

struct cdev *i_cdev：struct cdev 是表示字符设备的内核数据结构。当 inode 指向一个字符设备文件时，该字段包含了指向 struct cdev 结构的指针。

i_rdev 的类型在 2.5 开发系列版本中发生了改变，这破坏了大量驱动程序的兼容性。为了鼓励编写可移植性更强的程序代码，内核开发者增加了两个宏，从inode 中直接获得主设备号和次设备号，两个宏如下：

a) unsigned int iminor(struct inode * inode)；

b) unsigned int imajor(struct inode * inode)；

(2)字符设备驱动程序的注册。

内核内部使用 struct cdev 结构来表示字符设备。在内核调用设备的操作之前，必须分配并注册一个或多个 struct cdev 结构，因此，我们的代码应包含＜linux/cdev. h＞，它定义了 struct cdev 以及与其相关的一些辅助函数。

注册一个独立的 cdev 结构的基本过程如下：

①为 struct cdev 分配空间。

```
struct cdev * my_cdev=cdev_alloc( );
my_cdev-> ops=&my_ops;
```

②调用 cdev_init 初始化 struct cdev。

```
void cdev_init(struct cdev * cdev,struct file_operations * fops)
```

③初始化 cdev. owner。

```
cdev.owner=THIS_MODULE;
```

④cdev 设置完成后，通知内核 struct cdev 结构的信息。

```
int cdev_add(struct cdev * dev,dev_t num,unsigned int count)
```

这里，dev 是 cdev 结构，num 是这个设备对应的第一个设备号，count 是和该设备关联的设备号的数量，通常 count 为 1，但在某些情况下，会有多个设备号对应于一个特定的设备的情形。例如 SCSI 磁带驱动程序，它通过这个物理设备的多个次设备号允许用户空间选择不同的操作模式(例如密度)。

在使用 cdev_add 时须注意，这个调用可能失败。如果它返回一个负的错误码，则设备没有被添加到系统中。但这个调用几乎总会成功返回，此时我们又面临另一个问题：只要 cdev_add 返回了，我们的设备就“活了，它的操作就会被内核调用。因此，在驱动程序没有完全准备好处理设备上的操作时，就不要调用 cdev_add。

⑤从系统中移除一个字符设备。

```
void cdev_del(struct cdev * dev)
```

如果读者深入浏览 2.6 内核的大量驱动代码，也许会注意到有许多字符设备驱动程序不使用上述 cdev 接口，那是尚未升级到 2.6 内核接口的老代码，这些代码也能用，但新写的驱动代码不应当使用这些老的接口。注册一个字符设备的经典方法是使用：

```
int register_chrdev(unsigned int major,const char * name,struct file_operations * fops);
```

其中 major 是主设备号，name 是驱动程序的名称(出现在/proc/devices 中)，fops 是默认的 file_operations 结构。对 register_chrdev 的调用将为给定的主设备号注册 0～255 作为次设备号，并且为每个设备建立一个默认的 cdev 结构。使用这个接口的驱动程序必须能够处理所有 256 个次设备号上的 open 调用(不管它们是否真正对应实际的设备)，而且也不能使用大于 255 的主设备号或次设备号。

如果使用 register_chrdev 注册字符设备，那么从系统中移除字符设备的函数是：

```
int unregister_chrdev(unsigned int major,const char * name);
```

其中 major 和 name 必须和传递给 register_chrdev 函数的值相同，否则该函数调用会失败。

(3)实例 hello 模块。

一般情况下，编写设备驱动程序至少需要一个驱动程序源文件，本文以 hello 示例程序进行说明。

在/home 目录中新建 hello 子目录，再在/home/hello 目录中，创建 hello. c 驱动程序源文件，内容如下：

```
#include <linux/module.h>
#include <linux/kernel.h>
#include <linux/init.h>
#include <linux/fs.h>
#include <linux/poll.h>
MODULE_LICENSE("GPL");          // 用于声明模块的许可证
static char hello_val;
#define hello_major 200               //hello 设备的主设备号
#define hello_name "hello_drv"          //hello 设备的设备名
static int hello_open(struct inode * inode,struct file * fp)
  {
```

```
        printk(" hello:open \n ");
        hello_val='? ';
        return 0;
    }

static int hello_release(struct inode * inode,struct file * fp)
    {
        printk(" hello:release \n ");
        return 0;
    }

static ssize_t hello_read(struct file * fp,char * buf,size_t count,loff_t * off)
    {
        printk(" hello:read \n ");
        copy_to_user(buf,&hello_val,sizeof(hello_val));
        return sizeof(hello_val);
    }

static ssize_t hello_write(struct file * fp,char * buf,size_t count,loff_t * off)
    {
        printk(" hello:write \n ");
        copy_from_user(&hello_val,buf,sizeof(hello_val));
        return sizeof(hello_val);
    }

struct file_operations hello_fops=
    {
        .owner    = THIS_MODULE,
        .read     = hello_read,
        .write    = hello_write,
        .open     = hello_open,
        .release  = hello_release,
    };

static int hello_init(void)
    {
        printk(" hello:module init \n ");
```

```
        register_chrdev(hello_major,hello_name,&hello_fops);
        return 0;
    }

void hello_exit(void)
    {
        printk(" hello: module exit \n ");
        unregister_chrdev(hello_major,hello_name);
        return;
    }

module_init(hello_init);
module_exit(hello_exit);
```

这个模块除了定义前面介绍过的 read()、write()、open()、release()函数外，还定义了模块初始化函数(hello_init)和模块卸载函数(hello_exit)，这两个函数必须在宏 module_init 和 module_exit 使用前定义，否则会出现编译错误。当使用 insmod 命令加载模块时，将启动 module_init 宏加载动态模块，例如：module_init(hello_init)，就是通过 hello_init()操作将相应的 hello 模块注册并动态加载。当使用 rmmod 命令卸载模块时，将启动 module_exit 宏卸载动态模块，例如：module_exit(hello_exit)，就是通过 hello_exit()操作将相应的动态模块 hello 注销并卸载。

在内核编程中，我们不能调用位于用户态下的 C 或者 C++库函数 printf()，只能调用 Linux 内核提供的函数(在/proc/ksyms 中可以查看到内核提供的所有函数)，因此在上述驱动程序中使用 printk()函数。但内核中 printk()函数的设计目的并不是为了和用户交流，它实际上是内核的一种日志机制，用来记录日志信息或者给出警告提示。此外，printk 输出与输出的日志级别有关系，当它的输出日志级别比控制台的级别高时，就会显示在控制台上；否则，只是记录在/var/log/message 中，只能通过 dmesg 命令查看。

二、Linux 设备驱动程序编译

Linux 设备驱动程序可以编译成动态加载和静态加载两种方式。尽管动态加载模块没有被编译进内核，但它们仍然是内核的一部分。动态加载模块被单独编译成可加载和卸载的目标代码，以.o、.ko 等目标文件形式存在。根据需要，通过超级用户运行 insmod 命令，显式地将驱动模块装载入内核；当驱动模块不再被需要时，通过超级用户运行 rmmod 命令，动态地将驱动模块卸载出系统内核。静态加载就是直接将设备驱动程序编译进 Linux 内核，通常在 Linux 操作系统启动时加载，当然也可以在内核自身需要时，请求守护进程(kerneld)装载和卸载模块。

一般情况下，大多数 Linux 设备驱动程序以动态可加载模块的形式存在。这种方式的优点是：使得内核更加紧凑；驱动程序修改时不必重新编译整个内核，既提高了效率，也使得系统内核更加安全；一旦被加载到内核，他的作用和静态加载完全相同。缺点是对内核性能有一定的影响，因为采用了一些额外的代码和数据结构，它们占用了一部分内存资源；为了让模块能访问所有的内核资源，内核必须维护符号表和模块之间的依赖性，不可避免地降低了内核资源的访问效率。

下面以 Linux 2.6.24 内核下编译 hello 模块为例进行说明。

1. 编译环境

在构造内核模块之前，首先要保证有适合的内核版本的编译器、模块工具以及其他必要工具(gcc、make 等编译工具和编辑器)，这在内核文档目录下的文件 documentation/changes 里列出了需要的工具版本；在开始构造内核前，应先查看该文件，并确保已安装了正确的工具。如果用错误的工具版本来构造一个内核(及其模块)，可能导致许多奇怪的问题。

2. Makefile 文件与 make 命令

Makefile 关系到整个工程的编译规则。一个工程中的源文件不计其数，按类型、功能、模块分别放在若干个目录中，Makefile 定义了一系列的规则来指定哪些文件需要先编译，哪些文件需要后编译，哪些文件需要重新编译，甚至于进行更复杂的功能操作。Makefile 就像一个 Shell 脚本一样，其中也可以执行操作系统的命令。

make 是一个命令工具，是一个解释 Makefile 中指令的命令工具，一般来说，大多数的 IDE 都有这个命令，比如：Delphi 的 make，Visual C++的 nmake，Linux 下 GNU 的 make。make 命令执行时，需要一个 Makefile 文件，以告诉 make 命令需要怎么样的去编译和链接程序。

Makefile 带来的好处就是——“自动化编译”，一旦写好，只需要一个 make 命令，整个工程完全自动编译，极大地提高了软件开发的效率。

3. Makefile 描述规则

```
target: prerequisites...
        command
        ...
```

target：规则的目标。通常是最后需要生成的文件名或者为了实现这个目的而必需的中间过程文件名，可以是.o 文件，也可以是最后的可执行程序的文件名等。

prerequisites：规则的依赖。生成规则目标所需要的文件名列表，通常一个目标依赖于一个或者多个文件。

command：规则的命令行。是规则所要执行的动作，它限定了 make 执行这条规则时所需要的动作。

一般来说，在 Makefile 中定义的目标可能会有很多，但是第一条规则中的目标将被确立为最终的目标。如果第一条规则中的目标有很多个，那么，第一个目标会成为最终的目标。make 会一层又一层地去找文件的依赖关系，直到最终编译出第一个目标文件。在寻找的过程中，如果出现错误，比如最后被依赖的文件找不到，那么 make 就会直接退出，并报告出错。

规则的命令由一些 shell 命令行组成，它们被一条一条的执行。规则中除了第一条紧跟在依赖列表之后使用分号隔开的命令以外，其他的每一行命令行必须以"Tab"字符开始，"Tab"字符告诉 make 此行是一个命令行。make 按照命令完成相应的动作。这也是书写 Makefile 中容易产生而且比较隐蔽的错误。多个命令行之间可以有空行和注释行，在执行规则时空行被忽略。

4. 实例 hello 模块的 Makefile

上节 hello 字符设备驱动程序模块的 Makefile 文件，内容如下：

```
ifneq  ($(KERNELRELEASE),)
    obj-m:=hello.o
else
    KERNELDIR  ?=/lib/modules/$(shell uname -r)/build
    PWD:=$(shell pwd)
    default:
        $(MAKE)  -C  $(KERNELDIR)  M=$(PWD)  modules
endif
```

obj-m：=hello. o 赋值语句，利用了由 GNU make 提供的扩展语法，说明有一个模块要从目标文件 hello. o 构造，而从该目标文件构造的模块名称为 hello. ko。如果由两个源文件(比如 file1. c 和 file2. c)构造出一个名称为 module. ko 的模块，则正确的 Makefile 可如下编写：

```
obj-m:=module.o
module-objs:=file1.o file2.o
```

上述 Makefile 是一个典型的构造过程，这个 Makefile 将被读取两次。当从命令行中调用这个 Makefile 时，由于 KERNELRELEASE 变量尚未设置，执行 else 后面的语句：

(1)通过设置 KERNELDIR，找到内核源代码目录；

(2)Makefile 调用 default 目标，这个目标就是第二次运行 make 命令（注意，在这个 Makefile 里 make 命令被参数化成 $(MAKE))。首先是改变目录到用"－C"选项指定的位置，即内核源代码目录环境：/lib/modules/2.6.24/build，其中保存有内核的顶层 makefile 文件，因为 build 脚本会首先判断有无必要重新编译内核；这个"M＝"选项使 Makefile 在构造 modules 目标前，返回到模块源码目录。在第二次读取 Makefile 时，它设置了 obj-m，而内核的 makefile 负责真正构造模块。

三、Linux 设备驱动程序测试及实验步骤

不同的设备驱动程序所实现的功能各不相同，所以在用户态下测试驱动程序功能的应用程序也灵活多变，下面以 Hello 字符设备驱动程序为例，创建用于测试 Hello 模块功能的应用程序 hellotest.c，内容如下：

```
#include <stdio.h>
#include <fcntl.h>
#include <unistd.h>
#include <sys/ioctl.h>
main( ){
  int fd;
  char s[2];
  fd=open("/dev/hello0 ",O_RDWR);
  while(1)       {
    read(fd,s,1);
    printf(" we got a '%c '\n ",s[0]);
    scanf("%s ",s);
    if(s[0]==' x ')
      break;
    write(fd,s,1);
    }
  close(fd);
  }
```

假定与 hello 字符设备驱动程序相关的所有源代码文件、Makefile 文件以及驱动模块的功能测试程序等均保存在/home/hello 目录中，步骤如下：

(1)新建、编辑/home/hello 目录下驱动程序源文件 hello.c、Makefile 文件、驱动模块测试文件 hellotest.c。

(2)编译:执行make 命令进行编译,生成动态可加载设备驱动模块文件。

(3)查看设备信息:执行cat /proc/devices 命令,检查是否有设备号为 200 的设备。

(4)加载动态驱动模块:执行insmod hello. ko 命令。

(5)查看调试信息输出:执行dmesg 命令,记录与实验相关的信息。

(6)查看设备信息:执行cat /proc/devices 命令,检查是否有设备号为 200 的设备。

(7)在创建设备文件前检查设备文件:执行ls /dev/h * 命令,检查是否有 hello 设备文件。

(8)创建设备文件:执行mknod /dev/hello c 200 0 命令。

(9)在创建设备文件后检查设备文件:执行ls /dev/h * 命令,检查是否有 hello 设备文件。

(10)编译驱动模块的测试程序:执行gcc -o hellostest hellostest. c 命令。

(11)运行驱动模块的测试程序:执行. /hellotest 命令,检查实验结果及显示内容。

(12)卸载动态驱动模块:执行rmmod hello 命令。

实验一　Linux 字符设备驱动程序

一、实验目的

1. 掌握 Linux 系统中字符设备驱动程序的结构。

2. 掌握 PC 机 BIOS 信息的读取方法。

3. 掌握驱动程序模块的功能测试及实验方法。

二、实验内容

1. 编写一个 Linux 字符设备驱动程序,实现模块加载、卸载、读、写等功能,要求读取 CMOS 中年、月、日、时、分、秒信息。

2. 编写一个应用程序,测试上述驱动程序功能,要求在屏幕上显示当前时刻的日期、时间信息。

三、实验环境

PC 机、Linux 操作系统、GCC 编译器。

四、实验原理

1. PC 机中的 CMOS

PC 机的 CMOS 内存实际上是由电池供电的 64 或 128 字节 RAM 内存块(有些机器还有更大的内存容量),是系统时钟芯片的一部分,用于保存时钟和日期信息。由于这些信息仅用去 14 字节,剩余的字节就用来存放一些系统配置数据了。表 4-3 列出了 CMOS 中前几项内容,注意表中的数值用 BCD 码表示。

表 4-3　CMOS 64 字节信息表

偏移量	字节大小	说明
00H	1	当前秒值
01H	1	报警秒值
02H	1	当前分钟值
03H	1	报警分钟值
04H	1	当前小时值
05H	1	报警小时值
06H	1	一周中的当前天
07H	1	一月中的当前日
08H	1	当前月份
09H	1	当前年份
…		

CMOS 的地址空间是在基本地址空间之外的,在 PC 中要通过端口 70H、71H,使用 IN 和 OUT 指令来访问。为了读取指定字节单元的内容,首先需要使用 OUT 指令向端口 70H 发送指定字节单元的偏移值,然后使用 IN 指令从 71H 端口读取指定字节单元的信息。

例如要读出当前小时值(在 CMOS 中单元偏移地址为 04H),则首先要向端口 70H 写入 04H,然后从端口 71H 去读当前小时值,相关汇编代码如下:

```
MOV   AL,  04H
OUT   70H,  AL
IN    AL,  71H
```

2. Linux 中访问端口方法

在 Linux 内核中,提供了如下的一组端口读写函数,驱动程序可以直接调用上述函数来访问端口。

读:inb(unsigned short port)、inw、inl

写:outb(char val,unsigned short port)、outw、outl

其中后缀b表示字节(8位),w表示字(16位,2字节)、l表示双字(32位,4字节)。

利用该函数可将上述汇编代码改为:

```
outb(4,0x70)
t=inb(0x71)
```

五、实验步骤(设备文件名/dev/cmos,主设备号211,次设备号0)

(1)新建、编辑/home/pc/cmos目录下驱动程序源文件cmos.c、Makefile文件、驱动模块测试文件cmostest.c。

(2)编译:执行make命令进行编译,生成动态可加载设备驱动模块文件。

(3)查看设备信息:执行cat /proc/devices命令,检查是否有设备号为211的设备。

(4)加载动态驱动模块:执行insmod cmos.ko命令。

(5)查看调试信息输出:执行dmesg命令,记录与实验相关的信息。

(6)查看设备信息:执行cat /proc/devices命令,检查是否有设备号为211的设备。

(7)在创建设备文件前检查设备文件:执行ls /dev/c*命令,检查是否有cmos设备文件。

(8)创建设备文件:执行mknod /dev/cmos c 211 0命令。

(9)在创建设备文件后检查设备文件:执行ls /dev/c*命令,检查是否有cmos设备文件。

(10)编译驱动模块的测试程序:执行gcc -o cmostest cmostest.c命令。

(11)运行驱动模块的测试程序:执行./cmostest命令,检查实验结果及显示内容。

(12)卸载动态驱动模块:执行rmmod cmos命令。

六、实验思考题

1. Makefile文件的作用是什么?应保存在什么位置?

2. Linux字符设备和块设备有何区别?

3. 设备文件名的作用是什么?主设备号、次设备号的作用是什么?应用程序是通过什么来访问驱动程序的?

实验二　TD-PIT＋实验仪驱动程序

一、实验目的

1. 掌握基本 I/O 接口电路的设计方法。

2. 熟悉 Linux 系统中 I/O 端口的操作方法。

3. 掌握 Linux 系统中字符设备驱动程序或 PCI 设备驱动程序的设计。

二、实验内容

1. 利用三态缓冲器 74LS245 和三态触发器 74LS574(具有锁存功能)构成 8 位 I/O 接口,实现 CPU 对外部数据的读取和内部数据的输出。

2. 编写实验仪的设备驱动程序,实现以下两个功能:①读取 TD-PIT＋实验仪上"开关及 LED 显示单元"的 8 个开关状态;②写入 1 字节数据到 TD-PIT＋实验仪,并用实验仪上的 8 个 LED 指示灯显示其数值。

3. 编写一个应用程序,用于测试上述驱动程序。要求将读取的实验仪上的 8 个开关量送实验仪上的 8 个 LED 指示灯显示,改变开关状态,观察 LED 指示灯的变化。

三、实验环境

PC 机、Linux 操作系统、GCC 编译器、TD-PIT＋实验仪。

四、实验原理

1. 8 位 I/O 接口设计

用 74LS245 和 74LS574 组成 8 位 I/O 接口电路的设计,接口电路图及原理参考第三章实验一的实验原理部分内容。

2. 访问实验仪端口

实验仪通过 PCI 总线与计算机相连。在 PCI 总线中,每个 PCI 设备在系统引导时自动分配一组基地址,PCI 设备上的有关端口地址都是相对于这些基地址的。在 TD-PIT＋实验仪中,基地址 2 用于实验仪上的 I/O 端口资源的起始地址。如果我们要访问某相对地址为 1 的端口,那么该端口实际地址应该为(基地址 2)＋1。

PCI 设备的基地址可以通过访问 PCI 配置空间获得，Linux 中提供了访问这些基地址及配置空间的函数。例如为了获得基地址 2，可以调用如下函数：

```
dev=pci_find_device(VENDOR,DEVICE,dev);
base_addr=pci_resource_start(dev,2);
```

其中 dev 为一个指向 struct pci_dev 的指针，VENDOR 和 DEVICE 为每个 PCI 设备的厂商识别码和设备识别码。本实验仪的厂商识别码和设备识别码分别为：10e8h 和 5933h。

五、实验步骤（设备文件名/dev/myio，主设备号 212，次设备号 0）

(1)确认从 PC 机引出的两根扁平电缆已经连接在 TD-PIT＋实验仪上。

(2)关 TD-PIT＋实验仪电源，除“32 位 I/O 接口单元”的片选信号 CS 连接总线的 IOY0 外，其他接线参考图 3-5 所示连接，接线完成后打开实验仪电源。

①用 8 位排线将 32 位 I/O 接口单元的 I0～I7 连接到开关及 LED 显示单元的 K0～K7。

②用 8 位排线将 32 位 I/O 接口单元的 O0～O7 连接到开关及 LED 显示单元的 D0～D7。

③用 4 位排线将 32 位 I/O 接口单元的 BE0～BE3 连接到总线区的 BE0～BE3。

④将 32 位 I/O 接口单元的 IOW 连接到总线区的 XIOW。

⑤将 32 位 I/O 接口单元的 IOR 连接到总线区的 XIOR。

⑥将 32 位 I/O 接口单元的片选信号 CS 连接到总线区的 IOY0。

(3)新建、编辑/home/pc/myio 目录下驱动程序源文件 myio. c、Makefile 文件、驱动模块测试文件 myiotest. c。

(4)编译：执行make 命令进行编译，生成动态可加载设备驱动模块文件。

(5)查看设备信息：执行cat /proc/devices 命令，检查是否有设备号为 212 的设备。

(6)加载动态驱动模块：执行insmod myio. ko 命令。

(7)查看调试信息输出：执行dmesg 命令，记录与实验相关的信息。

(8)查看设备信息：执行cat /proc/devices 命令，检查是否有设备号为 212 的设备。

(9)在创建设备文件前检查设备文件：执行ls /dev/m* 命令，检查是否有 myio 设备文件。

(10)创建设备文件：执行mknod /dev/myio c 212 0 命令。

(11)在创建设备文件后检查设备文件：执行ls /dev/m * 命令，检查是否有myio设备文件。

(12)编译驱动模块的测试程序：执行gcc -o myiotest myiotest. c 命令。

(13)运行驱动模块的测试程序：执行. /myiotest 命令，检查实验结果及显示内容。

(14)卸载动态驱动模块：执行rmmod myio 命令。

六、实验思考题

1. 为什么 PCI 设备的端口地址不是固定的？在 Linux 中如何获得 PCI 设备的端口地址？

2. Makefile 文件中，语句 obj-m：=myio. o 表示什么意思？

3. Makefile 文件中，KERNELDIR ？=/lib/modules/ $(shell uname -r)/build 是什么意思？

4. 在 linux 2. 6 内核的驱动程序中，module_init(hello_init)何时被执行？

5. 在 linux 2. 6 内核的驱动程序中，module_exit(hello_exit)何时被执行？

实验三　PC 机主板喇叭驱动程序

一、实验目的

1. 复习巩固 8255 并行扩展、8254 可编程定时/计数器芯片的应用。

2. 学习 PC 机喇叭发声的方法。

3. 进一步掌握设备驱动程序的设计。

二、实验内容

1. 编写一个字符设备驱动程序，使得 PC 机主板喇叭发出给定频率的声音。

2. 编写一个应用程序，通过调用该设备驱动模块，能播放给定的音符或乐曲。

三、实验环境

PC 机、Linux 操作系统、GCC 编译器。

四、实验原理

1. PC 机发声原理

图 4-2 为 PC 机主板上喇叭的电路原理图，从图中可以看出，喇叭的输出由 8254 的 OUT2 和 8255 的 PB1(PB 口的次低位，PB 口地址为 0x61)共同决定。为了使喇叭发出声音，首先要设置 8255 的 PB 口为输出工作方式，且 PB0 输出 1，确保 GATE2 为高电平；接着设置 8254 的定时/计数器 2 工作于工作方式 3，输出一定频率的方波信号，用于驱动喇叭震动发声。

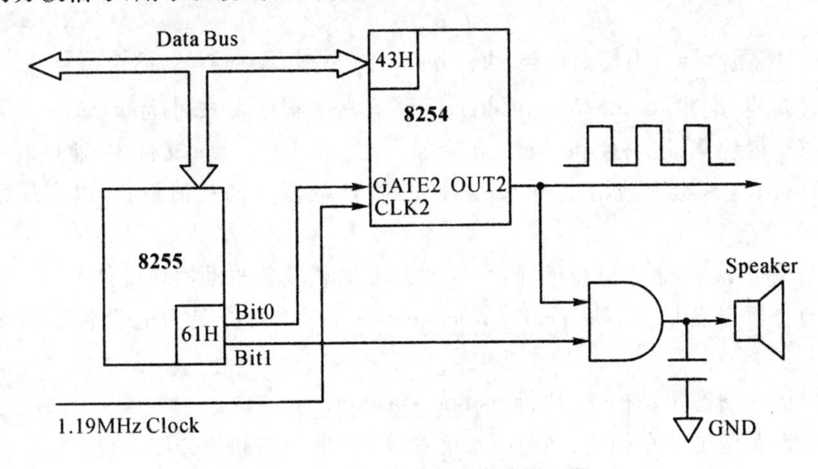

图 4-2　PC 机主板喇叭电路原理图

2. 音符与发声频率的关系

一个音符对应一个频率，将对应音符频率的方波输出到喇叭上，就可以发出这个音符的声音。音符与频率的对应关系如表 4-4 所示。

表 4-4　音符与频率对照表

音调 \ 频率 \ 音符	1	2	3	4	5	6	7
低音	131	147	165	175	196	221	248
中音	262	294	330	350	393	441	495
高音	525	589	661	700	786	882	990

下面需要将频率转换为 8254 定时/计数器 2 的计数初值。如果 CLK2 的输入频率为 1.19MHz，对应于中音 1 的频率为 262Hz，则需要给定时/计数器 2 赋计数初值为：1.19M/262＝4541，整个转换关系如表 4-5 所示。

表 4-5 音符与计数初值的对照表

音调＼频率＼音符	1	2	3	4	5	6	7
低音	9083	8095	7212	6800	6071	5384	4798
中音	4541	4047	3606	3400	3027	2698	2404
高音	2266	2020	1800	1700	1513	1349	1202

五、实验步骤（设备文件名/dev/speaker，主设备号 213，次设备号 0）

(1)新建、编辑/home/pc/speaker 目录下驱动程序源文件 speaker. c、Makefile 文件、驱动模块测试文件 speakertest. c 等。在 speakertest. c 文件中，通过调用驱动程序的 writer 函数完成对主板上 8254 定时/计数器 2 的初值设置，以实现喇叭发出不同的声音。

(2)执行make 命令进行编译，生成动态可加载设备驱动模块文件。

(3)查看设备信息：执行cat /proc/devices 命令，检查是否有设备号为 213 的设备。

(4)加载动态驱动模块：执行insmod speaker. ko 命令。

(5)查看调试信息输出：执行dmesg 命令，记录与实验相关的信息。

(6)查看设备信息：执行cat /proc/devices 命令，检查是否有设备号为 213 的设备。

(7)在创建设备文件前检查设备文件：执行ls /dev/s* 命令，检查是否有 speaker 设备文件。

(8)创建设备文件：执行mknod /dev/speaker c 213 0 命令。

(9)在创建设备文件后检查设备文件：执行 ls /dev/s* 命令，检查是否有 speaker设备文件。

(10)编译驱动模块的测试程序：执行gcc -o speakertest speakertest. c 命令。

(11)运行驱动模块的测试程序：执行./speakertest 命令，检查实验结果是否产生预期的音符声音。

为了达到自动播放一段完整音乐的目的，可通过输入重定向命令，从一个特定文件中获取某一频率对应的计数初值及该频率延续的时间。例如从 music. dat 文件中获得某乐曲的各频率的计数初值及持续时间，可执行命令./speakertest＜music. dat，当然 music. dat 文件的内容需根据乐曲及驱动模块的测试程序的结构进行设计。

(12)卸载动态驱动模块：执行rmmod speaker 命令。

六、实验思考题

1. PC机主板上8254的定时/计数器0和定时/计数器1的主要作用是什么？

2. Linux环境下，以应用程序中fd＝open("/dev/speaker",O_RDWR,0)为例，说明应用程序访问驱动程序的过程。

3. Linux驱动程序直接编译进内核和编译成模块有何不同？

4. 以下为Linux字符设备驱动程序常用命令，请说明其主要功能：

```
ret=register_chrdev(MPCI_MAJOR,DEVICE_NAME,&myio_fops);
unregister_chrdev(MPCI_MAJOR,DEVICE_NAME);
copy_to_user(buf,&d,1);
copy_from_user(&d,buf,1);
```

5. 某Linux字符设备驱动程序的文件操作结构内容如下，请问此结构的作用是什么？

```
static struct file_operations speaker_fops=
{   ……
    open:speaker_open,
    write:speaker_write,
    release:speaker_release,
    ……
};
```

实验四　USB设备驱动程序

一、实验目的

1. 掌握USB总线原理以及Linux系统中USB设备驱动程序的结构。

2. 学习USB驱动程序的设计及调试。

3. 提高阅读源代码能力和编程实践能力。

二、实验内容

学习Linux 2.6.24.2内核USB驱动骨架文件usb-skeleton.c，并根据本实验内容要求修改成自己的USB存储设备驱动程序，能识别并读取USB存储设备有关信息，要求装载模块后通过 dmesg 命令能显示下列信息：

(1)初始化成功提示

(2)设备 ID、厂商 ID

(3)设备端点数

(4)每个端点的地址及最大包的大小

(5)注册成功提示

(6)卸载模块后有卸载提示

三、实验环境

PC 机、Linux 操作系统、GCC 编译器、自备 USB 存储设备。

四、实验原理

1994 年开始制订 USB 协议的最初目的是为了实现 PC 机与电话线相连，并提供容易扩展和重新配置的 I/O 接口，1996 年发表了第一个版本 USB 1.0(Low speed，1.5Mbps)，以后陆续发表了 USB 1.1(Full speed，12Mbps)、USB 2.0(High speed，480Mbps)、USB 3.0(Super speed，4.8Gbps)。USB 3.0 接口在 USB 2.0 基础上增加了 5 个触点，新触点并排位于 4 个 USB 2.0 触点的后方；USB 3.0 接口协议与 USB 2.0 也有较大区别，由于目前普遍使用的是 USB 2.0 接口，所以本实验仅适用于 USB 2.0 及其以下版本。

1. USB 总线拓扑结构

USB 总线从拓扑上来讲，是一棵由点对点的连接而构建成的树，设备连接汇集于集线器上，设备和集线器的连接采用类似于双绞网线的四线电缆。USB 总线上的设备在物理上是通过层叠的星形拓扑结构连接到主机，HUB 是每个星的中心，如图 4-3 所示。PC 主机包含一个被称作根 Hub 的嵌入式 Hub，主机通过根 Hub 来提供一个或多个连接点，每个 USB 设备通过连接点接入 PC 机。

多个 USB 设备可以被封装在一起，以一个单独的物理设备出现，例如键盘和轨迹球可以被组合在一个单独的封装内，封装内部，各个 USB 设备被固定地连到一个 Hub，该 Hub 是一个连到 USB 的内部 Hub。当多个 USB 设备与一个 Hub 组合在单个封装内时，它们被称作复合设备。在复合设备内，Hub 与其所连的每个 USB 设备都分配有自己的设备地址。从主机角度来看，一个复合设备与连接有多个 USB 设备的 Hub 是等同的。

USB 总线采用单一的主从式通信模式。总线上的唯一的主机负责轮询每个 USB 设备是否有数据需要发送，因此实现简单，成本相对低廉。但一个 USB 设备在没有主控制器要求的情况下是不能发送数据的。

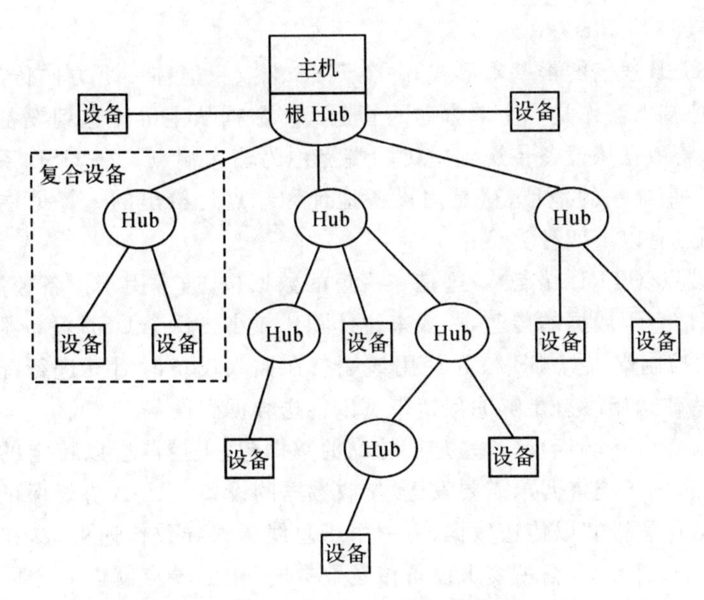

图 4-3　USB 物理总线拓扑结构

2. USB 设备基本概念

USB 是一个非常复杂的设备，linux 内核为我们提供了一个称为 USB 核心的子系统来处理大部分的复杂性。USB 设备的逻辑组织中，包含设备、配置、接口、端点四个层次，如图 4-4 所示。USB 设备驱动程序绑定到接口上，而不是整个 USB 设备。

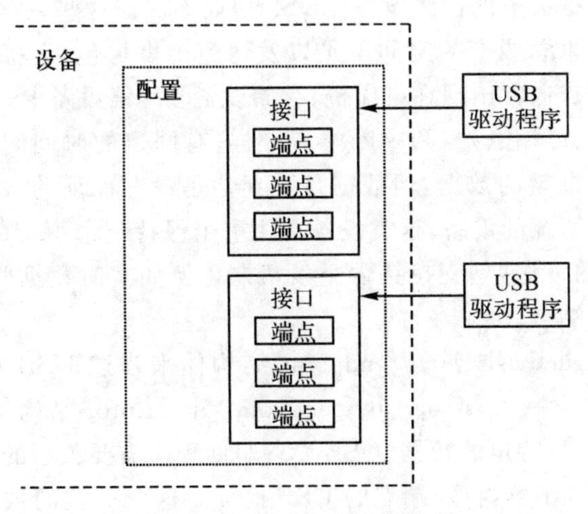

图 4-4　USB 设备的逻辑构成

(1)端点(endpoints)。

端点是USB通信的最基本形式,一个USB端点只能往一个方向传送数据(单方向),可以把端点看作是一个单方向的管道。将数据从主机传送到设备的端点称为输出端点,将数据从设备传送到主机的端点称为输入端点。在USB系统中每一个端点都有一个唯一的地址,这是由设备地址和端点号给出的。每个端点都有一定的属性,端点有以下四种类型:

①控制端点(CTRL端点)。这是一些短的数据包,通常用于设备控制、配置信息、设备状态信息等数据的传送,一般来说体积比较小。每个USB设备都有一个名为"端点0"的控制端点,USB核心使用该端点在插入设备时对其进行配置。USB协议保证这些传送始终有足够的保留带宽以传送数据到设备。

②中断端点(Int端点)。这是定期轮询的数据包,主控器会以特定的间隔自动发出一个中断,用于支持偶尔需要发送/接收数据的设备。USB协议保证这些传送始终有足够的保留带宽以传送数据,万一由于总线错误导致传送失败,在下一周期将重新传送。每当USB宿主要求设备传送数据时,中断端点就以一个固定的速率来传送少量的数据,这也是USB键盘和USB鼠标所使用的主要传送方式,它们通常还用于发送数据到USB设备以控制设备。

③批量端点(Bulk端点)。批量传送类型用来支持在短时间内需要传送大量数据的设备,在该时间内批量传送可使用任意有效的带宽。这是数量相对比较大的数据包,像扫描仪或者SCSI适配器这样的设备使用这种传送类型。

批量端点通常比中断端点大得多(它们可以一次持有更多的字符)。它们常见于需要确保没有数据丢失的传送设备。USB协议不保证这些数据传送可以在特定的时间内完成。如果总线上的空间不足以发送整个批量包,它将被分割为多个包进行传送。批量端点通常出现在打印机、存储设备和网络设备上。

④等时端点(Isoc端点)。和中断端点一样,有固定的时间间隔限制。等时端点同样可以传送大批量的数据,但数据是否到达是没有保证的。这些端点常用于可以应付数据丢失情况的设备,这类设备更注重于保持一个恒定的数据流,这是一种实时的、不可靠的传送,不支持错误重发机制。例如实时数据收集、音频和视频等设备都使用等时端点。

内核中使用struct usb_host_endpoint结构体来描述USB端点。每个usb_host_endpoint中包含一个struct usb_endpoint_descriptor结构体,其中包含了真正的端点信息和USB特定的数据,USB设备驱动程序需要关心的字段有:

a)bEndpointAddress:特定端点的USB地址。这个8位的数据中还包含了端点的方向。该字段可以结合位掩码USB_DIR_OUT和USB_DIR_IN来使用,以确定该端点的数据是传送到设备还是主机。

b)bmAttributes：端点的类型。以确定此端点的类型是等时、批量还是中断端点。

c)wMaxPacketSize：端点一次可以处理的最大字节数。

d)bInterval：如果端点是中断类型，该值是端点的中断请求时间间隔。以毫秒为单位。

(2)接口(interfaces)。

若干端点可以捆绑起来，成为一个接口。一个 USB 接口代表一个基本的功能，是 USB 设备驱动程序控制的对象，一个 USB 接口只处理一种 USB 逻辑连接。

一些 USB 设备具有多个接口。例如 USB 扬声器可以包括两个接口：一个用于按键的 USB 键盘和一个 USB 音频流。因为一个 USB 接口代表了一个基本功能，而每个 USB 驱动程序控制一个接口，因此，USB 扬声器需要两个不同的驱动程序来处理一个硬件设备。

USB 接口可以有其他的设置，这些是和接口的参数不同的选择。接口的最初状态是编号为 0 的第一个设置，其他的设置可以用来以不同的方式控制端点，例如为设备保留大小不同的 USB 带宽。每个带有等时端点的设备对同一个接口使用不同的设置。

内核使用 struct usb_interface 结构体来描述 USB 接口。USB 核心把该结构体传递给 USB 驱动程序，之后由 USB 驱动程序来负责控制该结构体。struct usb_interface 的主要字段有：

①struct usb_host_interface * altsetting：一个接口结构体数组，包含了所有可能用于该接口的可选设置。每个 struct usb_host_interface 结构体包含一套由 struct usb_host_endpoint 结构体定义的端点配置。注意，这些接口结构体没有特定的次序。

②unsigned num_altsetting：altsetting 指针所指的可选设置的数量。

③struct usb_host_interface * cur_altsetting：指向 altsetting 数组内部的指针，表示该接口的当前活动设置。

④int minor：如果捆绑到该接口的 USB 驱动程序使用 USB 主设备号，这个变量包含 USB 核心分配给该接口的次设备号。这仅在一个成功的 usb_register_dev 调用之后才有效。

struct usb_interface 结构体中还包含其他字段，不过 USB 驱动程序不需要考虑它们。

(3)配置(configurations)。

USB 接口本身被捆绑为配置。每个 USB 设备都提供了不同级别的配置信息，可以包含一个或多个配置，不同的配置使设备表现出不同的功能组合(在探测/连接期间需从其中选定一个)，而且可以在配置之间切换以改变设备的状态。任何时候一次只能激活一个配置。

Linux 使用 struct usb_host_config 结构体来描述 USB 配置，一个设备可以有一种或者几种配置，例如手机都会有多种配置或者说多种设定，如手机语言可以设定为 English、繁体中文、简体中文，一旦选择了其中一种，那么手机所显示的所有信息都是该种语言/字体。那么 USB 设备的配置也是如此，不同的 USB 设备当然有不同的配置了，或者说需要配置哪些内容也会各不相同。

(4)设备(device)。

使用 struct usb_device 结构体来描述整个 USB 设备，USB 设备驱动程序通常不需要读取或者写入这些结构体中的任何值，因此这里就不详述它们了，想要深究的读者可参考内核源代码 include/linux/usb. h 文件。

USB 设备驱动程序通常需要把一个给定的 struct usb_interface 结构体的数据转换为一个 struct usb_device 结构体，USB 核心在很多函数调用中都需要该结构体。interface_to_usbdev 就是用于该转换功能的函数。

概言之，USB 设备是非常复杂的，它由许多不同的逻辑单元组成。这些逻辑单元之间的关系可以简单地描述如下：

- 设备通常具有一个或者更多的配置
- 配置经常具有一个或者更多的接口
- 接口通常具有一个或者更多的设置
- 接口没有或者具有一个以上的端点

3. USB 设备驱动程序设计

USB 设备驱动程序存在于内核子系统和 USB 硬件控制器之间，USB 核心为 USB 驱动程序提供了一个用于访问和控制 USB 硬件的接口，而不必考虑系统当前存在的各种不同类型的 USB 硬件控制器，如图 4-5 所示。

编写一个 USB 设备驱动程序的方法和 PCI 设备驱动程序类似，首先需要把驱动程序对象注册到 USB 子系统中，然后再使用制造商和设备标志来判断是否已经安装了硬件。一个 USB 设备驱动程序需要完成最基本的四件事情：①驱动程序所支持的设备；②注册设备驱动程序；③设备的探测和断开；④设备的提交和控制 urb (USB 请求块，当然也可以不用 urb 来传送数据)。Linux 内核提供了一个 USB 设备驱动程序的框架文件 usb-skeleton. c，保存在/usr/src/linux 2. 6. 24. 2/drivers/usb 目录，用户可根据自己的设备功能、特点，在此框架结构的基础上，修改成为自己的设备驱动程序。

(1)驱动程序支持的设备。

结构体 struct usb_device_id 提供了该驱动程序支持的 USB 设备，对于只控制

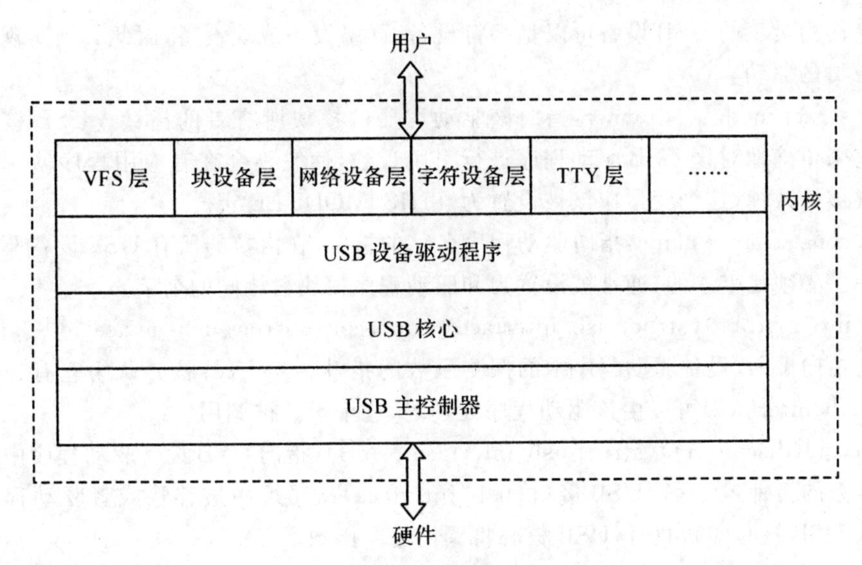

图 4-5　驱动程序

一个特定的 USB 设备的驱动程序来说，struct usb_device_id 表被定义为：

```
static struct usb_device_id skel_table[]={
    {USB_DEVICE(USB_SKEL_VENDOR_ID,USB_SKEL_PRODUCT_ID)},
    { }                              /* 终止入口 */
};
MODULE_DEVICE_TABLE (usb,skel_table);   //* 告诉内核该模块支持的设备 */
```

(2)注册 USB 设备驱动程序。

所有 USB 设备驱动程序都必须创建结构体 struct usb_driver。这个结构体由 USB 驱动程序来填写，包括许多回调函数和变量，它们向 USB 核心代码描述 USB 驱动程序。一个有效的 struct usb_driver 结构体通常包含 5 个最常用的字段：

```
static struct usb_driver skel_driver={
    .owner=THIS_MODULE,
    .name=" skeleton ",
    .probe=skel_probe,
    .disconnect=skel_disconnect,
    .id_table=skel_table,
};
```

usb_driver 本身只是起到了寻找 USB 设备、管理 USB 设备的连接和断开的作用，也就是说，它是公司入口处的打卡机，可以获得员工(USB 设备)的上/下班情况。作为员工的USB设备可以是字符设备、网络设备或块设备,因此必须实现相应设备类的驱动。

struct module * owner:指向该驱动程序的模块所有者的指针。USB核心使用它来正确地对该USB驱动程序进行引用计数,使它不会在有应用程序使用它的时候被卸载掉,这个变量应该被设置为THIS_MODULE宏。

const char * name:指向驱动程序名字的指针,在内核的所有USB设备驱动程序中它必须是唯一的,通常被设置为和驱动程序模块名相同的名字。

int(* probe)(struct usb_interface * intf,const struct usb_device_id * id):这个是指向USB设备驱动程序中的探测函数的指针。当USB核心认为它有一个接口(usb_interface)可以由该驱动程序处理时,这个函数被调用。

void(disconnect)(struct usb_interface * intf):指向USB设备驱动程序中的断开函数的指针,当一个USB接口(usb_interface)从系统中被移除或者驱动程序正在从USB核心中卸载时,USB核心将调用这个函数。

const struct usb_device_id * id_table:指向ID设备表的指针,这个表包含了一系列该驱动程序可以支持的USB设备,如果没有设置这个变量,USB设备驱动程序中的探测回调函数就不会被调用。

struct usb_driver还包含了如下几个回调函数,这些函数不是很常用,对于一个USB设备驱动程序的正常工作不是必须的:

int (* ioctl)(struct usb_interface * intf,unsigned int code,void * buf):指向USB设备驱动程序中的ioctl函数。如果该函数存在,当用户空间的程序对usbfs文件系统中的设备文件进行了ioctl调用,而和该设备文件相关联的USB设备附着在该USB设备驱动程序上时,它将被调用。实际上,只有USB集线器驱动程序使用该ioctl,其他USB驱动程序都没有使用它的真实需求。

int (* suspend)(struct usb_interface * intf,u32 state):指向USB设备驱动程序中的挂起函数的指针。当设备将被USB核心挂起时调用该函数。

int (* resume)(struct usb_interface * intf):指向USB设备驱动程序中的恢复函数的指针。当设备将被USB核心恢复时调用该函数。

通过以struct usb_driver指针为参数的usb_register_driver函数调用把struct usb_driver注册到USB核心。一般在USB设备驱动程序的模块初始化代码(init模块)中完成这个注册工作的:result=usb_register(&skel_driver);

```
static int _init usb_skel_init (void)
{
    int result;
    result=usb_register (&skel_driver);
```

```
    if (result)
        err ("usb_register failed,error number %d",result);
    return result;
}
```

(3)探测和断开。

当一个设备被安装,HUB 检测到有设备连接进来,而 USB 核心认为该驱动程序应该处理时,探测函数被调用,探测函数检查传递给它的设备信息,从而确定驱动程序是否真的适合该设备。

在 USB 设备驱动 usb_driver 结构体的探测函数中,应该完成如下工作:

①探测设备的端点地址、缓冲区大小,初始化任何可能用于控制 USB 设备的数据结构。

②把已初始化数据结构的指针保存到接口设备中。

```
static int usb_probe(struct usb_interface *interface,const struct usb_device_id *id)
{
    struct usb_device *udev=interface_to_usbdev(interface);
    ……
}
```

当驱动程序因为某种原因不应该控制设备时,断开函数被调用,主要做一些清理工作:

①释放所有为设备分配的资源。

②设置接口设备的数据指针为 NULL。

③注销 USB 设备。

```
static void skel_disconnect(struct usb_interface *interface)
{
    struct usb_skel *dev;
    int minor=interface->minor;
    lock_kernel( );
    dev=usb_get_intfdata(interface);
    usb_set_intfdata(interface,NULL);
    usb_deregister_dev(interface,&skel_class);
    kref_put(&dev->kref,skel_delete);
    info(" USB Skeleton #%d now disconnected ",minor);
}
```

(4)提交和控制 urb。

Linux 内核中的 USB 代码通过 urb(usb request block)和所有的 USB 设备通信,USB 请求块 urb 是 USB 设备驱动中用来描述与 USB 设备通信所用的基本载体和核心数据结构,是 USB 主机与设备通信的“电波”。这个请求块使用 struct urb 结构体来描述。当驱动程序有数据要发送到 USB 设备时,必须分配一个 urb,把数据传送给设备。

urb 以异步方式向特定的 USB 设备上的特定 USB 端点发送数据,或从特定的 USB 设备上的特定 USB 端点接收数据。USB 设备驱动可能为单个端点分配许多 urb,也可能对多个不同的端点重用单个的 urb,这取决于驱动程序的需要,设备中的每个端点都可以处理一个 urb 队列,所以多个 urb 可以在队列为空之前发送到同一个端点。本实验没用到 urb,此处不再详述,想要深究的读者可从内核源代码 include/linux/usb.h 文件中找到 struct urb 结构体。

五、实验步骤

(1)插入 USB 设备(如 U 盘等),执行 cat /proc/bus/usb/devices 命令,查看 USB 设备的 Vendor ID 和 Product ID 及有关设备、接口、端点等信息。

(2)新建、编辑/home/pc/myusb 目录下驱动程序源文件 myusb.c、Makefile 文件。

(3)编译:执行 make 命令进行编译,生成动态可加载设备驱动模块文件。

(4)卸载 Linux 系统内核对大容量 USB 设备的驱动:执行rmmod usb-storage 命令。

(5)加载自己的 USB 动态驱动模块:执行 insmod myusb.ko 命令。

(6)查看装载模块后的信息输出:执行 dmesg 命令,记录与实验相关的信息。

(7)创建设备文件(选做)。

(8)编写驱动模块测试文件:myusbtest.c(选做)。

(9)编译模块测试程序:gcc -o myusbtest myusbstest.c(选做)。

(10)运行模块测试应用程序 myusbtest,并读取 U 盘数据(选做)。

六、实验思考题

1. USB 驱动程序中探测函数和断开函数何时被调用?各自的作用是什么?

2. 阐述 USB 通信最基本的形式。

3. 阐述 USB 设备的构成以及设备、配置、接口、端点间的关系?

4. 端点是 USB 通信的基本形式,端点有几种类型?各有什么特点或适用什么场合?

5. USB 设备驱动程序中,USB 设备列表的作用是什么?

```
static struct usb_device_id myusbid_table []={
    { USB_DEVICE(VENDOR_ID,PROD_ID)},
    { },
};
```

6.下列两条语句的作用分别是什么?

```
retval=usb_register(&myusb_driver)
usb_deregister(&myusb_driver)
```

附录　TD-PIT+实验仪总线资源

一、系统总线简介

系统总线单元实现了 80x86 微机系统主要的系统总线信号，符合 80x86 总线时序标准。满足 80x86 时序标准的接口电路均可以直接连接到该总线上。总线信号说明如附表 1 所示。

附表 1　系统总线信号说明

信号名称	含义
XD[31:0]	32 位数据总线
XA[23:2]	22 位地址总线
XMER、XMEW、XIOR、XIOW	存储器读写信号、I/O 读写信号
IOY0、IOY1、IOY2、IOY3	I/O 空间片选信号
MY0、MY1、MY2、MY3	存储器空间片选信号
BE0、BE1、BE2、BE3	32 位数据字节使能信号
HOLD、HLDA	总线保持请求和总线保持响应信号
M/$\overline{IO}$	存储器/输入输出总线周期定义信号
INTR	中断请求信号(上升沿有效)
CLK	系统时钟 CLK=1.041667MHz
PCLK	扩展时钟 PCLK=1.8432MHz
RST、RST#	系统复位信号

实验系统向 PC 机申请了接口实验所需的配置资源。其中包括 16MB 的存储地址空间、256 字节的 I/O 地址空间和一个中断请求线。中断请求线是映射到 PC

机内 15 个中断线中的一个。系统总线单元将地址空间进行了译码，各提供 4 个片选信号，片选信号同偏移地址空间对应关系如附表 2 所示。用 PC 机分配的 I/O 接口地址或存储器空间起始地址加上这个偏移地址，就是实验系统中端口占用的实际地址。PC 机分配的起始地址由实验系统附带的配置资源检查程序 CHECK. EXE 获得。

附表 2　片选信号对应偏移地址范围

片选信号	偏移地址范围	片选信号	偏移地址范围
IOY0	00－3FH	MY0	000000－3FFFFFH
IOY1	40－7FH	MY1	400000－7FFFFFH
IOY2	80－BFH	MY2	800000－BFFFFFH
IOY3	C0－FFH	MY3	C00000－FFFFFFH

二、CHECK 检查资源程序

在设计接口实验程序时，关系到接口资源使用的问题。当实验系统安装到一台 PC 机中时，PC 机就为实验系统分配了实验系统申请的相应的接口资源。其中包括 I/O、存储器和中断线。具体资源内容通过实验软件目录中的 CHECK. EXE 程序得到。

例如实验系统安装到某台 PC 机中，运行 CHECK. EXE 程序显示画面如附图 1 所示。图中显示了实验系统在该 PC 机所得到的 I/O 接口地址、存储器空间地址以及中断号等信息。

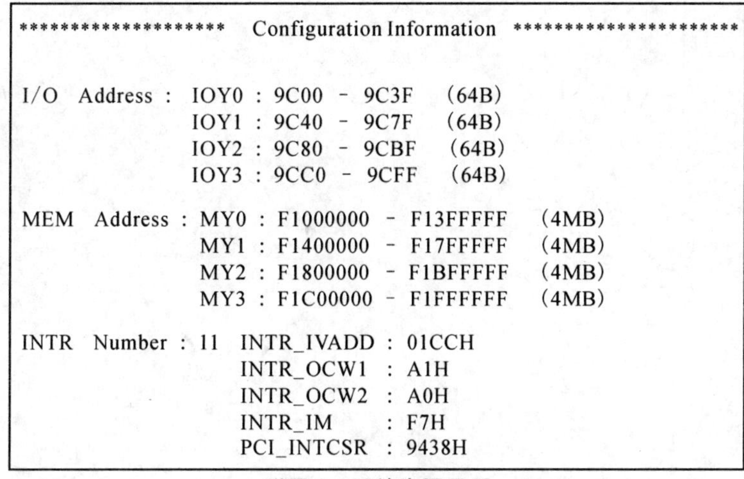

附图 1　系统资源显示

I/O 空间共为 256 字节，从 9C00H～9CFFH 由 4 个片选划分，各 64 字节。图中显示了各个片选对应的起始地址和结束地址。实验电路中使用了哪个 I/O 片选，程序中就应设置相应的起始地址。

存储器空间为 16M 字节，从 F1000000H～F1FFFFFFH，由 4 个片选划分，各 4M 字节。图中显示了各个片选对应的起始地址和结束地址。实验电路中使用哪个存储器片选，程序中就应设置相应的起始地址。

中断号为 11，说明实验平台上系统总线中的 INTR 映射到了 PC 机内的 IRQ11。图中还显示了该中断号对应的中断矢量地址 INTR_IVADD、操作命令寄存器 OCW1 和 OCW2 的端口地址 INTR_OCW1 和 INTR_OCW2、中断屏蔽命令字 INTR_IM、PCI 卡上中断控制寄存器 PCI_INTCSR。在做中断应用实验时需要用到这些信息，在程序中只要将相应标号的值改为这些实际值即可。

参考文献

[1] Intel 微处理器全系列:结构、编程与接口[M]. 金惠华,艾明晶,尚得宏,译. 第五版. 北京:电子工业出版社,2001.

[2] 艾德才,秦鹏,徐仲晖,等. 微机接口技术实用教程[M]. 第二版. 北京:清华大学出版社,2009.

[3] 杨全胜. 现代微机原理与接口技术[M]. 第二版. 北京:电子工业出版社,2007.

[4] 周荷琴,吴秀清. 微型计算机原理与接口技术[M]. 第四版. 合肥:中国科学技术大学出版社,2008.

[5] 马兴录,宋廷强,陈为. 32 位微机原理与接口技术[M]. 北京:化学工业出版社,2009.

[6] 姜荣. 32 位微机原理、汇编语言及接口技术[M]. 天津:天津大学出版社,2009.

[7] 朱定华. 微机原理、汇编与接口技术[M]. 第二版. 北京:清华大学出版社,2010.

[8] 唐祎玲,毛月东. 32 位微机原理与接口技术实验教程[M]. 西安:西安电子科技大学出版社,2003.

[9] Linux 设备驱动程序[M]. 魏永明,耿岳,钟书毅,译. 第三版. 北京:中国电力出版社,2006.

[10] 宋宝华. Linux 设备驱动开发详解[M]. 北京:人民邮电出版社,2010.

[11] Windows VxD 与设备驱动程序权威指南[M]. 孙喜明,译. 第二版. 北京:中国电力出版社,2001.

[12] Windows WDM 设备驱动程序开发指南[M]. 孙义,等,译. 北京:机械工业出版社,2000.